普通高等教育"十一五"国家级规划教材

软件工程专业核心课程系列教材

U0063169

计算机网络安全
（第二版）

姚永雷 马利 主编

清华大学出版社

北京

内 容 简 介

本书是《计算机网络安全》(马利主编,清华大学出版社出版)的修订本,在第一版基础上做了大量的修改,既注重介绍网络安全基础理论,又着眼培养读者网络安全技术和实践能力。全书详细讨论了密码学、消息鉴别和数字签名、身份认证技术、Internet 的安全技术、恶意代码及其防杀技术、防火墙、网络攻击与防范技术、虚拟专用网技术等计算机网络安全的相关理论和主流技术。

本书的编写思路是理论与实践相结合,一方面强调基本概念、理论、算法和协议的介绍,另一方面重视技术和实践,力求在实践中深化理论。希望通过本书的介绍,让读者既能掌握完整、系统的计算机网络安全理论,又具备运用主流网络安全技术实现安全网络的设计能力。

本书是一本理想的计算机专业本科生、大专生的计算机网络安全教材,对从事计算机网络安全工作的工程技术人员,也是一本非常好的参考书。

本书封面贴有清华大学出版社防伪标签,无标签者不得销售。

版权所有,侵权必究。侵权举报电话:010-62782989　13701121933

图书在版编目(CIP)数据

计算机网络安全/姚永雷,马利主编.--2 版.--北京:清华大学出版社,2011.12
(软件工程专业核心课程系列教材)
ISBN 978-7-302-27068-3

Ⅰ.①计… Ⅱ.①姚… ②马… Ⅲ.①计算机网络-安全技术 Ⅳ.①TP393.08

中国版本图书馆 CIP 数据核字(2011)第 205352 号

责任编辑:魏江江　李玮琪
责任校对:时翠兰
责任印制:杨　艳

出版发行:	清华大学出版社	地　　址:	北京清华大学学研大厦 A 座
	http://www.tup.com.cn	邮　　编:	100084
社　总　机:	010-62770175	邮　　购:	010-62786544
投稿与读者服务:	010-62776969,c-service@tup.tsinghua.edu.cn		
质 量 反 馈:	010-62772015,zhiliang@tup.tsinghua.edu.cn		

印 装 者:北京国马印刷厂
经　　销:全国新华书店
开　　本:185×260　印　张:15　字　数:365 千字
版　　次:2011 年 12 月第 2 版　　印　　次:2011 年 12 月第 1 次印刷
印　　数:1~3000
定　　价:25.00 元

产品编号:043534-01

前　言

随着 Internet 在全球的普及和发展,计算机网络成为信息的主要载体之一。计算机网络的全球互联趋势愈来愈明显,其应用范围愈加普及和广泛,应用层次逐步深入。国家发展和社会运转,以及人类的各项活动对计算机网络的依赖性越来越强。计算机网络已经成为人类社会生活不可缺少的组成部分。

与此同时,随着网络规模的不断扩大,网络应用的逐步普及,网络安全问题也愈发突出,受到越来越广泛的关注。计算机和网络系统不断受到侵害,侵害形式日益多样化,侵害手段和技术日趋先进和复杂化,已经严重威胁到网络和信息的安全。一方面,计算机网络提供了丰富的资源以便用户共享;另一方面,资源共享度的提高也增加了网络受威胁和攻击的可能性。事实上,资源共享和网络安全是一对矛盾,随着资源共享的加强,网络安全问题也日益突出。计算机网络的安全已成为当今信息化建设的核心问题之一。

网络安全指网络系统的软件、硬件以及系统中存储和传输的数据受到保护,不因偶然的或者恶意的原因而遭到破坏、更改、泄露,网络系统连续可靠正常地运行,网络服务不中断。从其本质上讲,网络安全就是网络上的信息的安全。为了保证网络上信息的安全,首先需要自主计算机系统的安全;其次需要互联的安全,即连接自主计算机的通信设备、通信链路、网络软件和通信协议的安全;最后需要各种网络服务和应用的安全。从广义来说,凡是涉及网络上信息的机密性、完整性、可用性、真实性和可控性的相关技术和理论都是网络安全的研究领域。

网络安全领域的相关理论和技术发展很快。为使读者全面、及时地了解和应用最新的网络安全技术,掌握网络安全的最新实践技能,编者在本书第一版的基础上进行了修订和补充。本次修订的主要思路是:理论与实践相结合,一方面,强调基本概念、理论、算法和协议的介绍,在不影响读者系统建立网络安全理念的基础上,压缩密码学及应用相关内容,删除过时的和不实用的内容;另一方面,重视技术和实践,力求在实践中深化理论,重点增加网络安全攻击技术和网络安全防护实用技术的介绍。重点修订和补充的内容包括:将密码学相关内容合并,消息鉴别和数字签名合并,并压缩相关内容,删除部分过时的技术介绍;将Internet 安全的相关技术合并,删除 PEM 的介绍;增加网络安全攻击技术的介绍,尤其是目前网络上常见的如分布式拒绝服务攻击等内容;增加入侵检测相关内容,详细讲解入侵检测原理和技术;扩充恶意软件原理和查杀技术的介绍;增加直观的图例,描述复杂的工作原理和操作流程;对课后习题进行了重新编排,等等。

本书以网络面临的常见安全问题以及相应的检测、防护和恢复为主线,系统地介绍了网络安全的基本概念、理论基础、安全技术及其应用。修订后全书共有 9 章,内容包括计算机网络安全概述、密码学、消息鉴别和数字签名、身份认证技术、Internet 的安全技术、恶意代码及其防杀技术、防火墙、网络攻击与防范技术、虚拟专用网技术。希望通过本次修订,能够反映网络安全理论和技术的最新研究和教学进展,用通俗易懂的语言,向读者全面而系统地介绍网络安全相关理论和技术,帮助读者建立完整的网络安全知识体系,掌握网络安全保护的实际技能。

　　本书内容完整,安排合理,难度适中;理论联系实际,原理和技术有机结合;逻辑性强,重点突出;文字简明,通俗易懂。本书可作为高等院校计算机及其相关专业的本科生、大专生的教材,也可作为网络管理人员、网络工程技术人员的参考书。

　　在本书的修订编写和申报"十一五"国家级规划教材的过程中得到了清华大学出版社的大力帮助和支持,在此表示由衷的感谢。

　　鉴于编者水平有限,书中难免出现错误和不当之处,殷切希望各位读者提出宝贵意见,并恳请各位专家、学者给予批评指正。作者的 E-Mail 为 ylyao@nusit.edu.cn。

　　本书配套课件可从清华大学出版社网站 http://www.tup.tsinghua.edu.cn 下载。

编　者

2011 年 9 月

目　　录

第1章 概　述

在全球信息化的背景下,信息已成为一种重要的战略资源。信息的应用涵盖国防、政治、经济、科技、文化等各个领域,在社会生产和生活中的作用越来越显著。随着 Internet 在全球的发展和普及,计算机网络成为信息的主要载体之一。计算机网络的全球互联趋势愈来愈明显,信息网络技术的应用愈加普及和广泛,应用层次逐步深入,应用范围不断扩展。基于网络的应用层出不穷,国家发展和社会运转,以及人类的各项活动对计算机网络的依赖性越来越强。

但与此同时,网络安全问题也愈发突出,受到越来越广泛的关注。计算机和网络系统不断受到侵害,侵害形式日益多样化,侵害手段和技术日趋先进化和复杂化,令人防不胜防。一方面,计算机网络提供了丰富的资源以便用户共享;另一方面,资源共享度的提高也增加了网络受到威胁和攻击的可能性。事实上,资源共享和网络安全是一对矛盾,随着资源共享的加强,网络安全问题也日益突出。计算机网络的安全已成为当今信息化建设的核心问题之一。

1.1　网络安全面临的挑战

计算机网络,尤其是 Internet,正面临着严重的安全挑战。Internet 是一个全球性的计算机互联网络,在发展初期规模不大,主要用于高等学校和科研院所,并假定用户之间存在信任关系,用户都是善意的。因此,Internet 在初期设计中几乎没有考虑安全方面的问题。但是,随着 Internet 规模逐渐扩大,用户数量不断增长,这种信任模式已经逐步恶化。而且,以电子商务、电子政务为代表的新应用,对网络安全提出了更高的要求。Internet 初期完全开放的设计特性而没有考虑安全的状况已经不能适应当代的需要。

1988 年莫里斯蠕虫病毒的发作使得 Internet 上超过 10%的计算机受害,之后每年重大网络安全事件不断发生。表 1-1 列出了历年的重大网络安全事件。

表 1-1　重大网络安全事件

病毒名称	时　间	影　响
莫里斯(Morris)蠕虫	1988 年	Internet 上超过 10%的计算机受害
梅丽莎(Melissa)	1999 年 5 月	一周内感染超过 100 000 台计算机,造成损失约 15 亿美元
爱虫(I Love You)病毒	2000 年 5 月	造成约 87 亿美元的经济损失
红色代码(Red Code)蠕虫	2001 年 7 月	14 小时内感染了超过 359 000 台计算机
尼姆达(Nimda)蠕虫	2001 年 9 月	高峰时 160 000 台计算机被感染,造成超过 15 亿美元的经济损失
求职信(Klez)	2002 年	造成 7.5 亿美元的经济损失

病 毒 名 称	时　　　间	影　　　响
冲击波(Blaster)	2003 年	造成约 8 亿美元的经济损失
震荡波(Sasser)	2004 年 5 月	破坏能力和造成的影响超过冲击波
极速波(Zobot)蠕虫	2005 年 8 月	具有像"冲击波"和"震荡波"一样的传播能力,而且对反病毒厂商提出了公开挑战
熊猫烧香	2006 年	造成约 80 亿人民币的经济损失
灰鸽子 2007	2005—2007 年	国内后门的集大成者,连续三次位列年度十大病毒
俄格网络战争	2008 年	俄罗斯与格鲁吉亚的冲突中,双方通过互联网相互攻击,开启了信息战争的先河
Conficker 蠕虫	2009 年	感染了超过数以千万计的计算机

近几年,安全攻击的复杂性提高了很多,攻击的自动化程度和攻击速度有了提高,杀伤力也逐步提高;攻击工具的特征更难发现,利用特征进行检测更加困难。例如,红色代码和尼姆达这样的混合型威胁,使用组合的攻击方式来更快地进行传播,造成比单一型病毒更大的危害。2003 年 1 月的蠕虫王,被释放后不到 10 分钟,就感染了 75 000 台计算机。从世界范围看,网络入侵活动日益增多,并超过了恶意代码感染的次数。而且,入侵工具的传播范围越来越广,入侵技术不断提高,对攻击者的知识要求反而降低了。当前,防火墙是人们用来防范入侵者的主要保护措施,但是越来越多的攻击技术可以绕过防火墙,不仅对广大用户,而且对 Internet 基础设施也将形成越来越大的威胁。

自 1994 年我国正式接入 Internet 以来,互联网规模和应用迅猛发展。2009 年,中国互联网络信息中心(China Internet Network Information Center,CNNIC)发布的第 23 次中国互联网发展情况统计报告显示,截至 2008 年 12 月 31 日,中国网民规模达到 2.98 亿人,普及率达到 22.6%,年增长率为 41.9%。然而目前中国互联网安全情况不容乐观,各种网络安全事件层出不穷。综合来看,当前网络安全形势严峻的原因主要有以下三点:

(1) 由于近年来中国互联网持续快速发展,网民数量、宽带用户数量、.cn 域名数量都已经跃居全球第一位,而我国网络安全基础设施建设跟不上互联网发展的步伐,民众的网络安全意识薄弱,中小企业大多采用粗放式的安全管理风格,这三方面的原因直接导致中国互联网安全问题的突出。

(2) 随着技术的不断提高,攻击工具日益专业化、易用化,攻击方法也越来越复杂,越来越隐蔽,防护难度较大。

(3) 电子商务领域不断扩展,与现实中的金融体系日渐融合,为网络世界的虚拟要素附加了实际价值,这些信息系统成为黑客攻击牟利的目标。

根据公安部公共信息网络安全监察局 2008 年病毒疫情调查报告统计,62.7% 的被调查单位发生过信息网络安全事件,其中感染计算机病毒、蠕虫和木马程序的情况依然最为突出,其次是网络攻击、端口扫描、垃圾邮件和网页篡改。近年来新增电脑病毒、木马的数量如图 1-1 所示。

攻击者的攻击目标十分明确,针对网站和用户使用不同的攻击手段。对政府网站主要采用篡改网页的攻击形式,对企业则采用有组织的分布式拒绝服务(Distributed Denial of

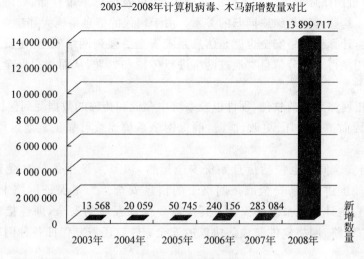

图 1-1　木马、病毒新增数量对比

Service，DDoS)等攻击手段，对个人用户则通过窃取账号、密码等形式盗取用户的个人财产，对金融机构则通过网络钓鱼进行网络仿冒，在线盗取用户身份和密码。

2008 年，病毒木马呈现爆发性增长，制作病毒木马门槛的降低和背后的高利益诱惑都是其主因。2008 年上半年，国家互联网应急中心(National Computer networks Energency Response technical Team/Coordination Center of China，CNCERT//CC) 对常见的木马程序活动状况进行了抽样监测，发现我国大陆地区有 302 526 个 IP 地址的主机被植入了木马。包含恶意代码 URL 链接的垃圾邮件数量有所增加，载有恶意软件(不仅仅是恶意代码的链接)的电子邮件数量也在不断增加，针对 DNS 和域名转发服务器的攻击数量有明显增多的趋势。新型网络应用的发展带来了新的安全问题和威胁。

当今社会，互联网已成为重要的国家基础设施，在国民经济建设中发挥着日益重要的作用。随着我国政府信息化基础建设的推进，信息公开程度的提升，网络和信息安全也已成为关系到国家安全、社会稳定的重要因素，社会各界都对网络安全提出了更高的要求。采取有效措施，建设安全、可靠、便捷的网络应用环境，维护国家网络信息安全，成为社会信息化进程中亟待解决的问题。

1.2　网络安全的基本概念

1.2.1　网络安全的定义

计算机网络是利用通信线路把地理位置上分散的计算机和通信设备连接起来，在系统软件和协议的支持下，以实现数据通信和资源共享为目的的复杂计算机系统。网络的基本资源包括硬件资源、软件资源和数据资源等。

常见的安全术语有信息安全、网络安全、信息系统安全、网络信息安全、网络信息系统安全、计算机系统安全、计算机信息系统安全等。这些形形色色的说法，归根结底都是两层意思,即确保计算机网络环境下信息系统的安全运行,以及信息系统存储、处理和传输的信息受到安全保护。这些术语是殊途同归的关系。由于现代的信息系统大都建立在计算机网络的基础上,因此,计算机网络安全也就是信息系统安全。强调网络安全,主要是由于计算机网络的广泛应用使得大部分信息都通过网络进行传输和处理,从而使得安全问题显得尤为突出。

网络安全指网络系统的软件、硬件以及系统中存储和传输的数据受到保护,不因偶然的或者恶意的原因而遭到破坏、更改、泄漏,确保网络系统连续可靠正常地运行,网络服务不中断。

因此,网络安全同样也包括信息系统安全运行,以及系统中的信息受到安全保护两个方面。从本质上讲,网络安全就是网络上的信息安全。为了保证网络上信息的安全,首先需要保证自主计算机系统的安全;其次需要保证互联的安全,即连接自主计算机的通信设备、通信链路、网络软件和通信协议的安全;最后还需要保证各种网络服务和应用的安全。

网络安全的具体含义会随着利益相关方的变化而变化。

从一般用户(个人、企业等)的角度来说,他们希望涉及个人隐私或商业利益的信息在网络上传输时能够保持机密性、完整性和真实性,避免其他人或对手利用窃听、冒充、篡改、抵赖等手段侵犯自身的利益。

从网络运行者和管理者的角度来说,他们希望对网络信息的访问受到保护和控制,避免出现非法使用、拒绝服务和网络资源非法占用和非法控制等威胁,制止和防御网络黑客的攻击。

从安全保密部门角度来说,希望对非法的、有害的或涉及国家机密的信息进行过滤和防堵,避免机要信息泄漏,避免对社会产生危害,对国家造成巨大损失。

从社会教育和意识形态的角度来讲,网络上不健康的内容,会对社会的稳定和人类的发展造成阻碍,必须对其进行控制。

1.2.2　网络安全的属性

根据网络安全的定义可知,网络安全具有以下几个属性。

(1) 机密性。保证信息与信息系统不被非授权的用户、实体或过程所获取与使用。

(2) 完整性。信息在存储或传输时不被修改、破坏,并且不发生信息包丢失、乱序等。

(3) 可用性。信息与信息系统可被授权实体正常访问的特性,即授权实体在需要时能够存取所需信息。

(4) 可控性。对信息的存储与传播具有完全的控制能力,可以控制信息的流向和行为方式。

(5) 真实性。也就是可靠性,指信息的可用度,包括信息的完整性、准确性和发送人的身份证实等方面,它也是信息安全性的基本要素。

其中,机密性、完整性和可用性通常被认为是网络安全的三个基本属性。

因此,从广义来说,凡是涉及网络上信息的机密性、完整性、可用性、真实性和可控性的相关技术和理论都是网络安全的研究领域。网络安全是一门涉及计算机科学、网络技术、通信技术、密码技术、信息安全技术、应用数学、数论、信息论等多种学科的综合性学科。

1.2.3 网络安全层次结构

国际标准化组织(International Organization for Standardization,ISO)提出了开放式系统互连(Open System Interconnection,OSI) 参考模型,目的是使之成为计算机互连为网络的标准框架。但是,当前事实上的标准是 TCP/IP 参考模型,Internet 网络体系结构就以 TCP/IP 为核心。基于 TCP/IP 的参考模型将计算机网络体系结构分成四个层次,分别是:网络接口层,对应 OSI 参考模型中的物理层和数据链路层;网际互连层,对应 OSI 参考模型的网络层,主要解决主机到主机的通信问题;传输层,对应 OSI 参考模型的传输层,为应用层实体提供端到端的通信功能;应用层,对应 OSI 参考模型的高层,为用户提供所需要的各种服务。

从网络安全角度来看,参考模型的各层都能够采取一定的安全手段和措施,提供不同的安全服务。但是,单独一个层次无法提供全部的网络安全特性,每个层次都必须提供自己的安全服务,共同维护网络系统中信息的安全。

图 1-2 形象地描述了网络安全的层次。下面具体说明。

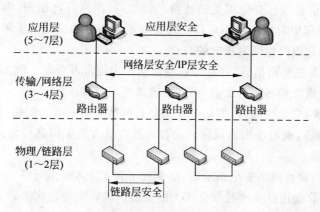

图 1-2 网络安全层次

在物理层,可以在通信线路上采取电磁屏蔽、电磁干扰等技术防止通信系统以电磁(电磁辐射、电磁泄漏)的方式向外界泄漏信息。

在数据链路层,对于点对点的链路,可以采用通信保密机进行加密,信息在离开一台机器进入点对点的链路传输之前可以进行加密,在进入另外一台机器时解密。所有细节全部由底层硬件实现,高层无法察觉。但是这种方案无法适应经过多个路由设备的通信链路,因为在每台路由设备上都要进行加解密的操作,会形成安全隐患。

在网络层,使用防火墙技术处理经过网络边界的信息,确定来自哪些地址的信息可以或者禁止访问哪些目的地址的主机,以保护内部网免受非法用户的访问。

在传输层,可以采用端到端的加密(即进程到进程的加密),以提供信息流动过程的安全性。

在应用层,主要是针对用户身份进行认证,并且可以建立安全的通信信道。

1.2.4 网络安全模型

图 1-3 给出了网络安全模型,消息从通信的一方(发送方)通过 Internet 传送至另一方

(接收方),发送方和接收方是交互的主体,必须共同协调完成消息交换的任务,通过定义 Internet 上从发送方到接收方的路由以及双方共同使用的通信协议(如 TCP/IP)来建立逻辑信息通道。

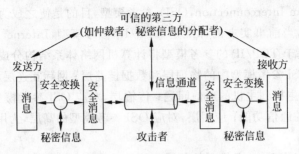

图 1-3　网络安全模型

当需要保护信息传输以保证信息的机密性、完整性、真实性的时候,就会涉及网络安全。一般来说,任何用来保证安全的方法都包含两个因素:

(1) 发送方对信息进行安全相关的转换。例如,对消息进行加密,即对消息进行变换,使得消息在传送过程中对攻击者不可读;或者将基于消息的编码附于消息后共同发送,以使接收方可以基于此编码验证发送方的身份。

(2) 双方共享某些秘密信息,并希望这些信息不为攻击者所知。例如加密密钥,它配合加密算法在消息传输之前将消息加密,而在接收端将消息解密。

为了实现信息的安全传输,许多场合还需要有可信的第三方。例如,第三方负责将秘密信息分配给通信双方,而对攻击者保密;或者当通信双方关于信息传输的真实性发生争执时,由第三方来仲裁。

上述模型说明,设计网络安全系统时,应实现下列 4 个方面的任务:

(1) 设计一个算法用以实现与安全相关的变换。该算法应是攻击者无法攻破的。

(2) 产生算法所使用的秘密信息。

(3) 设计分发和共享秘密信息的方法,以保证该秘密信息不为攻击者所知。

(4) 设计通信双方使用的协议,该协议利用安全算法和秘密信息提供安全服务。

图 1-3 所示的网络安全模型虽然是一个通用的模型,但是也有其他与安全有关的情形不完全符合该模型。这些情形下的模型如图 1-4 所示,该模型可以确保信息系统拒绝非授权的访问。

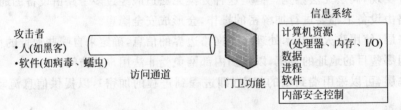

图 1-4　网络访问安全模型

应对非授权访问所需的安全机制分为两大类:第一类称为网闸功能,它包含基于口令的登录过程,该过程只允许授权用户访问;第二类称为内部监控,该程序负责检测和拒绝蠕虫、病毒以及其他类似的攻击。一旦非法用户或软件获得了访问权,那么由各种内部控制程序组成的第二道防线就监视其活动,分析存储的信息,以便检测非法入侵者。

1.3　OSI 安全体系结构

在大规模网络工程建设、管理和网络安全系统的设计与开发过程中,需要从全局的体系结构角度考虑安全问题的整体解决方案,这样才能保证网络安全功能的完备性和一致性,减低安全代价和管理开销。这样一个网络安全体系结构对于网络安全的设计、实现与管理具有重要意义。

为了有效评估一个机构的安全需求,以及对各个安全产品和政策进行评价和选择,负责安全的管理员需要以某种系统的方法来定义对安全的要求,并刻画满足这些要求的措施。国际标准化组织(ISO)于 1989 年正式公布了 ISO 7498-2:"信息处理系统-开放系统互连-基本参考模型-第 2 部分:安全体系结构",定义了开放系统通信的环境中与安全性有关的通用体系结构元素,作为对 OSI 基本参考模型的补充。这是一个普遍适用的安全体系结构,对于具体网络的安全体系结构具有指导性意义,其核心内容是保证异构计算机之间远距离交换信息的安全。

OSI 安全体系结构主要关注安全攻击、安全机制和安全服务。可以简短地定义如下:

(1) **安全攻击**:任何危及企业信息系统安全的活动。

(2) **安全机制**:用来检测、阻止攻击或从攻击状态恢复到正常状态的过程,或者实现该过程的设备。

(3) **安全服务**:加强数据处理系统和信息传输的安全性的一种处理过程或通信服务。其目的在于利用一种或多种安全机制进行反攻击。

1.3.1　安全攻击

网络攻击是指降级、瓦解、拒绝、摧毁计算机或计算机网络中的信息资源,或者降级、瓦解、拒绝、摧毁计算机或计算机网络本身的行为。在最高层次上,ISO 7498-2 将安全攻击分为两类,即被动攻击和主动攻击。被动攻击试图收集、利用系统的信息但不影响系统的正常访问,数据的合法用户对这种活动一般不会觉察到。主动攻击则是攻击者访问他所需信息的故意行为,一般会改变系统资源或影响系统运作。

1. 被动攻击

被动攻击采取的方法是对传输中的信息进行窃听和监测,主要目标是获得传输的信息。有两种主要的被动攻击方式:信息收集和流量分析。

(1) 信息收集造成传输信息的内容泄漏,如图 1-5 (a)所示。电话、电子邮件和传输的文件都可能因含有敏感或秘密的信息而被攻击者所窃取。

(2) 采用流量分析的方法可以判断通信的性质,如图 1-5(b)所示。为了防范信息的泄漏,消息在发送之前一般要进行加密,攻击者即使捕获了消息也不能从消息里获得有用的信息。但是,即使用户进行了加密保护,攻击者仍可能获得这些消息模式。攻击者可以决定通信主机的身份和位置,可以观察传输的消息的频率和长度。而这些信息可以用于判断通信

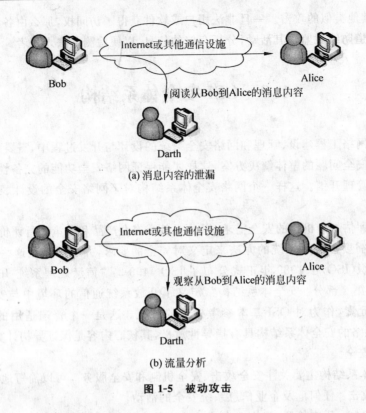

(a) 消息内容的泄漏

(b) 流量分析

图 1-5　被动攻击

的性质。

　　被动攻击由于不涉及对数据的更改,所以很难察觉。典型的情况是,信息流表面上以一种常规的方式在收发,收发双方谁也不知道有第三方已经读了信息或者观察了流量模式。处理被动攻击的重点是预防而不是检测。

　　2. 主动攻击

　　主动攻击包括对数据流进行篡改或伪造数据流,可分为:伪装、重放、消息篡改和拒绝服务四类,其实现原理如图 1-6 所示。

　　(1) 伪装是指某实体假装成别的实体。典型的例子是:攻击者捕获认证信息,并在其后利用认证信息进行重放,这样它就有可能获得其他实体所拥有的权限。

　　(2) 重放是指攻击者将获得的信息再次发送,从而导致非授权效应。

　　(3) 消息修改是指攻击者修改合法消息的部分或全部,或者延迟消息的传输以获得非授权作用。

　　(4) 拒绝服务是指攻击者设法让目标系统停止提供服务或资源访问,从而阻止授权实体对系统的正常使用或管理。典型的形式有查禁所有发向某目的地的消息,以及破坏整个网络,即或者使网络失效,或者使其过载以降低其性能。

　　主动攻击与被动攻击具有完全不同的特点。被动攻击虽然难以被检测,但可以有效地预防。另一方面,因为物理通信设施、软件和网络本身潜在的弱点具有多样性,主动攻击难以绝对预防,但容易检测。所以,处理主动攻击的重点在于检测并从破坏或造成的延迟中恢复过来。因为检测主动攻击有一种威慑效果,所以也可在某种程度上阻止主动攻击。

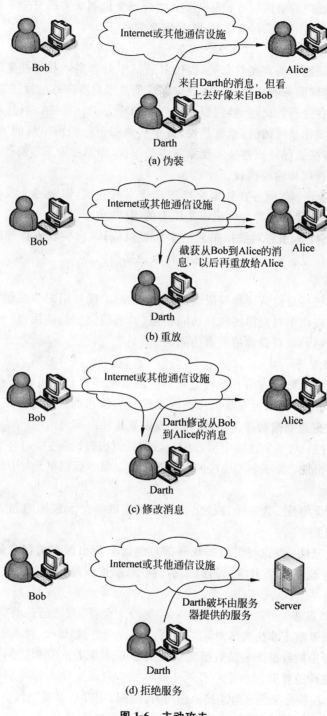

图 1-6 主动攻击

1.3.2 安全服务

OSI 安全体系结构将安全服务定义为通信开放系统协议层提供的服务,从而保证系统或数据传输有足够的安全性。RFC 2828 将安全服务定义为:一种由系统提供的对系统资源进行特殊保护的处理或通信服务;安全服务通过安全机制来实现安全策略。

OSI 安全体系结构定义了 5 大类共 14 个安全服务。

1. 鉴别服务

鉴别服务与保证通信的真实性有关,提供对通信中对等实体和数据来源的鉴别。在单条消息的情况下,鉴别服务的功能是向接收方保证消息来自所声称的发送方,而不是假冒的非法用户。对于正在进行的交互,鉴别服务则涉及两个方面。首先,在连接的初始化阶段,鉴别服务保证两个实体是可信的,也就是说,每个实体都是他们所声称的实体,而不是假冒的。其次,鉴别服务必须保证该连接不受第三方的干扰,即第三方不能够伪装成两个合法实体中的一个进行非授权传输或接收。

(1) 对等实体鉴别:该服务在数据交换连接建立时提供,识别一个或多个连接实体的身份,证实参与数据交换的对等实体确实是所需的实体,防止假冒。

(2) 数据源鉴别:该服务对数据单元的来源提供确认,向接收方保证所接收到的数据单元来自所要求的源点。它不能防止重播或修改数据单元。

2. 访问控制服务

访问控制服务包括身份认证和权限验证,用于防治未授权用户非法使用或越权使用系统资源。该服务可应用于对资源的各种访问类型(如通信资源的使用,信息资源的读、写和删除,进程资源的执行)或对资源的所有访问。

3. 数据保密性服务

数据保密性服务为防止网络各系统之间交换的数据被截获或被非法存取而泄密,提供机密保护。同时,对有可能通过观察信息流就能推导出信息的情况进行防范。保密性的作用是防止传输的数据遭到被动攻击,具体可分成以下几种:

(1) 连接保密性:对一个连接中所有用户数据提供机密性保护。

(2) 无连接保密性:为单个无连接的 N-SDU(N 层服务数据单元)中所有用户数据提供机密性保护。

(3) 选择字段保密性:为一个连接上的用户数据或单个无连接的 N-SDU 内被选择的字段提供机密性保护。

(4) 信息流保密性:提供对可根据观察信息流而分析出的有关信息的保护,从而防止通过观察通信业务流而推断出消息的源和宿、频率、长度或通信设施上的其他流量特征等信息。

4. 数据完整性服务

数据完整性服务防止非法实体对正常数据段进行变更,如修改、插入、延时和删除等,以及在数据交换过程中的数据丢失。数据完整性服务可分为以下五种情形,满足不同场合、不同用户对数据完整性的要求。

(1) 带恢复的连接完整性:为连接上的所有用户数据保证其完整性。检测在整个 SDU 序列中任何数据的任何修改、插入、删除和重播,并予以恢复。

(2) 不带恢复的连接完整性:与带恢复的连接完整性的差别仅在于不提供恢复功能。

(3) 选择字段的连接完整性:保证一个连接上传输的用户数据内选择字段的完整性,并以某种形式确定该选择字段是否已被修改、插入、删除或重播。

(4) 无连接完整性:提供单个无连接的 SDU 的完整性,并以某种形式确定接收到的

SDU 是否已被修改。此外，还可以在一定程度上提供对连接重放的检测。

（5）选择字段无连接完整性：提供在单个无连接 SDU 内选择字段的完整性，并以某种形式确定选择字段是否已被修改。

5. 不可否认服务

不可否认服务用于防止发送方在发送数据后否认自己发送过，以及接收方在收到数据后否认收到或伪造数据的行为。

（1）具有源点证明的不可否认：为数据接收者提供数据源证明，防止发送者以后任何企图否认发送数据或数据内容的行为。

（2）具有交付证明的不可否认：为数据发送者提供数据交付证明，防止接收者以后任何企图否认接收数据或数据内容的行为。

1.3.3　安全机制

为了实现上述安全服务，OSI 安全体系结构还定义了安全机制。这些安全机制可分成两类：一类在特定的协议层实现，另一类不属于任何的协议层或安全服务。

在特定的协议层设置的一些安全机制如下。

1. 加密机制

这种机制提供对数据或信息流的保密，并可作为对其他安全机制的补充。加密算法分为两种类型：

① 对称密钥密码体制，加密和解密使用相同的秘密密钥；

② 非对称密钥密码体制，加密使用公开密钥，解密使用私人密钥。网络条件下的数据加密必然使用密钥管理机制。

2. 数字签名机制

数字签名是附加在数据单元上的一些数据，或是对数据单元所做的密码变换，这种数据或变换允许数据单元的接收方确认数据单元来源和数据单元的完整性，并保护数据，防止被人伪造。数字签名机制确定两个过程，对数据单元签名、验证签过名的数据单元。

签名过程使用签名者专用的保密信息作为私用密钥，加密一个数据单元并产生数据单元的一个密码校验值；验证过程则使用公开的方法和信息来确定签名是不是使用签名者的专用信息产生的。不过，由验证过程不能推导出签名者的专用保密信息。数字签名的基本特点是签名只能使用签名者的专用信息产生。

3. 访问控制机制

访问控制机制使用已鉴别的实体身份、实体的有关信息或实体的能力来确定并实施该实体的访问权限。当实体试图使用非授权资源或以不正确方式使用授权资源时，访问控制功能将拒绝这种企图并产生事件报警和（或）记录下来作为安全审计跟踪的一部分。

访问控制机制可用以下一种或多种信息类型作为基础：

- 访问控制信息库。该库存有对等实体的访问权限，这种信息可由授权中心或正在被访问的实体保存。
- 鉴别信息。如通行字等。
- 用于证明访问实体或资源的权限的能力和属性。
- 按照安全策略，许可或拒绝访问的安全标号。

- 试图访问的时间。
- 试图访问的路径。
- 访问的持续时间。

4. 数据完整性机制

数据完整性包括两个方面：一是单个数据单元或字段的完整性，二是数据单元或字段序列的完整性。

确定单个数据单元完整性包括两个过程：

① 发送实体将数据本身的某个函数量(称为校验码字段)附加在该数据单元上；

② 接收实体产生一个对应的字段，与所接收到的字段进行比较以确定在传输过程中数据是否被修改。但是，仅使用这种机制不能防止单个数据单元的重播。

对连接型数据传输中数据单元序列完整性的保护，要求附加明显的次序关系，如顺序编号、时间戳或密码链。对于无连接型数据传输，使用时间戳可提供一种防止个别数据单元重播的限定形式。

5. 鉴别交换机制

鉴别交换机制通过互换信息的方式来确认实体身份的机制。这种机制可使用如下技术：发送方实体提供鉴别信息(如通行字)，由接受方实体验证；加密技术；实体的特征和(或属)性等。鉴别交换机制可与相应层次相结合，以提供同等实体鉴别。当采用密码技术时，鉴别交换机制可以和"握手"协议相结合以抵抗重放攻击。

鉴别交换机制的选择取决于不同的应用场合：

(1) 当对等实体和通信方式两者都可信时，一个对等实体的验证可由通行字实现。通行字可以防错，但不能防止蓄意破坏(如消息重放等)。每一方使用各自不同的通行字可以实现交互鉴别。

(2) 当每一实体信得过各自的对等实体，而通信方式不可信时，对积极攻击的防护由通行字和加密相结合实现。防止重放攻击的单向鉴别需两次"握手"，而具有重放防护的相互鉴别可由三次"握手"实现。

(3) 当一实体不能(或感觉到将来不能)相信对等实体或通信方式时，应使用数字签名和(或)公证机制来实现不可否认服务。

6. 通信业务填充机制

通信业务填充机制可用来提供各种不同级别的保护，对抗通信业务分析。这种机制产生伪造的信息流并填充协议数据单元以达到固定长度，有限地防止流量分析。只有当信息流受加密保护时，本机制才有效。

7. 路由选择机制

路由能动态地或预定地选取，以便只使用物理上安全的子网络、中继站或链路；在检测到持续的操作攻击时，端系统可以指示网络服务的提供者经不同的路由建立连接；带有某些安全标记的数据可能被安全策略禁止通过某些子网络、中继站或链路。

这种机制提供动态路由选择或预置路由选择，以便只使用物理上安全的子网、中继站或链路。连接的起始端(或无连接数据单元的发送方)可提出路由申请，请求特定子网、链路或中继站。端系统根据检测持续攻击网络通信的情况，动态地选择不同的路由，指示网络服务的提供者建立连接。根据安全策略，禁止带有安全标号的数据通过一般的(不安全的)子网、链路或中继站。

8. 公证机制

这种机制确证两个或多个实体之间数据通信的特征：数据的完整性、源点、终点及收发时间。这种保证由通信实体信赖的第三方——公证员提供。在可检测方式下，公证员掌握用以确证的必要信息。公证机制提供服务还使用到数字签名、加密和完整性服务。

除了以上 8 种基本的安全机制外，还有一些辅助的安全机制。它们不明确对应于任何特定的层次和服务，但其重要性直接和系统要求的安全等级有关。

(1) 可信功能：系统的软、硬件应是可信的。获得可信的方法包括形式证明法、检验和确认、对攻击的检测和记录，以及在安全环境中由可信成员构造实体。

(2) 安全标签：给资源(包括数据项)附上安全标签，表示其安全敏感程度。安全标签可以是与数据传输有关的附加数据，也可以是隐含的，如特定的密钥。

(3) 事件检测：包括检测与安全有关的事件(如违反安全的事件、特定的选择事件、事件计数溢出等)，以及检测"正常"事件(如一次成功的访问)。

(4) 安全审计跟踪：独立地回顾和检查系统有关的记录和活动，以测试系统控制的充分性，提供安全性违反的检测与调查，保证已建立的安全策略和操作过程的一致性；帮助损害评估，并推荐有关改进系统控制、安全策略和操作过程的指示。

(5) 安全恢复：受理事件检测处理和管理职能机制的请求，并应用一组规则来采取恢复行动。恢复行动有三种：一是立即行动，立即中止操作，如切断连接；二是暂时行动，使实体暂时失效；三是长期行动，使实体进入"空白表"或改变密钥。

表 1-2 给出了安全服务和安全机制的关系。

表 1-2　安全服务和安全机制的关系

安全机制 / 安全服务	加密	数字签名	访问控制	数据完整性	认证交换	流量填充	路由控制	公证
同等实体认证	Y	Y			Y			
数据源认证	Y	Y						
访问控制			Y					
保密性	Y						Y	
流量保密性	Y					Y	Y	
数据完整性	Y	Y		Y				
不可否认性		Y		Y				Y
可用性				Y	Y			

说明：Y 表示该服务应包含在该层的标准中以供选择，空白则表示不提供这种服务。

1.4　网络安全防护体系

网络安全防护体系是基于安全技术集成的基础之上，依据一定的安全策略建立起来的。

1.4.1　网络安全策略

网络安全策略是网络安全系统的灵魂与核心，是在一个特定的环境里，为保证提供一定级别的安全保护所必须遵守的规则集合。网络安全策略的提出,是为了实现各种网络安全技术的有效集成,构建可靠的网络安全系统。

网络安全策略主要包含五个方面的策略。

1. 物理安全策略

物理安全策略的目的是保护计算机系统、网络服务器、打印机等硬件实体和通信链路免受自然灾害及人为破坏;验证用户的身份和使用权限、防止用户越权操作;确保计算机系统有一个良好的电磁兼容工作环境;建立完备的安全管理制度,防止非法进入计算机控制和各种偷窃、破坏活动的发生。

2. 访问控制策略

访问控制是网络安全防范和保护的主要策略,它的主要任务是保证网络资源不被非法使用和访问。它也是维护网络系统安全,保护网络资源的重要手段。

3. 防火墙控制

防火墙是用以阻止网络中的黑客访问某个机构网络的一道屏障,也可以称之为控制进、出两个方向通信的门槛。在网络边界上通过建立起来的相应网络通信监控系统来隔离内部和外部网络,以阻挡外部网络的侵入。

4. 信息加密策略

信息加密的目的是保护网内的数据、文件、口令和控制信息,以及保护网上传输的数据。

5. 网络安全管理策略

在网络安全中,除了采用上述技术措施之外,加强网络的安全管理,制定有关规章制度,对于确保网络安全、可靠地运行,将起到十分有效的作用。网络的安全管理策略包括确定安全管理等级和安全管理范围,制定有关网络操作使用规程和人员出入机房管理的制度,制定网络系统的维护制度和应急措施等。

1.4.2 网络安全体系

网络安全体系是由网络安全技术体系、网络安全组织体系和网络安全管理体系三部分组成的。三者相辅相成,只有协调好三者的关系,才能有效地保护网络的安全。

1. 网络安全技术体系

通过对网络的全面了解,按照安全策略的要求,整个网络安全技术体系由以下几个方面组成:物理安全、计算机系统平台安全、通信安全、应用系统安全。

(1) 物理安全

通过机械强度标准的控制,使信息系统所在的建筑物、机房条件及硬件设备条件满足信息系统的机械防护安全;通过采用电磁屏蔽机房、光通信接入或相关电磁干扰措施降低或消除信息系统硬件组件的电磁发射造成的信息泄漏;提高信息系统组件的接收灵敏度和滤波能力,使信息系统组件具有抗击外界电磁辐射或噪声干扰的能力而保持正常运行。

物理安全除了包括机械防护、电磁防护安全机制外,还包括限制非法接入、抗摧毁、报警、恢复、应急响应等多种安全机制。

（2）计算机系统平台安全

它是指计算机系统能够提供的硬件安全服务与操作系统安全服务。

计算机系统在硬件上主要通过存储器安全机制、运行安全机制和 I/O 安全机制提供一个可信的硬件环境，实现其安全目标。

操作系统的安全是指通过身份识别、访问控制、完整性控制与检查、病毒防护、安全审计等机制的综合使用，为用户提供可信的软件计算环境。

（3）通信安全

ISO 发布的 ISO7498-2 是一个开放互连系统的安全体系结构。它定义了许多术语和概念，并建立了一些重要的结构性准则。OSI 安全体系通过技术管理将安全机制提供的安全服务分别或同时对应到 OSI 协议层的一层或多层上，为数据、信息内容和通信连接提供机密性、完整性安全服务，为通信实体、通信连接和通信进程提供身份鉴别安全服务。

（4）应用系统安全

应用级别的系统千变万化，而且各种新的应用在不断推出，相应地，应用级别的安全也不像通信或计算机系统安全体系那样，容易统一到一些框架结构之下。对应用而言，将采用一种新的思路，把相关系统分解为若干事务来实现，从而使事务安全成为应用安全的基本组件。通过实现通用事务的安全协议组件，以及提供特殊事务安全所需要的框架和安全运算支撑，推动在不同应用中采用同样的安全技术。

先进的网络安全技术是安全的根本保证。用户对自身面临的威胁进行风险评估，决定所需要的安全服务种类，并选择相应的安全机制，再集成先进的安全技术，从而形成一个可信赖的安全系统。

2. 网络安全管理体系

面对网络安全的脆弱性，除了在网络设计上增加安全服务功能，完善系统的安全保密措施外，还必须花大力气加强网络的安全管理。网络安全管理体系由法律管理、制度管理和培训管理三部分组成。

（1）法律管理

法律管理是指根据相关的国家法律、法规对信息系统主体及其与外界的关联行为进行规范和约束。法律管理具有对信息系统主体行为的强制性约束力，并且有明确的管理层次性。与安全有关的法律法规是信息系统安全的最高行为准则。

（2）制度管理

制度管理是信息系统内部依据系统必要的国家、团体的安全需求制定的一系列内部规章制度，主要内容包括安全管理和执行机构的行为规范、岗位设定及其操作规范、岗位人员的素质要求及行为规范、内部关系与外部关系的行为规范等。制度管理是法律管理的形式化、具体化，是法律、法规与管理对象的接口。

（3）培训管理

培训管理是确保信息系统安全的前提。培训管理的内容包括法律法规培训、内部制度培训、岗位操作培训、普通安全意识和岗位相关的重点安全意识相结合的培训、业务素质与技能技巧培训等。培训的对象不仅仅是从事安全管理和业务的人员，而应包括与信息系统有关的所有人员。

思 考 题

1. 造成当前网络安全形势严峻的主要原因有哪些?
2. 计算机网络安全的概念是什么? 网络安全有哪几个特征? 各个特征的含义是什么?
3. 简述在网络体系结构的不同层次中可以采取的典型安全措施。
4. OSI 安全体系结构涉及哪几个方面?
5. 列出被动和主动安全攻击的分类并简要说明。
6. OSI 的安全服务和安全机制都有哪几项? 安全机制和安全服务之间是什么关系?
7. 什么是网络安全策略? 主要包括哪几个方面的策略?
8. 网络安全体系包括哪几个部分? 各部分又由哪些方面组成?

第 2 章 密 码 学

密码是通信双方按约定的法则对信息进行特定变换的一种重要保密手段。密码学是一门古老而深奥的学科,以认识密码变换为本质,以加密和解密规律为研究对象。密码学是实现网络安全服务和安全机制的基础,是网络安全的核心技术,在网络安全领域具有不可替代的重要地位。

2.1 密码学概述

2.1.1 密码学的发展

密码学有着悠久的历史,早在几千年前,人类就有了保密通信的思想。公元前 1900 年左右,一个埃及书吏就在碑文中使用了非标准的象形文字,这或许是目前已知的最早的密码技术实例。公元前 600 年至公元前 500 年左右,希伯来人基于替换的原理,开发了三种加密方法。其中一种就是用一个字母表的字母与另一个字母表的字母配对,通过配对字母替换明文字母,达到加密的目的。关于密码学的早期主要著作出现在 15 世纪阿拉伯科学家 al-Qalqashandi 的百科全书第 14 卷中,它也是最早的密码分析学著作之一。总体说来,这些早期的保密方法都是非常朴素、原始和低级的,大多数是无规律的;而且基本上都是依靠人工和简单机械对信息进行加密、传输和破译。我们把这个密码学发展阶段称为古典密码学阶段。

1949 年,信息论的奠基人 C. Shannon 发表了一篇著名的文章《保密系统的通信理论》,为密码学的发展奠定了理论基础,使密码学成为一门真正的科学。到 20 世纪六七十年代,随着电子技术、信息技术的发展和结构代数、可计算理论和计算复杂度理论的发展,密码学开始步入现代密码学阶段。这同时也是一个计算机密码学的阶段,电子计算机成为对信息进行加密、传输和破译的主要工具。近年来,密码学的研究非常活跃,这和计算机科学的蓬勃发展是密切相关的。

计算机密码学是研究利用现代技术手段对计算机系统中的数据进行加密、破译和变化的学科,是一门新兴的数学和计算机科学交叉的学科。随着计算机网络和现代通信技术的发展,计算机密码学得到了前所未有的发展和应用。计算机密码学已成为安全领域的主要研究方向之一,也是安全课程的主要内容之一。

20 世纪 70 年代,密码学的研究出现了两大成果,一个是 1977 年美国国家标准局 (NBS)颁布的数据加密标准 DES,另一个是由 Diffie 和 Hellman 联合提出的公钥密码体制的新思想。DES 将传统密码学的发展推到了一个新的高度,公钥密码体制的思想则被公认为是现代密码学的基石。这两大成果是密码学发展史上两个重要的成果。

随着计算机网络在人类社会生活中的日益普及,密码学的应用也随之扩大。消息鉴别、数字签名、身份认证等都是由密码学派生出来的新技术和新应用。

2.1.2　密码学的基本概念

密码学是研究密码编制和密码分析的规律和手段的技术科学。研究密码变化的客观规律，设计各种加密方案，编制密码以保护信息安全的技术，称为密码编码学。在不知道任何加密细节的条件下，分析、破译经过加密的消息以获取信息的技术，称为密码分析学或密码破译学。密码编码学和密码分析学总称密码学。密码学为解决网络安全中的机密性、完整性、真实性、不可抵赖性等提供系统的理论和方法。

在密码学中，原始的消息称为明文，而加密后的消息称为密文。将明文变换成密文，以使非授权用户不能获取原始信息的过程称为加密；从密文恢复明文的过程称为解密。明文到密文的变换法则，即加密方案，称为加密算法；而密文到明文的变换法则称为解密算法。加/解密过程中使用的明文、密文以外的其他参数，称为密钥。

密码学模型如图 2-1 所示。

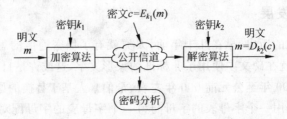

图 2-1　密码学模型

一个用于加解密并能够解决网络安全中的机密性、完整性、可用性、可控性和真实性等问题中的一个或几个的系统，称为一个密码体制。密码体制可以定义为一个五元组 (P, C, K, E, D)，其中：

- P 称为明文空间，是所有可能的明文构成的集合；
- C 称为密文空间，是所有可能的密文构成的集合；
- K 称为密钥空间，是所有可能的密钥构成的集合；
- E 和 D 分别表示加密算法和解密算法的集合，它们满足：对每一个 $k \in K$，必然存在一个加密算法 $e_k \in E$ 和一个解密算法 $d_k \in D$，使得对任意 $m \in P$，恒有 $d_k(e_k(m)) = m$。

从技术上讲，一个密码体制的安全性取决于所使用的密码算法的强度。对一个密码体制来说，如果无论攻击者获得多少可使用的密文，都不足以唯一地确定由该体制产生的密文所对应的明文，则该密码体制是无条件安全的。除了一次一密，其他所有的加密算法都不是无条件安全的。因此，实际应用中的加密算法应该尽量满足以下标准：

(1) 破译密码的代价超出密文信息的价值。

(2) 破译密码的时间超出密文信息的有效生命期。

满足了上述两条标准的加密体制是计算上安全的。对一个计算上安全的密码体制，虽然理论上可以破译，但是由获得的密文以及某些明文-密文对来确定明文，却需要付出巨大的代价，因而不能在希望的时间内或实际可能的条件下求出准确答案。

对于密码体制来说，一般有两种攻击方法：

（1）**密码分析攻击**：攻击依赖于加密/解密算法的性质和明文的一般特征或某些明密文对。这种攻击企图利用算法的特征来恢复出明文，或者推导出使用的密钥。

（2）**穷举攻击**：攻击者对一条密文尝试所有可能的密钥，直到把它转化为可读的有意义的明文。

根据攻击者掌握的信息，可以将密码分析攻击分成几种类型，如表 2-1 所示。

表 2-1　密码分析攻击

攻 击 类 型	密码分析者已知的信息
唯密文攻击	加密算法
	要解密的密文
已知明文攻击	加密算法
	要解密的密文
	用（与待解的密文）同一密钥加密的一个或多个明密文对
选择明文攻击	加密算法
	要解密的密文
	分析者任意选择的明文，以及对应的密文（与待解的密文使用同一密钥加密）
选择密文攻击	加密算法
	要解密的密文
	分析者有目地选择的一些密文，以及对应的明文（与待解的密文使用同一密钥解密）

（1）**唯密文攻击**：攻击者在仅已知密文的情况下，企图对密文进行解密。这种攻击是最容易防范的，因为攻击者拥有的信息量最少。

（2）**已知明文攻击**：攻击者获得了一些密文信息及其对应的明文，也可能知道某段明文信息的格式等。比如，特定领域的消息往往有标准化的文件头。

（3）**选择明文攻击**：攻击者可以选择某些他认为对攻击有利的明文，并获取其相应的密文。如果分析者能够通过某种方式，让发送方在发送的信息中插入一段由他选择的信息，那么选择明文攻击就有可能实现。

（4）**选择密文攻击**：密码攻击者事先搜集一定数量的密文，让这些密文透过被攻击的加密算法解密，从而获得解密后的明文。

以上几种攻击的强度依次增强。如果一个密码体制能够抵抗选择密文攻击，那么它就能抵抗其余三种攻击。

使用计算机对所有可能的密钥组合进行测试，直到有一个合法的密钥能够把密文还原成明文，这就是穷举攻击。平均来说，穷举攻击要获得成功必须尝试所有可能密钥的一半。

2.1.3　密码的分类

从不同角度，根据不同标准，可以将密码体制分成不同的类型。

（1）按照密码的应用技术划分，有手工密码、机械密码、电子机内乱密码和计算机密码。

手工密码以手工，或辅以简单器具来完成加密和解密的过程，这是第一次世界大战之前使用的主要密码形式。

机械密码以机械密码机或电动密码机为工具来实现信息的加密和解密。这种密码在第一次世界大战和第二次世界大战之间得到了广泛的应用。

通过电子电路,以严格的程序进行逻辑运算,以少量制乱元素产生大量的加密乱数,因为制乱在加密和解密过程中完成而不需要预先制作,所以称之为电子机内乱密码。

计算机密码则是通过计算机软件或硬件来完成加密和解密的过程,适于计算机数据保存和网络通信保密的场合。

(2) 按照加密过程中转换操作的原理,可划分为代换密码和置换密码。

代换密码也称为替换密码。加密过程中,将明文的每个或每组字符由另外一个或一组字符代替,形成密文。

置换密码又叫做移位密码。加密时只对明文字母进行重新排序,每个字母的位置发生了改变,形成了密文。

替换和置换广泛应用于古典密码中。

(3) 根据加解密是否使用相同的密钥,可将密码体制分为对称密码和非对称密码。

加密和解密都是在密钥的作用下进行的。对称密码体制也叫单钥密码体制、秘密密钥密码体制,而非对称密码体制也称为公钥(公开密钥)密码体制。在对称密码体制中,加密和解密使用完全相同的密钥,或者加密密钥和解密密钥彼此之间非常容易推导。在公钥密码体制下,加密和解密使用不同的密钥,而且由其中一个推导另外一个是非常困难的。这两个不同的密钥,往往其中一个是公开的,而另外一个保持秘密性。

(4) 根据明文加密时处理单元,可以分为分组密码和流密码。

在分组密码体制中,加密时首先将明文序列以固定长度分组,每个明文分组用相同的密钥和算法进行变换,得到一组密文。分组密码是以分组为单位,在密钥控制下进行一系列的线性和非线性变化而得到密文的,变换过程中重复地使用了代换和置换两种基本加密变化技术。分组密码具有良好的扩散性、较强的适应性、对插入信息的敏感性等特点。

在流密码体制中,加密和解密每次只处理数据流的一个符号(如一个字符或一个比特)。典型的流密码算法每次加密一个字节的明文。加密过程中,首先把报文、语音、图像、数据等原始明文转换成明文序列,然后将密钥输入到一个伪随机数(比特)发生器,该伪随机数发生器产生一串随机的 8 位比特数,称为密钥流或密钥序列。将明文序列与密钥序列进行异或(XOR)操作产生密文流。解密需要使用相同的密钥序列,与密文相异或,得到明文。

流密码类似于"一次一密",不同的是,"一次一密"使用的是真正的随机数流,而流密码使用的是伪随机数流。通过设计合适的伪随机数发生器,流密码可以提供和相应密钥长度分组密码相当的安全性。相对于分组密码,流密码的主要优点是速度更快而且需要编写的代码更少。

2.2　古典密码体制

古典密码时期的密码技术算不上真正的科学。那时的密码学家凭借直觉进行密码分析和设计,以手工方式,最多借助简单器具,来完成加密和解密操作。这样的密码技术称为古典密码体制。

古典密码技术以字符为基本加密单元,大都比较简单,经受不住现代密码分析手段的攻击,因此已很少使用。但是,在漫长的发展演化过程中,古典密码学充分体现了现代密码学的两大基本思想：置换和代换，还将数学的方法引入到密码分析和研究中。这为后来密码学成为系统的学科以及相关学科的发展奠定了坚实的基础。通过研究古典密码，可以有助于我们理解、分析、设计现代密码技术。

　　对于古典密码，有如下约定：加解密时忽略空格和标点符号。这是因为如果保留空格和标点，密文会保持明文的结构特点，为攻击者提供便利；而解密时正确地还原这些空格和标点符号是非常容易的。

2.2.1　置换技术

　　对明文字母（字符、符号）按某种规律进行位置的交换而形成密文的技术称为置换。置换加密技术对明文字母串中的字母位置进行重新排列，而每个字母本身并不改变。在置换密码体系中，为了确保通信安全性，必须保证仅有发送方和接收方知道加密置换和对应的解密置换。

　　1. 栅栏密码

　　栅栏技术是最简单的置换技术。栅栏密码把要加密的明文分成 N 个一组，然后把每组的第一个字符连起来，再加上第二个、第三个，以此类推。本质上，是把明文字母一列一列（列高就是 N）地组成一个矩阵，然后一行一行地读出。

　　如果令 $N=2$，则是最常见的 2 线栅栏。假设明文如下：

THE LONGEST DAY MUST HAVE AN END

去除空格后，两两组成一组，得到：

TH EL ON GE ST DA YM US TH AV EA NE ND

取每组的第一个字母，得到：

TEOGSDYUTAENN

再都取第二个字母：

HLNETAMSHVAED

连在一起就是最终的密文：

TEOGSDYUTAENNHLNETAMSHVAED

而解密的方式则是进行一次逆运算。先将密文分为两行：

T E O G S D Y U T A E N N

H L N E T A M S H V A E D

再按列读出，组合成一句话：

THE LONGEST DAY MUST HAVE AN END

　　一种更复杂的方案是把消息按固定长度分组，每组写成一行，则整个消息被写成一个矩形块，然后按列读出，但是把列的次序打乱。列的次序就是算法的密钥。例如：

密钥：3421567

明文：attackp

　　　　ostpone

　　　　duntilt

　　　　woamxyz

密文：TTNAAPTMTSUOAODWCOIXKNLYPETZ

　　单纯的置换密码加密得到的密文中,有着与原始明文相同的字母频率特征,因而较容易被识破。而且,双字母音节和三字母音节分析办法更是破译这种密码的有力工具。

　　2. 多步置换

　　多步置换密码相对来讲要复杂得多,这种置换是不容易构造出来的。前面那条消息用相同算法再加密一次:

密钥: 3412567

明文: ttnaapt

　　　　mtsuoao

　　　　dwcoixk

　　　　nlypetz

密文: NSCYAUOPTTWLTMDNAOIEPAXTTOKZ

　　经过两次置换,字母的排列已经没有什么明显的规律了,对密文进行分析要困难得多。

2.2.2　代换技术

　　代换是古典密码中最基本的处理技巧,在现代密码学中也得到了广泛应用。代换法是将明文字母用其他字母、数字或符号替换的一种方法。如果明文是二进制序列,那么代换就是用密文位串来代换明文位串。代换密码要建立一个或多个替换表,加密时通过查表,将需要加密的明文字母,依次替换为相应的字符。明文字符被逐个替换后,生成无意义的字符串,即密文。这样的替换表就是密钥。有了这个密钥,就可以进行加解密了。

　　1. Caesar 密码

　　人类第一次有史料记载的密码是由 Julius Caesar 发明的 Caesar 密码。Caesar 密码的明文空间和密文空间都是 26 个英文字母的集合,加密算法非常简单,就是对每个字母用它之后的第 3 个字母来代换。例如: veni,vidi,vici("我来,我见,我征服",恺撒征服本都王法那西斯后向罗马元老院宣告的名言)。

明文: venividivici

密文: YHALYLGLYLFL

　　既然字母表是循环的,因此 Z 后面的字母是 A。通过列出所有可能,能够定义如下所示的替换表,即密钥。

明文: a b c d e f g h i j k l m n o p q r s t u v w x y z

密文: D E F G H I J K L M N O P Q R S T U V W X Y Z A B C

　　如果为每一个字母分配一个数值(a 分配 0,b 分配 1,以此类推,z 分配 25)。令 m 代表明文,c 代表密文,则 Caesar 算法能够用如下的公式表示:

$$c=E(3,m)=(m+3) \bmod 26$$

　　如果对字母表中的每个字母用它之后的第 k 个字母来代换,而不是固定用其后面第 3 个字母,则得到了一般的 Caesar 算法:

$$c=E(k,m)=(m+k) \bmod 26$$

　　这里 k 的取值范围是 1~25,即一般的 Caesar 算法有 25 个可能的密钥。

　　相应的解密算法是:

$$m=D(k,c)=(c-k) \bmod 26$$

　　如果已知某给定的密文是 Caesar 密码,那么穷举攻击密码学分析是很容易实现的:只需简单地测试所有 25 种可能的密钥即可。Caesar 密码的三个重要特征使我们可以采用穷举攻击分析方法:

　　(1) 加密和解密算法已知。

　　(2) 密钥空间大小只有 25。

　　(3) 明文所用的语言是已知的,且其意义易于识别。

　　2. 单表代换密码

　　Caesar 密码仅有 25 种可能的密钥,是很不安全的。通过允许任意代换,密钥空间将会急剧增大。Caesar 密码的代换规则(密钥)如下:

　　明文:a b c d e f g h i j k l m n o p q r s t u v w x y z

　　密文:D E F G H I J K L M N O P Q R S T U V W X Y Z A B C

　　如果允许密文行是 26 个字母的任意置换,那么就有 26!(大于 4×10^{26})种可能的密钥,这应该可以抵挡穷举攻击了。这种方法对明文的所有字母采用同一个代换表进行加密,每个明文字母映射到一个固定的密文字母,称为**单表代换密码**。

　　例如**密钥短语密码**,选一个英文短语作为密钥字(Key Word)或密钥短语(Key Phrase),如 HAPPY NEW YEAR,去掉重复字母得 HAPYNEWR。将它依次写在明文字母表之下,而后再将字母表中未在短语中出现过的字母依次写于此短语之后,即可构造出一个字母代换表,即明文字母表到密文字母表的映射规则,如下所示。

a	b	c	d	e	f	g	h	i	j	k	l	m	n	o	p	q	r	s	t	u	v	w	x	y	z
H	A	P	Y	N	E	W	R	B	C	D	F	G	I	J	K	L	M	O	Q	S	T	U	V	X	Z

　　若明文为:

　　Casear cipher is a shift substitution

　　则密文为:

　　PHONHM PBKRNM BO H ORBEQ OSAOQBQSQBJI

　　不过,攻击办法仍然存在。如果密码分析者知道明文(例如,未经压缩的英文文本)的属性,就可以利用语言的一些规律进行攻击。例如,首先把密文中字母使用的相对频率统计出来,然后与英文字母的使用频率分布进行比较。如果已知消息足够长的话,只用这种方法就已经足够了。即使已知消息相对较短,不能得到准确的字母匹配,密码分析者可以推测可能的明文字母与密文字母的对应关系,并结合其他规律推测字母代换表。另外一种方法是统计密文中双字母组合的频率,然后与明文的双字母组合频率相对照,以此来寻找明密文的对应关系。

　　3. 多表代换加密

　　因为带有原始字母使用频率的一些统计学特性,所以单表代换密码较容易被攻破。一种对策是对每个明文字母提供多种代换,即对明文消息采用多个不同的单表代换。这种方法一般称为**多表代换密码**。比如字母 e 可以替换成 16,74,35 和 21 等,循环或随机地选取其中一个即可。如果对每个明文元素(字母)分配的密文元素(如数字等)的个数与此明文元素(字母)的使用频率成一定比例关系,那么使用频率信息就完全被隐藏起来了。

所有多表代换方法都有以下共同特征：

(1) 采用多个相关的单表代换规则集。

(2) 由密钥决定使用的具体的代换规则。

多表代换密码引入了"密钥"的概念，由密钥来决定使用哪一个具体的代换规则。此类算法中最著名且最简单的是 Vigenere（维吉尼亚）密码。它的代换规则集由 26 个类似 Caesar 密码的代换表组成，其中每一个代换表是对明文字母表移位 0 到 25 次后得到的代换单表。每个密码代换表由一个密钥字母来表示，这个密钥字母用来代换明文字母 a，故移位 3 次的 Caesar 密码由密钥值 d 来代表。Vigenere 密码表如图 2-2 所示。

		明 文																									
		a	b	c	d	e	f	g	h	i	j	k	l	m	n	o	p	q	r	s	t	u	v	w	x	y	z
	a	A	B	C	D	E	F	G	H	I	J	K	L	M	N	O	P	Q	R	S	T	U	V	W	X	Y	Z
	b	B	C	D	E	F	G	H	I	J	K	L	M	N	O	P	Q	R	S	T	U	V	W	X	Y	Z	A
	c	C	D	E	F	G	H	I	J	K	L	M	N	O	P	Q	R	S	T	U	V	W	X	Y	Z	A	B
	d	D	E	F	G	H	I	J	K	L	M	N	O	P	Q	R	S	T	U	V	W	X	Y	Z	A	B	C
	e	E	F	G	H	I	J	K	L	M	N	O	P	Q	R	S	T	U	V	W	X	Y	Z	A	B	C	D
	f	F	G	H	I	J	K	L	M	N	O	P	Q	R	S	T	U	V	W	X	Y	Z	A	B	C	D	E
	g	G	H	I	J	K	L	M	N	O	P	Q	R	S	T	U	V	W	X	Y	Z	A	B	C	D	E	F
	h	H	I	J	K	L	M	N	O	P	Q	R	S	T	U	V	W	X	Y	Z	A	B	C	D	E	F	G
	i	I	J	K	L	M	N	O	P	Q	R	S	T	U	V	W	X	Y	Z	A	B	C	D	E	F	G	H
	j	J	K	L	M	N	O	P	Q	R	S	T	U	V	W	X	Y	Z	A	B	C	D	E	F	G	H	I
	k	K	L	M	N	O	P	Q	R	S	T	U	V	W	X	Y	Z	A	B	C	D	E	F	G	H	I	J
	l	L	M	N	O	P	Q	R	S	T	U	V	W	X	Y	Z	A	B	C	D	E	F	G	H	I	J	K
密钥	m	M	N	O	P	Q	R	S	T	U	V	W	X	Y	Z	A	B	C	D	E	F	G	H	I	J	K	L
	n	N	O	P	Q	R	S	T	U	V	W	X	Y	Z	A	B	C	D	E	F	G	H	I	J	K	L	M
	o	O	P	Q	R	S	T	U	V	W	X	Y	Z	A	B	C	D	E	F	G	H	I	J	K	L	M	N
	p	P	Q	R	S	T	U	V	W	X	Y	Z	A	B	C	D	E	F	G	H	I	J	K	L	M	N	O
	q	Q	R	S	T	U	V	W	X	Y	Z	A	B	C	D	E	F	G	H	I	J	K	L	M	N	O	P
	r	R	S	T	U	V	W	X	Y	Z	A	B	C	D	E	F	G	H	I	J	K	L	M	N	O	P	Q
	s	S	T	U	V	W	X	Y	Z	A	B	C	D	E	F	G	H	I	J	K	L	M	N	O	P	Q	R
	t	T	U	V	W	X	Y	Z	A	B	C	D	E	F	G	H	I	J	K	L	M	N	O	P	Q	R	S
	u	U	V	W	X	Y	Z	A	B	C	D	E	F	G	H	I	J	K	L	M	N	O	P	Q	R	S	T
	v	V	W	X	Y	Z	A	B	C	D	E	F	G	H	I	J	K	L	M	N	O	P	Q	R	S	T	U
	w	W	X	Y	Z	A	B	C	D	E	F	G	H	I	J	K	L	M	N	O	P	Q	R	S	T	U	V
	x	X	Y	Z	A	B	C	D	E	F	G	H	I	J	K	L	M	N	O	P	Q	R	S	T	U	V	W
	y	Y	Z	A	B	C	D	E	F	G	H	I	J	K	L	M	N	O	P	Q	R	S	T	U	V	W	X
	z	Z	A	B	C	D	E	F	G	H	I	J	K	L	M	N	O	P	Q	R	S	T	U	V	W	X	Y

图 2-2 Vigenere 密码表

最左边一列是密钥字母，顶部一行是明文的标准字母表，26 个密码水平置放。加密过程很简单：给定密钥字母 x 和明文字母 y，密文字母是位于 x 行和 y 列的那个字母。

加密一条消息需要与消息一样长的密钥。通常，密钥是一个密钥词的重复，比如密钥词是 relations，那么消息"to be or not to be that is the question"将被这样加密：

密钥：relationsrelationsrelationsrel

明文：tobeornottobethatisthequestion

密文：ksmehzbblksmempogajxsejcsflzsy

解密同样简单，密钥字母决定行，密文字母所在列顶部的字母就是明文字母。

这种密码的强度在于每个明文字母对应着多个密文字母，且每个使用唯一的字母，因此字母出现的频率信息被隐蔽了，抗攻击性大大增强。历史上以维吉尼亚密表为基础又演变出很多种加密方法，其基本元素无非是密表与密钥，并一直沿用到二战以后的初级电子密码机上。

4．Hill 密码

Hill 密码是另外一种著名的多表代换密码，运用了矩阵论中线性变换的原理，由 Lester S. Hill 在 1929 年发明。

每个字母指定为一个二十六进制数字：$a=0, b=1, c=2, \cdots, z=25$。$m$ 个连续的明文字母被看做 m 维向量，跟一个 $m \times m$ 的加密矩阵相乘，再将得出的结果模 26，得到 m 个密文字母，即 m 个连续的明文字母作为一个单元，被转换成等长的密文单元。注意加密矩阵（即密钥）必须是可逆的，否则就不可能译码。

例如 $m=4$，该密码体制可以描述为：

$$\begin{bmatrix} c_1 \\ c_2 \\ c_3 \\ c_4 \end{bmatrix} = \begin{bmatrix} k_{11} & k_{12} & k_{13} & k_{14} \\ k_{21} & k_{22} & k_{23} & k_{24} \\ k_{31} & k_{32} & k_{33} & k_{34} \\ k_{41} & k_{42} & k_{43} & k_{44} \end{bmatrix} \begin{bmatrix} p_1 \\ p_2 \\ p_3 \\ p_4 \end{bmatrix} \bmod 26$$

或

$$C = E(K, P) = KP \bmod 26$$

其中 C 和 P 是长度为 4 的列向量，分别代表密文和明文，K 是一个 4×4 矩阵，代表加密矩阵（密钥）。运算按模 26 执行。

例如，对明文 cost，用向量表示为 $[2\ 14\ 18\ 19]^{\mathrm{T}}$（$T$ 代表矩阵转置）。假设加密密钥为：

$$K = \begin{bmatrix} 1 & 3 & 5 & 7 \\ 10 & 4 & 6 & 8 \\ 2 & 3 & 6 & 9 \\ 11 & 12 & 8 & 5 \end{bmatrix}$$

则加密运算为：

$$C = K[2\ 14\ 18\ 19]^{\mathrm{T}} = [3\ 10\ 9\ 23]^{\mathrm{T}}$$

即密文是字符串 dkjx。

解密则需要用到矩阵 K 的逆，K^{-1} 由等式 $KK^{-1} = K^{-1}K = I$ 定义，其中 I 是单位矩阵。

$$P = D(K, P) = K^{-1}C \bmod 26$$

Hill 密码的优点是完全隐蔽了单字母频率特性。实际上，Hill 密码采用的矩阵越大，所隐藏的频率信息就越多。而且，由于 Hill 密码的密钥采用矩阵形式，不仅隐藏了单字母的频率特性，还隐藏了双字母的频率特性。

2.2.3　古典密码分析

古典密码中，大多数算法都不能很好地抵抗对密钥的穷举攻击，因为其密钥空间相对都不大。

在一定条件下,古典密码体制中的任何一种都可以被破译。古典密码对已知明文攻击是非常脆弱的。即使用唯密文攻击,大多数古典密码也很容易被攻破。原因在于古典密码多是用于保护英文表达的明文信息,而大多数古典密码都不能很好地隐藏明文消息的统计特征,英文的语言统计特性就成为了攻击者的有力工具。

以单表代换为例,单表代换密码允许字母进行任意代换,密钥空间非常大,有 26!(大于 4×10^{26})种可能的密钥。因此,对单表代换密码进行密钥穷举攻击在计算上是不可行的。但是,自然语言(英文)的词频规律等统计特性在密文中很好地被保持,而英文语言的统计特性是公开的,这对破译非常有用。破译中经常使用的英文语言的统计特性是单字母出现频率、双字母组合出现频率、重合指数等。例如,英文语言中,字母 e 出现的频率最高,接下来是 t、a、o 等。出现频率较高的双字母组合有 th、he、er 等。经过大量统计,人们总结出了英文中单字母出现频率,如表 2-2 所示。

表 2-2 英文中单字母出现频率统计

A	B	C	D	E	F	G
0.0856	0.0139	0.0279	0.0378	0.1304	0.0289	0.0199
H	I	J	K	L	M	N
0.0518	0.0627	0.0013	0.0042	0.0339	0.0249	0.0707
O	P	Q	R	S	T	U
0.0797	0.0199	0.0012	0.0677	0.0607	0.1045	0.0269
V	W	X	Y	Z		
0.0092	0.0149	0.0017	0.0199	0.0008		

在仅有密文的情况下,攻击者可以通过如下步骤进行破译:

第 1 步,统计密文中每个字母出现的频率。

第 2 步,从出现频率最高的几个字母开始,并结合双字母组合、三字母组合出现频率,假定它们是英文中出现频率较高的字母和字母组合所对应的密文,逐步试探、推测各密文字母对应的明文字母。

第 3 步,重复第 2 步的试探,直到得到有意义的英文词句和段落。

2.2.4 一次一密

一种理想的加密方案叫做一次一密,是由 Major Joseph Mauborgne 和 AT&T 公司的 Gilbert Vernam 在 1917 年发明的。一次一密使用与消息等长且无重复的随机密钥来加密消息,另外,密钥只对一个消息进行加解密,之后丢弃不用。每一条新消息都需要一个与其等长的新密钥。

具体来讲,发送方维护一个密码本,密码本保存一个足够长的密钥序列,该密钥序列中的每一项都是按照均匀分布随机地从一个字符表中选取的,即满足真随机性。这个真随机的密钥序列需要双方事先协商好,并各自秘密保存。每次通信时,发送方首先从密码本的密钥序列最前端选择一个与待发送消息长度相同的一段作为密钥,然后用密钥中的字符依次加密消息中的每个字母,加密方式是将明文字母串和密钥进行逐位异或。加密完成后,发送方把密钥序列中刚使用过的这一段销毁。接收方每次收到密文消息后,使用自己保存的密钥序列最前面与密文长度相同的一段作为密钥,对密文进行解密。解密完成后,接收方同样销毁刚刚使用过的这一段密钥。

如果密码本不丢失,一次一密的密文不可能被破解。因为即使有足够数量的密文样本,每个字符的出现概率都是相等的,每任意个字母组合出现的概率也是相等的,密文与明文没有任何统计关系。因为密文不包含明文的任何信息,所以无法攻破。

一次一密的安全性完全取决于密钥的随机性。如果构成密钥的字符流是真正随机的,那么构成密文的字符流也是真正随机的。因此分析者没有任何攻击密文的模式和规则可用。如果攻击者不能得到用来加密消息的一次一密乱码本,那么这个方案是完全保密的。

理论上,对一次一密已经很清楚了。但是在实际中,一次一密提供完全的安全性存在两个基本难点:

(1) 产生大规模随机密钥的实际困难。一次一密需要相当长的密钥序列,这需要相当大的代价去产生、运输和保存,而且密钥不允许重复使用,进一步增大了这个困难。实际应用中,提供这样规模的真正随机字符是相当艰巨的任务。

(2) 密钥的分配和保护。对每一条发送的消息,需要提供给发送方和接收方等长度的密钥。因此,存在庞大的密钥分配问题。

因为存在上面这些困难,所以一次一密在实际中很少使用,而主要用于安全性要求很高的低带宽信道。美国和前苏联两国领导人之间的热线电话据说就是用一次一密技术加密的。

2.3   对称密码体制

对称加密是 20 世纪 70 年代公钥密码产生之前唯一的加密类型。迄今为止,它仍是两种类型的加密中使用最为广泛的加密类型。

2.3.1   对称密码体制的概念

对称密码的模型见图 2-3,共包括 5 个成分。

- **明文**:原始的信息,也就是需要被密码保护的信息。加密算法的输入。
- **加密算法**:加密算法对明文进行各种代换和变换,使之成为不可读的形式。
- **密钥**:密钥也是加密算法的输入。密钥独立于明文。算法将根据所用的特定密钥而产生不同的输出。
- **密文**:作为加密算法的输出,看起来完全随机而杂乱的数据,依赖于明文和密钥。

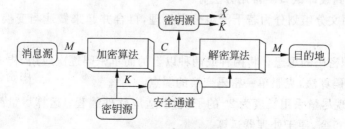

图 2-3   对称密码模型

密文是随机的数据流,并且其意义是不可理解的。

- **解密算法**:本质上是加密算法的逆运算,可以从加密过的信息中得到原始信息。

如图 2-3 所示,发送方产生明文消息 M,并产生一个密钥 K。通过某种安全通道,发送方将密钥告知给接收方。另一种方法是由双方共同信任的第三方生成密钥后,再安全地分发给发送方和接收方。

加密算法 E 根据输入信息 M 和密钥 K 生成密文 C:

$$C = E(K, M)$$

该式表明密文 C 是明文 M 和密钥 K 的函数。对于给定的明文,不同的密钥将产生不同的密文。

拥有密钥 K 的期望接收者,可以执行解密算法 D,以从密文中恢复明文:

$$M = D(K, C)$$

一般情况下,加密算法 E 和解密算法 D 是公开的,并且密码攻击者知道可以通过相对较小的努力获得密文 C。但是密码攻击者并不知道 K 和 M,而企图得到 K 和 M,或二者之一。那么,密码分析者将通过计算密钥的估计值来恢复 K,通过计算明文的估计值来恢复 M。

为了保证通信的安全性,对称密码体制需满足如下两个要求:

(1) 加密算法具有足够的强度,即破解的难度足够高。最起码的要求是,即使攻击方拥有一定数量的密文和产生这些密文的明文,他(或她)也不能破译密文或发现密钥。算法强度除了依赖于算法本身外,还依赖于密钥的长度。密钥越长,则强度越高。

(2) 发送者和接收者必须能够通过某种安全的方法获得密钥,并且密钥也是安全的。一般来讲,加密和解密的算法都是公开的。如果攻击者掌握了密钥,那么就能读出使用该密钥加密的所有通信。

分组密码是现代对称密码学的重要组成部分。人们已经对分组密码进行了大量研究。由于加解密速度快,安全性能好,并得到许多密码芯片的支持,因此现代分组密码发展得非常快。一般来说,分组密码的应用范围比流密码要广泛。绝大部分基于网络的对称密码应用使用的都是分组密码。

一般分组密码的构造遵循以下几个原则:

(1) 足够大的明文分组长度,以保证足够大的明文空间,避免给攻击者提供太多的明文统计特征信息。

(2) 尽可能大的密钥空间,以抵抗穷举密钥攻击。

(3) 足够强的密码算法复杂度,以增强分组密码算法自身的安全性,使攻击者无法利用简单数学关系找到破译缺口。常用方法有:

① 将一个明文分组划分为若干子组分别处理,再合并起来做适当变换,以提高密码算法的强度;

② 采用乘积密码的思想。将两种或两种以上的简单密码逐次应用,构成强度比任何单独一个都大的密码算法,克服单一密码变换的弱点。

(4) 软件实现尽量采用长度为 2^n 的子块,以适应软件编程;运算尽量简单,如加法、乘法、异或、移位等指令,便于处理器运算。

(5) 加解密硬件结构最好一致,便于应用大规模集成芯片实现,以简化系统结构。

在提高密码算法复杂度方面,分组密码采用了很多措施,用得最多的是 S-P 网络 (Substitution-Permutation Network,代换-置换网络)。S-P 网络由 S 变换和 P 变换交替进行多次迭代,它属于迭代密码,也是乘积密码的常见表现形式。S-P 网络示意如图 2-4 所示。

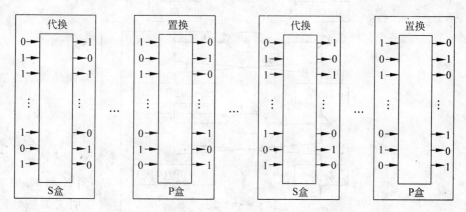

图 2-4　S-P 网络示意图

为了有效抵抗攻击者对密码体制的统计分析,C. Shannon 提出了两个分组密码设计的基本原则:混乱原则和扩散原则。混乱是指明文、密钥和密文之间的统计关系应该尽可能复杂,使得攻击者无法理出三者的相互依赖关系,从而增强了安全性。扩散是指让明文和密钥的每一位都直接或间接地影响密文中的多位,或者密文的每一位都受到明文和密钥的多个位的影响,以达到隐蔽明文统计特征的目的。分组密码通常采用乘积和迭代手段,即 S-P 网络,取得较好的扩散和混乱效果。

2.3.2　DES

1. 算法概要

数据加密标准(Data Encryption Standard,DES)是使用最广泛的密码系统,出自于 IBM 公司在 20 世纪 60 年代之后一段时间内的计算机密码编码学研究项目,属于分组密码体制。1973 年美国国家标准局(现称美国国家标准和技术研究所,NIST)征求国家密码标准方案,IBM 提交了这一研究项目的成果——Tuchman-Meyer 方案,并于 1977 年被采纳为 DES。

DES 在出现之后的 20 多年间,在数据加密方面发挥了不可替代的作用。在进入 20 世纪 90 年代后,随着软硬件技术的发展,由于密钥长度偏短等缺陷,DES 的安全性受到严重挑战,并不断传出被破译的进展情况。鉴于此,NIST 决定于 1998 年 12 月后不再使用 DES 保护官方机密,只推荐为一般商业应用,并于 2001 年 11 月发布了高级加密标准(AES),以替代 DES。无论怎样,DES 对推动分组密码理论研究、促进分组密码发展做出了重要贡献,而且它的设计思想对分组密码的理论研究和工程应用有着重要参考价值。

DES 采用了 S-P 网络结构,分组长度为 64 位,密钥长度为 56。加密和解密使用同一算法、同一密钥、同一结构。区别是加密和解密过程中 16 个子密钥的应用顺序相反。

DES 加密运算的整体逻辑结构如图 2-5 所示。对于任意加密方案,共有两个输入:

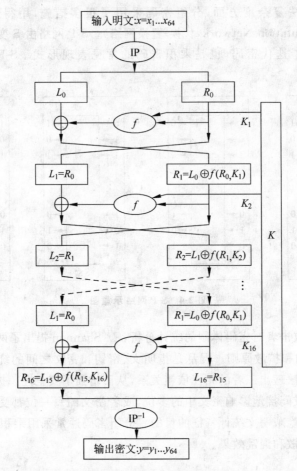

图 2-5　DES 加密流程

明文和密钥。DES 的明文长为 64 位,密钥长为 56 位。实际中的明文分组未必为 64 位,不足 64 位时要经过填充过程,使得所有分组都对齐为 64 位;解密过程则需要去除填充信息。

图 2-5 中,IP 表示对 64 比特分组的初始置换(Initial Permutation),L_i、R_i 均为 32 位比特位串,K_i 为 48 比特子密钥,由 64 比特种子密钥经过扩展运算得到。加密过程包括三个阶段:首先,64 位的明文经过初始置换 IP 而被重新排列;然后进行 16 轮的迭代过程,每轮的作用中都有置换和代换,最后一轮迭代的输出有 64 位,它是输入明文和密钥的函数,将其左半部分和右半部分互换产生预输出;最后,预输出经过初始逆置换 IP^{-1}(与初始置换 IP 互逆)的作用产生 64 位的密文。

(1) 初始置换 IP

初始置换 IP 及其逆置换 IP^{-1} 是 64 个比特位置的置换,可表示成表的形式(见图 2-6)。置换主要用于对明文中的各位进行换位,目的在于打乱明文中各位的排列次序。在初始置换 IP 中,具体置换方式是把第 58 比特(t_{58})换到第 1 个比特位置,把第 50 比特(t_{50})换到第 2 个比特位置……,把第 7 比特(t_7)换到第 64 个比特位置。

$$
\begin{bmatrix}
1 & 2 & 3 & 4 & 5 & 6 & 7 & 8 \\
9 & 10 & 11 & 12 & 13 & 14 & 15 & 16 \\
17 & 18 & 19 & 20 & 21 & 22 & 23 & 24 \\
25 & 26 & 27 & 28 & 29 & 30 & 31 & 32 \\
33 & 34 & 35 & 36 & 37 & 38 & 39 & 40 \\
41 & 42 & 43 & 44 & 45 & 46 & 47 & 48 \\
49 & 50 & 51 & 52 & 53 & 54 & 55 & 56 \\
57 & 58 & 59 & 60 & 61 & 62 & 63 & 64
\end{bmatrix}
\xrightarrow{\text{IP}}
\begin{bmatrix}
58 & 50 & 42 & 34 & 26 & 18 & 10 & 2 \\
60 & 52 & 44 & 36 & 28 & 20 & 12 & 4 \\
62 & 54 & 46 & 38 & 30 & 22 & 14 & 6 \\
64 & 56 & 48 & 40 & 32 & 24 & 16 & 8 \\
57 & 49 & 41 & 33 & 25 & 17 & 9 & 1 \\
59 & 51 & 43 & 35 & 27 & 19 & 11 & 3 \\
61 & 53 & 45 & 37 & 29 & 21 & 13 & 5 \\
63 & 55 & 47 & 39 & 31 & 23 & 15 & 7
\end{bmatrix}
$$

$$
\begin{bmatrix}
1 & 2 & 3 & 4 & 5 & 6 & 7 & 8 \\
9 & 10 & 11 & 12 & 13 & 14 & 15 & 16 \\
17 & 18 & 19 & 20 & 21 & 22 & 23 & 24 \\
25 & 26 & 27 & 28 & 29 & 30 & 31 & 32 \\
33 & 34 & 35 & 36 & 37 & 38 & 39 & 40 \\
41 & 42 & 43 & 44 & 45 & 46 & 47 & 48 \\
49 & 50 & 51 & 52 & 53 & 54 & 55 & 56 \\
57 & 58 & 59 & 60 & 61 & 62 & 63 & 64
\end{bmatrix}
\xrightarrow{\text{IP}^{-1}}
\begin{bmatrix}
40 & 8 & 48 & 16 & 56 & 24 & 64 & 32 \\
39 & 7 & 47 & 15 & 55 & 23 & 63 & 31 \\
38 & 6 & 46 & 14 & 54 & 22 & 62 & 30 \\
37 & 5 & 45 & 13 & 53 & 21 & 61 & 29 \\
36 & 4 & 44 & 12 & 52 & 20 & 60 & 28 \\
35 & 3 & 43 & 11 & 51 & 19 & 59 & 27 \\
34 & 2 & 42 & 10 & 50 & 18 & 58 & 26 \\
33 & 1 & 41 & 9 & 49 & 17 & 57 & 25
\end{bmatrix}
$$

图 2-6　初始置换 IP 与逆 IP^{-1} 的矩阵表示

（2）16 轮迭代

DES 算法的第二个阶段是 16 轮的迭代过程，即乘积变换的过程。经过 IP 变换的 64 位结果分成两个部分 L_0 和 R_0，作为 16 轮迭代的输入，其中 L_0 包含前 32 个比特，而 R_0 包含后 32 个比特。密钥 K 经过密钥扩展算法，产生 16 个 48 位的子密钥 $k_1,k_2,\cdots,k_{16}$，每一轮迭代使用一个子密钥。每一轮迭代称为一个轮变换或轮函数，可以表示为：

$$
\begin{cases}
L_i = R_{i-1} \\
R_i = L_{i-1} \oplus f(R_{i-1}, K_i)
\end{cases}
\quad 1 \leqslant i \leqslant 16
$$

其中，L_i 与 R_i 的长度均为 32 位，i 为轮数。符号 $\oplus$ 为逐位模 2 加，f 为包括代换和置换的一个变换函数，k_i 是第 i 轮的 48 位长子密钥。

注意，整个 16 轮迭代既适用于加密，也适用于解密。

（3）初始逆置换 IP^{-1}

DES 算法的第三阶段是对 16 轮迭代的输出 $R_{16}L_{16}$ 进行初始逆置换，目的是使加解密使用同一种算法。

（4）f 函数

f 函数是第二阶段 16 轮迭代过程中轮变换的核心，它是非线性的，是每轮实现混乱和扩散的关键过程。f 函数的基本思想如图 2-7 所示。f 函数包括三个子过程：扩展变换（又称 E 变换），将 32 比特的输入扩展为 48 比特；S 盒变换把 48 比特的数压缩为 32 比特；P 盒变换则是对 32 比特数的置换。

① 扩展变换：

扩展变换又称为 E 变换，其功能是把 32 位扩展为 48 位，是一个与密钥无关的变换。扩展变换将 32 比特输入分成 8

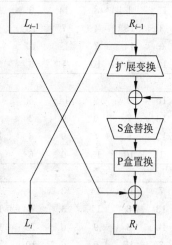

图 2-7　f 函数的结构

组,每组 4 位,经扩展后成为每组 6 位。扩展规则如表 2-3 所示。其中有 16 比特出现两次。

表 2-3　扩展变换表

$$
\begin{bmatrix}
1 & 2 & 3 & 4 \\
5 & 6 & 7 & 8 \\
9 & 10 & 11 & 12 \\
13 & 14 & 15 & 16 \\
17 & 18 & 19 & 20 \\
21 & 22 & 23 & 24 \\
25 & 26 & 27 & 28 \\
29 & 30 & 31 & 32
\end{bmatrix}
\xrightarrow{E}
\begin{bmatrix}
32 & 1 & 2 & 3 & 4 & 5 \\
4 & 5 & 6 & 7 & 8 & 9 \\
8 & 9 & 10 & 11 & 12 & 13 \\
12 & 13 & 14 & 15 & 16 & 17 \\
16 & 17 & 18 & 19 & 20 & 21 \\
20 & 21 & 22 & 23 & 24 & 25 \\
24 & 25 & 26 & 27 & 28 & 29 \\
28 & 29 & 30 & 31 & 32 & 1
\end{bmatrix}
$$

扩展结果与子密钥 k_i 进行异或运算,作为 S 盒的输入。

② S 盒:

S 盒的功能是压缩替换。S 盒把 48 比特的输入分成 8 组,每组 6 比特。每一个 6 比特分组通过查一个 S 盒得到 4 比特输出。8 个 S 盒的构造见表 2-4。

每一个 S 盒都是一个 4×16 的矩阵 $S=(s_{ij})$,每行均是整数 $0,1,2,\cdots,15$ 的一个全排列。48 比特被分成 8 组,每组都进入一个 S 盒进行替代操作,分组 $1 \to s_1$,分组 $2 \to s_2$,…依次类推。每个 S 盒都将 6 位输入映射为 4 位输出:给定 6 比特输入 $x=x_1 x_2 x_3 x_4 x_5 x_6$,将 $x_1 x_6$ 组成一个 2 位二进制数,对应行号;$x_2 x_3 x_4 x_5$ 组成一个 4 位二进制数,对应列号;行与列的交叉点处的数据即为对应的输出。例如,在 S_1 中,若输入为 011001,则行是 1(01),列是 12(1100),该处的数值是 9,所以输出为 1001。

表 2-4　S盒置换表

								S_1							
14	4	13	1	2	15	11	8	3	10	6	12	5	9	0	7
0	15	7	4	14	2	13	1	10	6	12	11	9	5	3	8
4	1	14	8	13	6	2	11	15	12	9	7	3	10	5	0
15	12	8	2	4	9	1	7	5	11	3	15	10	0	6	13
								S_2							
15	1	8	14	6	11	3	4	9	7	2	13	12	0	5	10
3	13	4	7	15	2	8	14	12	0	1	10	6	9	11	5
0	14	7	11	10	4	13	1	5	8	12	6	9	3	2	15
13	8	10	1	3	15	4	2	11	6	7	12	0	5	14	9
								S_3							
10	0	9	14	6	3	15	5	1	13	12	7	11	4	2	8
13	7	0	9	3	4	6	10	2	8	5	14	12	11	15	1
13	6	4	9	8	15	3	0	11	1	2	12	5	10	14	7
1	10	13	0	6	9	8	7	4	15	14	3	11	5	2	12
								S_4							
7	13	14	3	0	6	9	10	1	2	8	5	11	12	4	15
13	8	11	5	6	15	0	3	4	7	2	12	1	10	14	9
10	6	9	0	12	11	7	13	15	1	3	14	5	2	8	4
3	15	0	6	10	1	15	8	9	4	5	11	12	7	2	14

续表

						S_5									
2	12	4	1	7	10	11	6	8	5	3	15	13	0	14	9
14	11	2	12	4	7	13	1	5	0	15	10	3	9	8	6
4	2	1	11	10	13	7	8	15	9	12	5	6	3	0	14
11	8	12	7	1	14	2	13	6	15	0	9	10	4	5	3

						S_6									
12	1	10	15	9	2	6	8	0	13	3	4	14	7	5	11
10	15	4	2	7	12	9	5	6	1	13	14	0	11	3	8
9	14	15	5	2	8	12	3	7	0	4	10	1	13	11	6
4	3	2	12	9	5	15	10	11	14	1	7	6	0	8	13

						S_7									
4	11	2	14	15	0	8	13	3	12	9	7	5	10	6	1
13	0	11	7	4	9	1	10	14	3	5	12	2	15	8	6
1	4	11	13	12	3	7	14	10	15	6	8	0	5	9	2
6	11	13	8	1	4	10	7	9	5	0	15	14	2	3	12

						S_8									
13	2	8	4	6	15	11	1	10	9	3	14	5	0	12	7
1	15	13	8	10	3	7	4	12	5	6	11	0	14	9	2
7	11	4	1	9	12	14	2	0	6	10	13	15	3	5	8
2	1	14	7	4	10	8	13	15	12	9	0	3	5	6	11

③ P 盒:

P 盒是 32 个比特位置的置换,见表 2-5,用法和 IP 类似。

表 2-5　P 盒置换表

16	7	20	21	29	12	28	17
1	15	23	26	5	18	31	10
2	8	24	14	32	27	3	9
19	13	30	6	22	11	4	25

(5) 子密钥产生

在 DES 第二阶段的 16 轮迭代过程中,每一轮都要使用一个长度 48 的子密钥,子密钥是从初始的种子密钥产生的。DES 的种子密钥 K 为 56 比特,使用中在每 7 比特后添加一个奇偶检验位(分布在 8,16,24,32,40,48,56,64 位),扩充为 64 比特,目的是进行简单的纠错。

从 64 比特带检验位的密钥 K(本质上是 56 比特密钥)中,生成 16 个 48 比特的子密钥 K_i,用于 16 轮变换中。子密钥生成算法如图 2-8 所示。

子密钥生成大致包括以下几个子过程:

① 置换选择 1(PC-1)。PC-1 从 64 比特中选出 56 比特的密钥 K 并适当调整比特次序,选择方法由表 2-6 给出。它表示选择第 57 比特放到第 1 个比特位置,选择第 50 比特放到第 2 个比特位置,依次类推,选择第 7 比特放到第 56 个比特位置。将前 28 位记为 C_0,后 28 位记为 D_0。

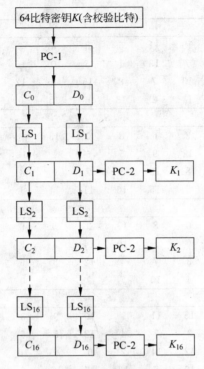

图 2-8 密钥扩展算法

② 循环左移 LS_i。计算模型可以表示为：

$$\begin{cases} C_i = \text{LS}_i C_{i-1} \\ D_i = \text{LS}_i D_{i-1} \end{cases} \quad 1 \leqslant i \leqslant 16$$

LS_i 表示对 28 比特串的循环左移：当 $i=1,2,9,16$ 时，移一位；对其他 i 则移两位。

③ 置换选择 2(PC-2)。与 PC-1 类似，PC-2 则是从 56 比特中拣选出 48 比特的变换，即从 C_i 与 D_i 连接得到的比特串 C_iD_i 中选取 48 比特作为子密钥 K_i，拣选方法由表 2-7 给出，使用方法和表 2-6 相同。

表 2-6 PC-1

57	59	41	33	25	17	9	1	58	50	42	34	26	18	10	2
59	51	43	35	27	19	11	3	60	52	44	36	63	55	47	39
31	23	15	7	62	54	46	38	30	22	14	6	61	53	45	37
29	21	13	5	28	20	12	4								

表 2-7 PC-2

14	17	11	24	1	5	3	28	15	6	21	10	23	19	12	4
26	8	16	7	27	20	13	2	41	52	31	37	47	55	30	40
51	45	33	48	44	49	39	56	34	53	46	42	50	36	29	32

DES 的解密算法与加密算法是相同的，只是子密钥的使用次序相反。

2. DES 安全性

自从 DES 被 NIST 采纳为标准，对它的安全性就一直争论不休，焦点主要集中于密钥的长度和算法本身的安全性。

DES 受到的最大攻击是它的密钥长度仅有 56 比特。56 位的密钥共有 2^{56} 种可能,这个数字大约为 7.2×10^{16}。在 1977 年,人们估计耗资两千万美元可以建成一个专门的计算机用于 DES 的解密,需要进行 12 个小时的破解才能得到结果。所以,当时 DES 被认为是一种十分强壮的加密方法。1998 年 7 月,EFF(Electronic Frontier Foundation)宣布一台造价不到 25 万美元、为特殊目的设计的机器"DES 破译机"在不到三天的时间内成功破译了 DES,DES 终于清楚地被证明是不安全的。EFF 还公布了这台机器的细节,使其他人也能建造自己的破译机。2000 年 1 月,在"第三届 DES 挑战赛"上,EFF 研制的 DES 解密机以 22.5 小时的战绩,成功地破解了 DES 加密算法。随着硬件速度的提高和造价的下降,以及大规模网络并行计算技术的发展,破解 DES 的效率会越来越高。

不过,要进行真正的穷举攻击,仅仅靠简单地将所有可能的密钥代入到程序中去执行是不够的。要进行穷举攻击,需要事先知道一些有关期望明文的知识,并且需要将正确的明文从可能的明文堆里辨认出来的自动化方法。EFF 也介绍了在很多环境中很有效的自动化技术。

人们关心的另外一件事情是,密码分析者有没有利用 DES 算法本身的特征来攻击它的可能性。问题集中在每轮迭代所用的 8 个代换表,即 S 盒身上。因为这些 S 盒的设计标准,实际上包括整个算法的设计标准是不公开的,因此人们怀疑密码分析者若是知道 S 盒的构造方法,就可能知道 S 盒的弱点。DES 可能是当今被分析和攻击次数最多的对象,多年来人们也的确发现了 S 盒的许多规律和一些缺点,但是至今还没有人公开声明发现任何结构方面的缺陷和漏洞。

3. 三重 DES

由于使用了长度为 56 比特的短密钥,DES 对抗穷举攻击的能力相对比较脆弱,因此很多人推出了多重 DES,希望克服这种缺陷。比较典型的是 2DES、3DES 和 4DES 等几种形式。其中 2DES 和 4DES 由于易受中间相遇攻击的威胁,实际应用中广泛采用的一般是三重 DES 方案,即使用 3 倍 DES 密钥长度的密钥,执行 3 次 DES 算法。3DES 有 4 种模式,包括:

(1) DES-EEE3 模式,使用三个不同的密钥 (k_1, k_2, k_3),进行三次加密,密文为
$$C = \mathrm{DES}_{k_3}(\mathrm{DES}_{k_2}(\mathrm{DES}_{k_1}(M)))$$

(2) DES-EDE3 模式,使用三个不同的密钥 (k_1, k_2, k_3),采用加密—解密—加密模式。
$$密文 \ C = \mathrm{DES}_{k_3}(\mathrm{DES}_{k_2}^{-1}(\mathrm{DES}_{k_1}(M)))$$

(3) DES-EEE2 模式,使用两个不同的密钥 $(k_1 = k_3, k_2)$,进行三次加密。

(4) DES-EDE2 模式,使用两个不同的密钥 $(k_1 = k_3, k_2)$,采用加密—解密—加密模式。

3DES 有两个显著的优点:首先,密钥长度是 112 位(两个不同的密钥)或 168 位(三个不同的密钥),对抗穷举攻击的能力得到极大加强。其次,3DES 的底层加密算法与 DES 的加密算法相同,而迄今为止,没有人公开声称找到了针对此算法有比穷举攻击更有效的、基于算法本身的密码分析攻击方法。如果仅考虑算法安全,3DES 能成为未来数十年加密算法标准的合适选择。

3DES 的根本缺点在于用软件实现该算法的速度比较慢。这是因为 DES 一开始就是为硬件实现而设计的,难以用软件有效地实现。而 3DES 的底层加密算法与 DES 的加密算

法相同,并且计算过程中轮的数量三倍于 DES 中轮的数量,故其速度慢得多。另一个缺点是 DES 和 3DES 的分组长度均为 64 位,就效率和安全性而言,分组长度应更长。

由于这些缺陷,3DES 不能成为长期使用的加密算法标准。故 NIST 在 1997 年公开征集新的高级加密标准(Advanced Encryption Standard,AES),要求安全性能不低于 3DES,同时应具有更好的执行性能。

2.3.3　其他算法简介

1. AES

三重 DES 通过增加密钥长度,在强度上满足了当时商用密码的要求。但随着计算机硬件的飞速发展,计算速度不断提高;另一方面,密码分析技术也不断进步,使得人们对 DES 的安全性仍然心存疑虑。1997 年,美国国家标准和技术研究所(NIST)在全球范围内征集高级加密标准算法。2002 年 10 月,NIST 宣布"Rijndael 数据加密算法"最终入选,并将于 2002 年 5 月正式生效。实际上,目前通称的 AES 指的就是 Rijndael 对称分组密码算法。AES 用于在将来取代 DES,并成为广泛使用的新标准。

AES 算法具有良好的有限域和有限环数学理论基础,算法随机性好,能高强度隐藏信息,算法安全性大大增强,同时又保证了算法可逆性。算法的软硬件环境适应性强,满足多平台需求。算法简单,变化的轮数较少(8~12 轮),因此算法速度较快,性能稳定。密钥长度可为 128 比特、192 比特或 256 比特,可根据不同的加密级别选择不同的密钥长度密钥,使用方便,存储需求低,灵活性好。

尽管 Rijndael 算法的安全性仍处在深入讨论中,但人们对 AES 的安全性还是达成了以下几个共识:

(1) 该算法对密钥选择没有限制,迄今为止还没有发现弱密钥和半弱密钥的存在;

(2) 因为密钥长度相较于 DES 大大加长,所以可以有效抗击穷举密钥攻击;

(3) 可以有效抵抗线性攻击和差分攻击;

(4) 可以抵抗积分密码分析。

目前还没有关于有效攻击 Rijndael 算法的公开报道。

2. RC4

RC4 是 Ron Rivest 在 RSA 公司设计的一种可变密钥长度的、面向字节操作的流密码。RC4 可能是应用最广泛的流密码。它被用于 SSL/TLS(安全套接字协议/传输层安全协议)标准,以保护互联网的 Web 通信。它也应用于作为 IEEE 802.11 无线局域网标准一部分的 WEP(Wired Equivalent Privacy)协议,保护无线链接的安全。

RC4 算法非常简单,易于描述。它以一个足够大的表 S 为基础,对表进行非线性变换,产生密钥流。一般 S 表取为 256 字节大小,用可变长度的种子密钥 K(1~256 个字节)初始化表 S,S 的元素记为 $S[0]$,$S[1]$,$S[255]$。加密和解密的时候,密钥流中的一个字节由 S 中 256 个元素按一定方式选出一个元素而生成,同时 S 中的元素被重新置换一次。

(1) 初始化 S

对 S 进行线性填充,S 中元素的值被置为从 0 到 255 升序,即 $S[0]=0$,$S[1]=1$,…,$S[255]=255$。同时用种子密钥填充另一个 256 字节长的 K 表。如果种子密钥的长度为 256 字节,则将种子密钥赋给 K;否则,若密钥长度为 $n(n<256)$ 字节,则将 K 的值赋给 T

的前 n 个元素,并循环重复用种子密钥的值赋给 K 剩下的元素,直到 K 的所有元素都被赋值。

然后用 K 产生 S 的初始置换,从 $S[0]$ 到 $S[255]$,对每个 $S[i]$,根据由 $K[i]$ 确定的方案,将 $S[i]$ 置换为 S 中的另一字节:

```
j=0 ;
for i=0 to 255 do
  j=( j+S[i]+K[i] ) mod 256 ;
  Swap ( S[i] ,S[j] ) ;
```

因为对 S 的操作仅是交换,所以唯一的改变就是置换。S 仍然包含所有值为 $0\sim255$ 的元素。

(2) 密钥流的生成

表 S 一旦完成初始化,种子密钥就不再被使用。为密钥流生成字节的时候,从 $S[0]$ 到 $S[255]$ 随机选取元素,并修改 S 以便于下一次的选取。对每个 $S[i]$,根据当前 S 的值,将 $S[i]$ 与 S 中的另一字节置换。当 $S[255]$ 完成置换后,操作继续重复,从 $S[0]$ 开始。选取算法描述如下:

```
i ,j=0 ;
while (true)
  i=( i+1 ) mod 256 ;
  j=( j+S[i] ) mod 256 ;
  Swap ( S[i] ,S[j] ) ;
  t=( S[i]+S[j] ) mod 256 ;
  k=S[t] ;
```

加密时,将 k 的值与下一明文字节异或;解密时,将 k 的值与下一密文字节异或。

2.4 公钥密码体制

1976 年,Diffie 和 Hellman 发表了《密码学的新方向》一文,提出了公开密钥密码体制(简称公钥密码体制)的思想,奠定了公钥密码学的基础。公钥密码体制是现代密码学最重要的发明和进展,开创了密码学的新时代。

在传统的对称密码体制中,加密和解密使用相同的密钥,每对用户之间都需要共享一个密钥,而且需要保持该密钥的机密性。当通信的用户数目比较多的时候,密钥的产生、存储和分发是一个很大的问题。而公钥密码体制则将加密密钥、解密密钥甚至加密算法、解密算法分开,用户只需掌握解密密钥,而将加密密钥和加密函数公开。任何人都可以加密,但只有掌握解密密钥的用户才能解密。公钥密码体制从根本上改变了密钥分发的方式,给密钥管理带来了诸多便利。公钥密码体制不仅用于加解密,而且可以广泛用于消息鉴别、数字签名和身份认证等服务,是密码学中一个开创性的成就。

公钥密码体制的最大优点是适应网络的开放性要求,密钥管理相对于对称密码体制要简单得多。但是,公钥密码体制并不会取代对称密码体制,原因在于公钥密码体制算法相对复杂,加解密速度较慢。实际应用中,公钥密码和对称密码经常结合起来使用,加解密使用对称密码技术,而密钥管理使用公钥密码技术。

2.4.1 公钥密码体制原理

从密码学产生至 20 世纪 70 年代公钥密码产生之前,传统密码体制,包括古典密码和现代对称密码,都是基于替换和置换这些初等方法的。公钥密码学与之前的密码学完全不同。首先,公钥算法建立在数学函数的基础上,而不是基于替换和置换。其安全性基于数学上难解的问题,如大整数因子分解问题、有限域的离散对数问题、平方剩余问题、椭圆曲线的离散对数问题等。其次,与只使用一个密钥的传统密码技术不同,公钥密码是非对称的,加/解密分别使用两个独立的密钥:加密密钥可对外界公开,称为公开密钥或公钥;解密密钥只有所有者知道,称为秘密密钥或私钥。公钥和私钥之间具有紧密联系,用公钥加密的信息只能用相应的私钥解密,反之亦然。要想由一个密钥推知另一个密钥,在计算上是不可能的。基于公钥密码体制,通信双方无需预先商定密钥就可以进行秘密通信,克服了对称密码体制中必须事先使用一个安全通道约定密钥的缺点。

1. 公钥密码体制的概念

公钥密码算法依赖于一个加密密钥和一个与之相关的不同的解密密钥,这些算法都具有下述重要特点:

- 加密/解密使用的密钥不同;
- 发送方拥有加密密钥或解密密钥,而接收方拥有另一个密钥;
- 根据密码算法和加密密钥以及若干密文,要恢复明文,在计算上是不可行的;
- 根据密码算法和加密密钥确定对应的解密密钥,在计算上是不可行的。

公钥密码体制有 6 个组成部分,如图 2-9 所示。

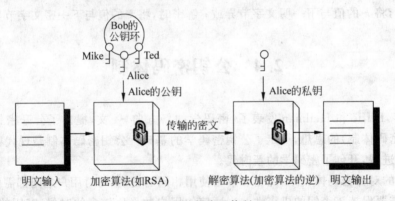

图 2-9　公钥密码体制

- 明文:算法的输入。它们是可读信息或数据。
- 加密算法:加密算法对明文进行各种转换。
- 公钥和私钥:算法的输入。这对密钥中一个用于加密,一个用于解密。加密算法执行的变换依赖于公钥和私钥。
- 密文:算法的输出。它依赖于明文和密钥,对给定的消息,不同的密钥产生的密文不同。
- 解密算法:该算法接收密文和相应的密钥,并产生原始的明文。

公钥密码体制的主要工作步骤包括：

(1) 每一用户产生一对密钥，分别用来加密和解密消息。

(2) 每一用户将其中一个密钥存于公开的寄存器或其他可访问的文件中，该密钥称为公钥。另一密钥是私有的。任一用户都可以拥有若干其他用户的公钥。

(3) 发送方用接收方的公钥对消息加密。

(4) 接收方收到消息后，用其私钥对消息解密。由于只有接收方知道其自身的私钥，所以其他的接收者均不能解密出消息。

利用这种方法，通信各方均可访问公钥，而私钥是各通信方在本地产生的，所以不必进行分配。只要用户的私钥受到保护，保持秘密性，那么它的通信就是安全的。在任何时刻，系统都可以改变其私钥，并公布相应的公钥以替代原来的公钥。

表 2-8 总结了对称密码和公钥密码的一些重要特征。

表 2-8   对称密码和公钥密码的特征

对 称 密 码	公 钥 密 码
一 般 要 求	一 般 要 求
(1) 加密和解密使用相同的密钥	(1) 同一算法用于加密和解密，但加密和解密使用不同的密钥
(2) 收发双方必须共享密钥	(2) 发送方拥有加密或解密密钥，而接收方拥有另一密钥
安全性要求	安全性要求
(1) 密钥必须是保密的	(1) 两个密钥之一必须是保密的
(2) 若没有其他信息，则解密消息是不可能或至少是不可行的	(2) 若没有其他信息，则解密消息是不可能或至少是不可行的
(3) 知道算法和若干密文不足以确定密钥	(3) 知道算法和其中一个密钥以及若干密文不足以确定另一密钥

公钥密码的两种基本用途是用来进行加密和认证。不妨假设消息的发送方为 A，相应的密钥对为 (PU_A, PR_A)，其中 PU_A 表示 A 的公钥，PR_A 表示 A 的私钥。同理，假设消息的接收方为 B，相应的密钥对为 (PU_B, PR_B)，其中 PU_B 表示 B 的公钥，PR_B 表示 B 的私钥。现 A 欲将消息 X 发送给 B。A 从自己的公钥环中取出接收方 B 的公钥 PU_B，对作为输入的消息 X 和加密密钥 PU_B，A 生成密文 Y：

$$Y = E(PU_B, X)$$

B 收到加密消息后，用自己的私钥 PR_B 对密文进行解密，恢复明文 X：

$$X = D(PR_B, Y)$$

整个过程如图 2-10 所示。

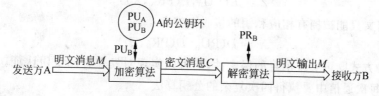

图 2-10   公钥密码用于保密

　　由于 A 是用 B 的公钥 PU_B 对消息进行加密的，因此只有用 B 的私钥 PR_B 才能解密密文 Y，而 B 的私钥 PR_B 是由 B 秘密保存的。由于攻击者没有 B 的私钥 PR_B，因此攻击者仅根据密文 C 和 B 的公钥 PU_B 解密消息是不可能的。由此，就实现了保密性的功能。

　　除了用于实现保密性之外，公钥密码还可以用来实现身份认证功能，实现过程如图 2-11 所示。在这种方法中，A 向 B 发送消息前，先用 A 的私钥 PR_A 对消息 X 加密：

$$Y = E(PR_A, X)$$

B 则用 A 的公钥 PU_A 对消息解密：

$$X = D(PU_A, Y)$$

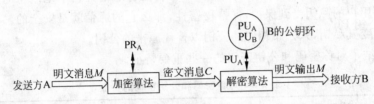

图 2-11　公钥密码用于认证

　　由于只有发送方 A 拥有私钥 PR_A，因此只要接收方 B 能够正确解密密文 Y，就可以认为消息的确是由发送方 A 发出的。这样就实现了对发送方 A 的身份认证。

　　上述方法是对整条消息加密，尽管这种方法可以验证发送方和消息的有效性，但却需要大量的存储空间。在实际使用中，只对一个称为认证符的小数据块加密，它是该消息的函数，对该消息的任何修改必然会引起认证符的变化。

　　在图 2-11 所示的认证过程中，由于攻击者也可以知道 A 的公钥，因此攻击者也可以解密密文消息 Y。也就是说，这里只能实现认证能力，而无法实现保密能力。如果要同时实现保密和认证功能，需要对消息进行两次加密，如图 2-12 所示。

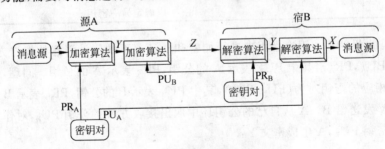

图 2-12　公钥密码用于保密和认证

　　在这种方法中，发送方首先用其私钥对消息加密，得到数字签名，然后再用接收方的公钥加密：

$$Z = E(PU_B, E(PR_A, X))$$

所得的密文只能被拥有相应私钥的接收方解密：

$$X = D(PU_A, D(PR_B, Z))$$

　　采用这种方式既可实现消息的保密性，还可以实现对发送方的身份认证。但这种方法的缺点是，在每次通信中要执行四次复杂的公钥算法。

2. 对公钥密码的要求

Diffie 和 Hellman 给出了公钥密码体制应满足的 5 个基本条件：

(1) 产生一对密钥(公钥 PU，私钥 PR)在计算上是容易的。

(2) 已知接收方 B 的公钥 PU_B 和要加密的消息 M，消息发送方 A 产生相应的密文在计算上是容易的：

$$C = E(PU_B, M)$$

(3) 消息接收方 B 使用其私钥对接收的密文解密以恢复明文，在计算上是容易的：

$$M = D(PR_B, C) = D[PR_B, E(PU_B, M)]$$

(4) 已知公钥 PU_B 时，攻击者要确定对应的私钥 PR_B 在计算上是不可行的。

(5) 已知公钥 PU_B 和密文 C，攻击者要恢复明文 M 在计算上是不可行的。

有研究者认为还可以增加一个附加条件：加密和解密函数的顺序可以交换，即：

$$M = D[PU_B, E(PR_B, M)] = D[PR_B, E(PU_B, M)]$$

比如，著名的 RSA 密码就满足上述附加条件。但是，这一条件并不是必需的，不是所有的公钥密码都满足该条件。

在公钥密码学概念提出后的几十年中，只有两个满足这些条件的算法(RSA、椭圆曲线密码体制)为人们普遍接受，这一事实表明要满足上述条件是不容易的。这是因为，公钥密码体制是建立在数学中单向陷门函数的基础之上的。

单向函数是满足下列性质的函数：每个函数值都存在唯一的逆；对定义域中的任意 x，计算函数值 $f(x)$ 是非常容易的；但对 f 值域中的所有 y，计算 $f^{-1}(y)$ 在计算上是不可行的，即求逆是不可行的。

一个单向函数，如果给定某些辅助信息(称为陷门信息)，就易于求逆，则称这样的单向函数为一个单向陷门函数。单向陷门函数是满足下列条件的一类可逆函数 f_k：

若 k 和 X 已知，则容易计算 $Y = f_k(X)$

若 k 和 Y 已知，则容易计算 $X = f_k^{-1}(Y)$

若 Y 已知但 k 未知，则计算出 $X = f_k^{-1}(Y)$ 是不可行的

公钥密码体制就是基于这一原理，将辅助信息(陷门信息)作为私钥而设计的。这类密码的安全强度取决于它所依据的问题的计算复杂度。由此可见，寻找合适的单向陷门函数是公钥密码体制应用的关键。目前比较流行的公钥密码体制主要有两类：一类是基于大整数因子分解问题的，最典型的代表是 RSA；另一类是基于离散对数问题的，比如椭圆曲线公钥密码体制。

2.4.2 RSA 算法

MIT 的 Ron Rivest、Adi Shemir 和 Len Adleman 于 1978 年在题为《获得数字签名和公开钥密码系统的方法》的论文中提出了基于数论的非对称密码体制，称为 RSA 密码体制。RSA 算法是最早提出的满足要求的公钥算法之一，也是被广泛接受且被实现的通用公钥加密方法。

RSA 是一种分组密码体制，其理论基础是数论中"大整数的素因子分解是困难问题"的结论，即求两个大素数的乘积在计算机上是容易实现的，但要将一个大整数分解成两个大素数之积则是困难的。RSA 公钥密码体制安全、易实现，是目前广泛应用的一种密码体制，既

可以用于加密,又可以用于数字签名。

1. 算法描述

RSA 明文和密文均是 0 至 $n-1$ 之间的整数,通常 n 的大小为 1024 位二进制数,即 n 小于 2^{1024}。

(1) 密钥生成

首先必须生成一个公钥和对应的私钥。选择两个大素数 p 和 q(一般约为 256 比特),p 和 q 必须保密。计算这两个素数的乘积 $n=p\times q$,并根据欧拉函数计算小于 n 且与 n 互素的正整数的数目:

$$\phi(n)=(p-1)(q-1)$$

随机选择与 $\phi(n)$ 互素且小于 $\phi(n)$ 的数 e,则得到公钥 $<e,n>$。计算 $e \bmod \phi(n)$ 的乘法逆 d,即 d 满足:

$$e\times d\equiv 1(\bmod\ \phi(n))$$

则得到了私钥 $<d,n>$。

(2) 加密运算

RSA 算法中,明文以分组为单位进行加密。将明文消息 M 按照 n 比特长度分组,依次对每个分组做一次加密,所有分组的密文构成的序列即是原始消息的密文 C。加密算法如下:

$$C=M^e \bmod n$$

其中收发双方均已知 n,发送方已知 e,只有接收方已知 d。

(3) 解密运算

解密算法如下:

$$M=C^d \bmod n=(M^e)^d \bmod n=M^{ed} \bmod n$$

图 2-13 归纳总结了 RSA 算法。

密钥产生	
选择 p,q	p 和 q 都是素数,$p\neq q$
计算 $n=p\times q$	
计算 $\phi(n)=(p-1)(q-1)$	
选择整数 e	$\gcd(\phi(n),e)=1$; $1<e<\phi(n)$
计算 d	$d\equiv e^{-1}(\bmod\phi(n))$
公钥	$PU=\{e,n\}$
私钥	$PR=\{d,n\}$

加密	
明文:	$M<n$
密文:	$C=M^e \bmod n$

解密	
密文:	C
明文:	$M=C^d \bmod n$

图 2-13 RSA 算法

RSA 的缺点主要有：

- 产生密钥很麻烦，受到素数产生技术的限制，因而难以做到一次一密。
- 分组长度太大，为保证安全性，n 至少也要在 600 比特以上，导致运算代价很高，尤其是速度较慢，较对称密码算法慢几个数量级；且随着大数分解技术的发展，这个长度还在增加，不利于数据格式的标准化。因此一般来说，RSA 只适用于少量数据加密。

2. RSA 的安全性

（1）因子分解

RSA 算法的安全性是建立在"大整数因子分解困难"这一事实上的。由算法过程可以看出，分解 n 与求 $\phi(n)$ 等价，若分解出 n 的因子，则 RSA 算法将变得不安全。因此分解 n 是最明显的攻击方法。

利用因子分解进行的攻击主要有如下几种具体做法：

① 分解 n 为两个素因子 $p \times q$。这样就可以计算出 $\phi(n) = (p-1)(q-1)$，从而可以计算出 $d \equiv e^{-1} (\bmod \phi(n))$。

② 直接确定 $\phi(n)$ 而不先确定 p 和 q。这同样也可以确定 $d \equiv e^{-1} (\bmod \phi(n))$。

对 RSA 的密码分析的讨论大都集中于第一种攻击方法，即将 n 分解为两个素数因子从而计算出私钥。RSA 的安全性依赖于大数分解，但是否等同于大数分解一直未能得到理论上的证明，因为没有人证明破解 RSA 就一定需要做大数分解。目前，RSA 的一些变种算法已被证明等价于大数分解。不管怎样，分解 n 是最显然的攻击方法，大量的数学高手也试图通过这个途径破解 RSA，但至今一无所获。因此，从经验上看，RSA 是安全的。

但需要注意的是，尽管因子分解具有大素数因子的数 n 仍然是一个难题，但已不像以前那么困难了。计算能力的不断增强和因子分解算法的不断改进，给大密钥的使用造成了威胁。因此我们在选择 RSA 的密钥大小时必须选大一些，一般而言取在 1024～2048 位，具体大小视应用而定。

为了防止攻击者可以很容易地分解 n，RSA 算法的发明者建议 p 和 q 还应满足下列限制条件：

① p 和 q 的长度应仅相差几位。这样对 1024 位的密钥而言，p 和 q 都应约在 $10^{75} \sim 10^{100}$ 之间。

② $(p-1)$ 和 $(q-1)$ 都应有一个大的素因子。

③ $\gcd(p-1, q-1)$ 应该较小。

另外，已经证明，若 $e < n$ 且 $d < n^{1/4}$，则 d 很容易被确定。

（2）选择密文攻击

RSA 在选择密文攻击面前很脆弱。一般攻击者是将某一信息做一下伪装，让拥有私钥的实体签署。然后，经过计算就可得到它所想要的信息。

比如，Eve 在 Alice 的通信过程中进行窃听，获得了一个用她的公开密钥加密的密文 c，并试图恢复明文。从数学上讲，即计算 $m = c^d \bmod n$。为了恢复 m，Eve 首先选择一个随机数 $r (r < n)$，然后计算：

$$x = r^e \bmod n, \quad y = xc \bmod n$$

以及 $r \bmod n$ 的乘法逆 t，即 t 满足

$$t \times r = 1 \bmod n$$

现在 Eve 想方设法让 Alice 用她的私钥对 y 整体签名：

$$u = y^d \bmod n$$

因为 $r = x^d \bmod n$，所以 $r^{-1} x^d \bmod n = 1$，通过计算

$$t \times u \bmod n = r^{-1} y^d \bmod n = r^{-1} x^d c^d \bmod n = c^d \bmod n = m$$

Eve 就轻松得获得 Alice 发的明文 m 了。

实际上，攻击利用的都是同一个弱点，即存在这样一个事实，乘幂保留了输入的乘法结构：

$$(X \times M)^d = X^d \times M^d \bmod n$$

这个固有的问题来自于公钥密码系统最有用的特征：每个人都能使用公钥。从算法上无法解决这一问题，主要措施有两条：一条是采用好的公钥协议，保证工作过程中实体不对其他实体任意产生的信息解密，不对自己一无所知的信息签名；另一条是决不对陌生人送来的随机文档签名，签名时首先对文档做 HASH 处理，或同时使用不同的签名算法。

2.4.3 ElGamal 公钥密码体制

ElGamal 公钥密码体制是由 ElGamal 于 1985 年提出来的，是一种基于离散对数问题的密码体制。ElGamal 既可以用于加密，又可以用于签名，是 RSA 之外最有代表性的公钥密码体制之一，并得到了广泛的应用。数字签名标准 DSS 就是采用了 ElGamal 签名方案的一种变形。

1. 密钥生成

首先选择一个大素数 p。Z_p 是一个有 p 个元素的有限域，Z_p^* 是 Z_p 中非零元构成的乘法群，$g \in Z_p^*$ 是一个本源元。然后选择随机数 k，满足 $1 \leqslant k \leqslant p-1$。计算 $y = g^k \bmod p$，则公钥为 (y, g, p)，私钥为 k。

2. 加密算法

待加密的消息为 $M \in Z_p$。选择随机数 $r \in Z_{p-1}^*$，然后计算：

$$c_1 = g^r \bmod p$$
$$c_2 = My^r \bmod p$$

则密文 $c = (c_1, c_2)$。

3. 解密算法

收到密文 $c = (c_1, c_2)$ 后，执行以下计算：

$$M = c_2 / c_1^k \bmod p$$

则消息 M 被恢复。

4. ElGamal 安全性

ElGamal 密码体制的安全性基于有限域 Z_p 上的离散对数问题的困难性。目前，尚没有求解有限域 Z_p 上的离散对数问题的有效算法。所以当 p 足够大时(一般是 160 位以上的十进制数)，ElGamal 密码体制是安全的。

此外，加密中使用了随机数 r。r 必须是一次性的，否则攻击者获得 r 就可以在不知道私钥的情况下加密新的密文。

2.5 密 钥 管 理

随着计算机网络的发展,人们对网络上传递敏感信息的安全性要求也越来越高,密码技术到了广泛应用。在现代密码学研究中,加密算法和解密算法一般是公开的,密码系统的安全性就完全取决于密钥的保密程度。因此,密钥管理成为一个重要的问题。如果密钥得不到强有力的保护,即使算法再复杂,密码系统也是脆弱的。

密钥管理包括密钥产生、密钥存储、密钥更新、密钥分发、密钥验证、密钥使用和销毁等过程。密钥管理的核心问题是:确保密钥从产生到使用全过程的安全可靠。

根据应用场合的不同,密钥可以分成以下几类:

工作密钥,也叫基本密钥或初始密钥。由用户选定或由系统分配,使用期限一般较长,如数月甚至一年等。

会话密钥,即通信双方交换数据时使用的密钥。会话密钥一般由通信双方协商决定,也可由密钥分配中心分配。会话密钥大多是临时的、动态的,可以降低密钥的分配和存储的数目。

密钥加密密钥,主要用于对要传送的会话密钥进行加密,也叫做二级密钥。

主机主密钥,对应于层次化密钥管理结构中的最顶层,主要用于对密钥加密密钥进行加密保护,一般保存于主结点,受到严格保护。

2.5.1 公钥分配

人们已经提出了几种公钥分配方法,所有这些方法在本质上均可归结为下列几种方法:

- 广播式公钥分发;
- 目录式公钥分发;
- 公钥授权;
- 公钥证书。

1. 广播式的公钥发布

公钥密码算法的特点就是公钥可以公开,因此如果有像 RSA 这样为人们广泛接受的公钥算法,那么任一通信方都可以将他的公钥发送给另一通信方或广播给通信各方。例如,用于邮件安全的 PGP 就是在消息后面附上公钥,并将其发送到网络上。虽然这种方法比较简便,但它有一个较大的缺点,即任何人都可以伪造这种公钥的公开发布。也就是说,某个用户可以假冒是用户 A 并将一个公钥发送给通信的另一方或广播该公钥,在用户 A 发现这种假冒并通知其他各方之前,该假冒者可以读取所有本应发送给 A 的加密后的消息,并且可以用伪造的密钥进行认证。因此,需要对收到的公钥进行鉴别。

2. 公开可访问的目录

由可信机构负责维护一个动态可访问的公钥的公开目录,这种方式可以获得更大程度的安全性,参见图 2-14。这种方法包含以下几方面的内容:

(1) 可信机构通过对每一通信方建立一个目录项<用户名,公钥>来建立、维护该公钥目录。

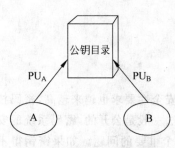

图 2-14　公开的公钥发布

（2）每一通信方通过访问该目录来注册一个公钥。注册必须亲自或通过安全的认证通信来进行。

（3）通信方可以随时访问该公钥目录，以及申请删除、修改、更新当前的公钥。这可能是因为公钥已用于大量的数据，因而用户希望更换公钥，也可能是因为相应的私钥已经泄密。

（4）为安全起见，通信方和可信机构之间的通信受到严格保护。

这种方法显然比由个人公开发布公钥要安全，但是它也存在缺点。如果攻击者获得或计算出目录管理员的私钥，则他可以发布伪造的公钥，假冒任何通信方，以窃取发送给该通信方的消息。另外，攻击者也可以通过修改目录管理员保存的记录来达到这一目的。

3. 公钥授权

通过更加严格地控制目录中的公钥分配，可使公钥分配更加安全。图 2-15 举例说明了一个典型的公钥分配方案。像公开可访问的目录一样，该方案假定由一个专门的权威机构负责维护一个包含所有通信方公钥的动态目录，除此之外，每一通信方可靠地知道该目录管理员的公钥，并且只有管理员知道相应的私钥。这种方案主要用于通信方 A 要与 B 通信时，向权威机构请求 B 的公钥，主要包含以下步骤（与图 2-15 中的序号对应）：

（1）A 发送一条带有时间戳的消息给目录管理员，以请求 B 的当前公钥。

（2）管理员给 A 发送一条用其私钥 PR_{auth} 加密的消息，这样 A 就可用管理员的公钥对接收到的消息解密，因此 A 可以确信该消息来自管理员。这条消息包括下列内容：

- B 的公钥 PU_B。A 可用它对要发送给 B 的消息加密。
- 原始请求。这样 A 可以将该请求与其最初发出的请求进行比较，以验证在管理员收到请求之前，其原始请求未被修改。
- 原始时间戳。这样 A 可以确定它收到的不是来自管理员的旧消息，该旧消息中包含的不是 B 的当前公钥。

（3）A 保存 B 的公钥，并用它对包含 A 的标识（ID_A）和临时交互号（N_1）的消息加密，然后发送给 B。这里，临时交互号是用来唯一标识本次交易的。

（4）（5）步骤（4）和（5）与 A 检索 B 的公钥一样，B 以同样的方法从管理员处检索出 A

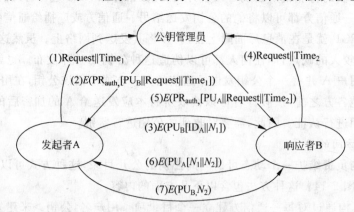

图 2-15　公钥授权

的公钥。

至此 A 和 B 已安全地获得了彼此的公钥,双方的信息交换将受到保护。尽管如此,但是最好还包含下面两步:

(6) B 用 PU_B 对 A 的临时交互号(N_1)和 B 所产生的新临时交互号(N_2)加密,并发送给 A。因为只有 B 可以解密消息(3),所以消息(6)中的 N_1 可以使 A 确信其通信伙伴就是 B。

(7) A 用 B 的公钥对 N_2 加密并发送给 B,以使 B 相信其通信伙伴是 A。

这样,总共需要发送 7 条消息。但是由于 A 和 B 可保存另一方的公钥以备将来使用(这种方法称为暂存),所以并不会频繁地发送前面 4 条消息。不过为了保证通信中使用的是当前公钥,用户应定期地申请对方的当前公钥。

4. 公钥证书

在公钥授权方案中,只要用户与其他用户通信,就必须向目录管理员申请对方的公钥,因此公钥管理员就会成为系统的瓶颈。像前面所说的一样,目录管理员所维护的含有用户名和公钥的目录也容易被篡改。

公钥证书方法最早是由 Kohnfelder 提出的,目的是使得通信各方使用证书来交换公钥,而无需一个权威机构的在线服务。在某种意义上,这种方案与直接从权威机构处获得公钥的可靠性相同。公钥证书包含公钥和公钥拥有者的标识,并由可信的第三方进行签名。通常,第三方是一个权威机构,如政府机构或者金融机构,为整个用户群所信任。一个用户以一种安全的方式将他的公钥交给权威机构的公钥管理员,从而获得一个证书,并公开自己的公钥证书。任何需要该用户公钥的人都可以获得这个证书,并通过查看附带的权威机构的签名来验证证书的有效性。通信一方也可以通过传递证书的方式将他的密钥信息传达给另一方。这种方法应满足下列要求:

(1) 任何通信方都可以读取证书并确定证书拥有者的身份和公钥。

(2) 任何通信方都可以验证该证书是否由权威机构签发,以及是否有效。

(3) 只有权威机构才可以签发并更新证书。

图 2-16 举例说明了证书交换的方法。每一通信方向权威机构的证书管理员提供一个公钥,并申请一个公钥证书。申请必须由当事人亲自或通过某种安全的认证通信提出。对于申请者 A,管理员提供如下形式的证书:

$$C_A = E(PR_{auth}, [T \| ID_A \| PU_A])$$

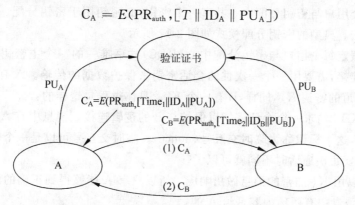

图 2-16 公钥证书交换

其中 PR_{auth} 是证书管理员的私钥，T 是时间戳。A 将该证书发送给其他通信各方，它们以如下方式来验证证书：

$$D(PU_{auth}, C_A) = D(PU_{auth}, E(PR_{auth}, [T \parallel ID_A \parallel PU_A])) = (T \parallel ID_A \parallel PU_A)$$

接收方用管理员的公钥 PU_{auth} 对证书解密。因为只用管理员的公钥才可读取证书，因此接收方可验证证书确实是出自证书管理员；ID_A 和 PU_A 向接收方提供证书拥有者的身份标识和公钥；时间戳 T 用来验证证书的当前性，抵抗攻击者的重放攻击。假设 A 的私钥泄漏，产生新的公/私钥对并向证书管理员申请新的证书；而此时，攻击者重放 A 的旧证书给 B。若 B 用 A 的旧公钥加密消息，则攻击者可读取消息。

在这种情形下，私钥的泄密就如同信用卡丢失一样，卡的持有者会注销卡号，但只有在所有可能的通信方均已知旧信用卡已过期的时候，才能保证卡的持有者的安全。因此，时间戳有些像截止日期。若一个证书太旧，则认为证书已失效。

2.5.2　对称密码体制的密钥分配

对称密码要求消息交换的双方共享密钥，并且此密钥不为他人所知。此外，密钥要经常变动，以防攻击者知道。因此，任何密码系统的强度都与密钥分配方法有关。对于参与者 A 和 B，密钥的分配有以下几种办法：

(1) 密钥由 A 选择，并亲自交给 B。

(2) 第三方 C 选择密钥后亲自交给 A 和 B。

(3) 如果 A 和 B 以前或最近使用过某密钥，其中一方可以用它加密一个新密钥后再发送给另一方。

(4) A 和 B 与第三方 C 均有秘密渠道，则 C 可以将一密钥分别秘密发送给 A 和 B。

方法(1)和方法(2)需要人工传送密钥，适用于密钥数目较少且距离不远的情况，比如链路加密，因为每个链路加密设备仅同链路另一方进行数据交换。但人工传送不适于端对端加密。在分布式系统，特别是那些广域分布系统中，某一主机可能需要和其他任何主机经常交换数据，需要大量动态产生的密钥。

方法(3)既可用于链路加密，也可用于端对端加密。但是如果攻击者曾经成功地获取一个密钥，则所有的子密钥都暴露了。此外，成千上万个初始密钥的分发也是一个困难。

假设方法(4)中的第三方是一个密钥分配中心，负责分发密钥给需要的用户(主机、进程、应用)。每个用户与密钥分配中心共享一个密钥，此密钥用于密钥分配。这种方式可应用于端到端加密。典型的密钥分配模式如图 2-17 所示。

这种模式假定每个用户与密钥分配中心(KDC)共享唯一的一个主密钥。设 A 要与 B 建立一个逻辑连接，需要用一个一次性的会话密钥来保护数据的传输。A 有一个除了它之外只有 KDC 知道的密钥 K_A，同样，B 有一个 K_B。具体过程是这样的：

(1) A 向 KDC 请求一个会话密钥以保护与 B 的逻辑连接。消息中有 A 和 B 的标识及唯一的标识 N_1，这个标识称为**临时交互号**(nonce)。临时交互号可以是一个时间戳、计数值或者随机数，只要每次通话时不同就可以了。

(2) KDC 以用 K_A 加密的消息做出响应。所以只有 A 能够得到正确的消息，并可知它来自于 KDC。消息中有两项内容是给 A 的：

① 一次性会话密钥 K_s，用于会话。

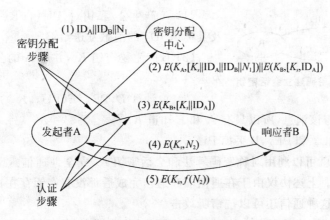

图 2-17 密钥分配过程

② 原始请求消息,包括临时交互号,以使 A 使用适当的请求匹配这个响应。

因此,A 可验证其原始请求在被 KDC 接收前不会更改,且由于有临时交互号,可知这不是某些以前消息的重放。

此外,消息中有两项内容是给 B 的:

① 一次性会话密钥 K_s,用于会话。

② A 的标识符 ID_A(比如 A 的网络地址)。

这两项用 K_B(KDC 与 B 共享的主密钥)加密。它们将发送给 B,以建立连接并证明 A 的标识。

(3) A 存下会话密钥备用,并将消息的后两项发给 B,即 $E(K_B, [K_s \parallel ID_A])$ 因为这两项用 K_B 加密了,所以可防止窃听。现在 B 已知道会话密钥 K_s,知道它稍后的通话伙伴是 A (来自 ID_A),且知道这些消息来自于 KDC(因为它是用 K_B 加密的)。

这样,会话密钥就安全地发给了 A 和 B。它们可以开始进行受保护的信息交换了。不过,还有两步:

(4) B 发送一个临时交互号 N_2 的密文给 A。

(5) A 发送 $f(N_2)$ 的密文(以 K_s 加密)给 B,其中 $f(N_2)$ 是 N_2 的一个函数,比如加 1。

这两步保证 B 原来所收到的报文(第 3 步)不是一个重放。

注意,实际的密钥分配过程只包含第(1)步至第(3)步,而第(4)步和第(5)步以及第(3)步起了认证的作用。

网络规模很大的时候,可以使用层次式 KDC,由一些本地 KDC 负责整个网络中的一个小区域。

2.5.3 公钥密码用于对称密码体制的密钥分配

如果已分配了公开可访问的公钥,那么就可以进行安全的通信,这种通信可以抗窃听和篡改。但是由于公钥密码算法速度较慢,几乎没有人愿意在通信中完全使用公钥密码,因此公钥密码更适合作为对称密码体制中实现密钥分配的一种手段。

1. 简单的对称密钥分配

一种简单的对称密钥分配方法如图 2-18 所示。若 A 要与 B 通信,则执行下列操作:

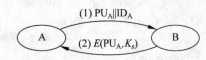

图 2-18　使用公钥密码建立会话密钥

（1）A 产生公/私钥对 $\{PU_A, PR_A\}$，并将含有 PU_A 及其标识 ID_A 的消息发送给 B。

（2）B 产生秘密钥 K_s，并用 A 的公钥对 K_s 加密后发送给 A。

（3）A 计算 $D(PR_A, E(PU_A, K_s))$ 得出秘密钥 K_s。因为只有 A 能解密该消息，所以只有 A 和 B 知道 K_s。

（4）A 丢掉 PU_A 和 PR_A，B 丢掉 PU_A。

这样，A 和 B 就可以利用对称密码算法和会话密钥 K_s 安全地通信。密钥交换完成后，A 和 B 均丢弃 K_s。上述协议由于在通信前和通信完成后都没有密钥存在，所以密钥泄密的可能性最小，同时这种通信还可以抗窃听攻击。

图 2-18 所示的协议是不安全的，因为对手可以截获消息，然后可以重放截获的消息或者对消息进行替换。这样的攻击称为中间人攻击。此时，如果攻击者 E 能够控制通信信道，那么他可采用下列方式对通信造成危害但又不被发现：

（1）产生公/私钥对 $\{PU_A, PR_A\}$，并将含有 PU_A 及其标识 ID_A 的消息发送给 B。

（2）E 截获该消息，产生其公/私钥对 $\{PU_e, PR_e\}$，并将 $PU_e \parallel ID_A$ 发送给 B。

（3）B 产生秘密钥 K_s，并发送 $E(PU_e, K_s)$。

（4）E 截获该消息，并通过计算 $D(PR_e, E(PU_e, K_s))$ 得出 K_s。

（5）E 发送 $E(PU_A, K_s)$ 给 A。

结果是，A 和 B 均已知 K_s，但他们不知道 E 也已知 K_s。A 和 B 用 K_s 来交换消息；E 不再主动干扰通信信道而只需窃听即可。由于 E 也已知 K_s，所以 E 可解密任何消息。但是 A 和 B 却毫无察觉，因此上述简单协议只能用于仅有窃听攻击的环境中。

2. 具有保密性和真实性的密钥分配

图 2-19 中给出的方法既可抵抗主动攻击又可抵抗被动攻击。假定 A 和 B 已通过某种安全的方法交换了公钥，则可以执行下列操作来实现密钥分配：

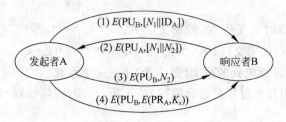

图 2-19　密钥分配

（1）A 用 B 的公钥对含有其标识 ID_A 和临时交互号（N_1）的消息加密，并发送给 B。其中 N_1 用来唯一标识本次交易。

（2）B 发送一条用 PU_A 加密的消息，该消息包含 A 的临时交互号（N_1）和 B 产生的新临时交互号（N_2）。因为只有 B 可以解密消息（1），所以消息（2）中的 N_1 可使 A 确信其通信伙伴是 B。

（3）A 用 B 的公钥对 N_2 加密，并返回给 B，这样可使 B 确信其通信伙伴是 A。

（4）A 选择密钥 K_s，并将 $M = E(PU_B, E(PR_A, K_s))$ 发送给 B。使用 B 的公钥对消息加

密可以保证只有 B 才能对它解密；使用 A 的私钥加密可以保证只有 A 才能发送该消息。

（5）B 计算 $D(PU_A, D(PR_B, M))$ 得到密钥。

这一系列的操作在传统密码体制密钥交换过程中，可以同时保证保密性和真实性。

3. 混合方法

混合方法也是利用公钥密码来进行密钥分配。这种方法需要一个密钥分配中心（KDC），该 KDC 与每一用户共享一个秘密的主密钥，通过用该主密钥加密来实现秘密的会话密钥的分配，公钥方法在这里只用来分配主密钥。使用这种三层结构方法的依据如下：

（1）**性能**：许多应用，特别是面向交易的应用，需要频繁地交换会话密钥。因为公钥加密和解密计算量大，所以若用公钥密码进行会话密钥的交换，则会降低整个系统的性能。利用三层结构方法，公钥密码只是偶尔用来在用户和 KDC 间更新主密钥。

（2）**向后兼容性**：只需花很小的代价或在软件上做一些修改，就可以很容易地将混合方法用于现有的 KDC 方法中。

增加公钥层是分配主密钥的一种安全有效的手段。它对于一个 KDC 对应许多分散用户的系统而言具有其优越性。

2.5.4 Diffie-Hellman 密钥交换

Diffie 和 Hellman 于 1976 年发表的具有开创意义的论文中，首次提出了一个公钥算法，标志着公钥密码学新时代的开始。Diffie 和 Hellman 提出的公钥密码算法既不用于加密，也不用于签名，它只完成一个功能：允许两个实体在公开环境中协商一个共享密钥，以便在后续的通信中用该密钥对消息加密。由于该算法本身限于密钥交换的用途，因此该算法通常称为 Diffie-Hellman 密钥交换。Diffie-Hellman 公钥密码系统出现在 RSA 之前，是最古老的公钥密码系统。

Diffie-Hellman 算法的安全性建立在"计算离散对数是很困难的"这一基础之上。简言之，可以如下定义离散对数。首先定义素数 p 的本原根。素数 p 的本原根是一个整数，且其幂可以产生 1 到 $p-1$ 之间的所有整数，也就是说，若 a 是素数 p 的本原根，则：

$$a \bmod p, a^2 \bmod p, \cdots, a^{p-1} \bmod p$$

各不相同，并且是从 1 到 $p-1$ 的所有整数的一个排列。

对任意整数 b 和素数 p 的本原根 a，可以找到唯一的指数，使得：

$$b \equiv a^i (\bmod p), \quad 0 \leqslant i \leqslant p-1$$

指数 i 称为 b 的以 a 为底的模 p 离散对数，记为 $d\log_{a,p}(b)$。

1. Diffie-Hellman 算法

图 2-20 概述了 Diffie-Hellman 密钥交换算法。

在这种方法中，有两个全局公开的参数，一个素数 q 和一个整数 a，并且 a 是 q 的一个本原根。假定用户 A 和 B 希望协商一个共享的密钥以用于后续通信，那么用户 A 选择一个随机整数 $X_A < q$ 作为其私钥，并计算公钥 $Y_A = a^{X_A} \bmod q$。类似地，用户 B 也独立地选择一个随机整数 $X_B < q$ 作为私钥，并计算公钥 $Y_B = a^{X_B} \bmod q$。A 和 B 分别保持 X_A 和 X_B 是其私有的，但 Y_A 和 Y_B 是公开可访问的。用户 A 计算 $K = (Y_B)^{X_A} \bmod q$ 并将其作为密钥，用户 B 计算 $K = (Y_A)^{X_B} \bmod q$ 并将其作为密钥。这两种计算所得的结果是相同的：

全局公开量	
q	素数
a	$a < q$ 且 a 是 q 的本原根

用户 A 的密钥产生	
选择秘密的 X_A	$X_A < q$
计算公开的 Y_A	$Y_A = a^{X_A} \bmod q$

用户 B 的密钥产生	
选择秘密的 X_B	$X_B < q$
计算公开的 Y_B	$Y_B = a^{X_B} \bmod q$

用户 A 计算产生密钥
$K = (Y_B)^{X_A} \bmod q$

用户 B 计算产生密钥
$K = (Y_A)^{X_B} \bmod q$

图 2-20　密钥交换算法

$$K = (Y_B)^{X_A} \bmod q = (a^{X_A} \bmod q)^{X_A} \bmod q = (a^{X_B})^{X_A} \bmod q$$
$$= a^{X_B X_A} \bmod q = (a^{X_A})^{X_B} \bmod q = (a^{X_A} \bmod q)^{X_B} \bmod q$$
$$= (Y_A)^{X_B} \bmod q$$

至此,A 和 B 完成了密钥协商的过程。由于 X_A 和 X_B 的私有性,攻击者可以利用的参数只有 q、a、Y_A 和 Y_B。这样,他就必须求离散对数才能确定密钥。例如,要对用户 B 的密钥进行攻击,攻击者就必须先计算:

$$X_B = d\log_{a,q}(Y_B)$$

然后他就可以像用户 B 那样计算出密钥 K。

Diffie-Hellman 密钥交换的安全性建立在下述事实之上:求关于素数的模幂运算相对容易,而计算离散对数却非常困难;对于大素数,求离散对数被认为是不可行的。

下面给出一个例子。密钥交换基于素数 $q = 97$ 和 97 的一个原根 $a = 5$,A 和 B 分别选择 $X_A = 36$ 和 $X_B = 58$,并分别计算其公钥:

$$A \text{ 计算 } Y_A = 5^{36} \bmod 97 = 50$$
$$B \text{ 计算 } Y_B = 5^{58} \bmod 97 = 44$$

A 和 B 相互获取了对方的公钥之后,双方均可计算出公共的密钥:

$$A \text{ 计算 } K = (Y_B)^{X_A} \bmod 97 = 44^{36} \bmod 97 = 75$$
$$B \text{ 计算 } K = (Y_A)^{X_B} \bmod 97 = 50^{36} \bmod 97 = 75$$

攻击者能够得到下列信息:

$$q = 97; \quad a = 5; \quad Y_A = 50; \quad Y_B = 44$$

但是,从 $|50,44|$ 出发,攻击者要计算出 75 很不容易。

2. Diffie-Hellman 密钥交换协议

图 2-21 描述了一个基于 Diffie-Hellman 算法的简单的密钥交换协议。假定 A 希望与 B 建立连接,并使用密钥对该次连接中的消息加密。用户 A 产生一次性私钥 X_A,计算 Y_A,并将 Y_A 发送给 B,用户 B 也产生私钥 X_B,计算 Y_B,并将 Y_B 发送给 A,这样 A 和 B 都可以

计算出密钥。当然,在通信前 A 和 B 都应已知公开的 q 和 a,例如,可由用户 A 选择 q 和 a,并将 q 和 a 放入第一条消息中。

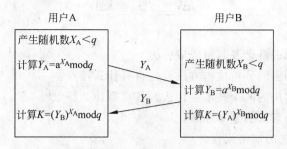

图 2-21 密钥交换协议

Diffie-Hellman 算法具有两个很有吸引力的特征:

(1) 仅当需要时才生成密钥,减小了将密钥存储很长一段时间而致使遭受攻击的机会。

(2) 除对全局参数的约定外,密钥交换不需要事先存在的基础结构。

然而,该算法也存在许多不足:

(1) 在协商密钥的过程中,没有对双方身份的认证。

(2) 它是计算密集性的,因此容易遭受阻塞性攻击:攻击方请求大量的密钥,而受攻击者花费了相对多的计算资源来求解无用的幂系数而不是在做真正有用的工作。

(3) 没办法防止重演攻击。

(4) 容易遭受"中间人攻击",即恶意第三方 C 在和 A 通信时扮演 B,和 B 通信时扮演 A,与 A 和 B 都协商一个密钥,然后 C 就可以监听和传递通信量。

假设 A 和 B 要通过 Diffie-Hellman 算法协商一个共享密钥,同时第三方 C 准备实施"中间人攻击",攻击可按如下方式进行:

① C 首先生成两个随机的私钥 X_{C1} 和 X_{C2},然后计算相应的公钥 Y_{C1} 和 Y_{C2}。

② A 在给 B 的消息中发送他的公开密钥 Y_A。

③ C 截获并解析该消息,将 A 的公开密钥 Y_A 保存下来,并给 B 发送消息,该消息具有 A 的用户 ID 但使用 C 的公开密钥 Y_{C1},并且伪装成来自 A。同时,C 计算 $K_2 = (Y_A)^{X_{C2}} \bmod q$。

④ B 收到 C 的报文后,将 Y_{C1}(认为是 Y_A)和 A 的用户 ID 存储在一块,并计算 $K_1 = (Y_{C1})^{X_B} \bmod q$。

⑤ 类似地,C 截获 B 发给 A 的公开密钥 Y_B,使用 Y_{C2} 向 A 发送伪装来自 B 的报文。C 计算 $K_1' = (Y_B)^{X_{C1}} \bmod q$。

⑥ A 收到 Y_{C2}(认为是 Y_B)并计算 $K_2 = (Y_{C2})^{X_A} \bmod q$。

此时,A 和 B 认为他们已共享了密钥。但实际上,B 和 C 共享密钥 K_1,而 A 和 C 共享密钥 K_2。从现在开始,C 就可以截获 A 和 B 之间的加密消息并解密,根据需要修改后转发给目的地。而 A 和 B 都不知道他们在和 C 共享通信。

对抗中间人攻击的一种方法是让每一方拥有相对比较固定的公钥和私钥,并且以可靠的方式发布公钥,而不是每次通信之前才临时选择随机的数值;另一种方法则是在密钥协商过程中加入身份认证机制。

思 考 题

1. 简述密码体制的概念及其组成成分。

2. 有哪些常见的密码分析攻击方法？各自有什么特点？

3. 古典密码学常用的两个技术是什么？各自有什么特点？

4. 简述对称密码算法的基本原理。

5. 简述 DES 算法的加密流程。

6. 简述对称密码和非对称密码的主要区别。

7. RSA 算法的理论基础是什么？简述 RSA 算法的流程。

8. 简述不借助第三方,基于公钥密码具有保密性和真实性的对称密钥分配原理。

第3章　消息鉴别与数字签名

经典的密码学是关于加密和解密的理论，主要用于保密。目前，密码学已经得到了更加深入、广泛的发展和应用，不再局限于单一的加解密技术，而是被有效、系统地用于保证电子数据的机密性、完整性和真实性。这是因为，在公开的计算机网络环境中，传输中的数据可能遭到的威胁不仅仅局限于泄密，而是多种形式的攻击：

（1）**泄密**：消息的内容被泄漏给没有合法权限的任何人或过程。

（2）**通信业务量分析**：分析通信双方的通信模式。在面向连接的应用中，确定连接的频率和持续时间；在面向连接或无连接的环境中，确定双方的消息数量和长度。

（3）**伪造消息**：攻击者假冒真实发送方的身份，向网络中插入一条消息，或者假冒接收方发送一个消息确认。

（4）**篡改消息**：分成以下三种情形。

① **内容篡改**：对消息内容的修改，包括插入、删除、调换和修改。

② **序号篡改**：在依赖序号的通信协议（如 TCP）中，对通信双方消息序号进行修改，包括插入、删除和重新排序。

③ **时间篡改**：对消息进行延时和重放。在面向连接的应用中，整个消息序列可能是前面某合法消息序列的重放，也可能是消息序列中的一条消息被延时或重放；在面向无连接的应用中，可能是一条消息（如数据报）被延时或重放。

（5）**行为抵赖**：发送方否认发送过某消息，或者接收方否认接收到某消息。

对抗前两种攻击的方法属于消息保密性范畴，前面讲过的对称密码学和公钥密码学，都是围绕这个主题展开的；对付第（3）种和第（4）种攻击的方法一般称为消息鉴别；对付第（5）种攻击的方法属于数字签名。一般而言，数字签名方法也能够抗第（3）种和第（4）种中的某些或全部攻击。

3.1　消　息　鉴　别

完整性是安全的基本要求之一。篡改消息是对通信系统进行主动攻击的常见形式，被篡改的消息是不完整的；信道的偶发干扰和故障也破坏了消息的完整性。接收者应该能够检查所收到的消息是否完整。另外，攻击者还可以将一条声称来自合法授权用户的虚假消息插入网络，或者冒充消息的合法接收者发回假确认。因此，消息接收者还应该能够识别收到的消息是否确实来源于该消息所声称的主体，即验证消息来源的真实性。

保障消息完整性和真实性的重要手段是消息鉴别技术。

3.1.1　消息鉴别的概念

消息鉴别也称"报文鉴别"或"消息认证"，是一个对收到的消息进行验证的过程，验证的内容包括两个方面：

(1) 真实性：信息的发送者是真正的而不是冒充的；

(2) 完整性：消息在传送和存储过程中未被篡改过。

从功能上看，一个消息鉴别系统可以分成两个层次，如图 3-1 所示。

| 高层：鉴别协议 |
| 底层：鉴别函数 |

图 3-1　消息鉴别系统的功能分层结构

底层是一个鉴别函数，其功能是产生一个鉴别符，鉴别符是一个用来鉴别消息的值，即鉴别的依据。在此基础上，上层的鉴别协议调用该鉴别函数，实现对消息真实性和完整性的验证。鉴别函数是决定鉴别系统特性的主要因素。

根据鉴别符的生成方式，鉴别函数可以分为如下三类：

(1) **基于消息加密**：以整个消息的密文作为鉴别符。

(2) **基于消息鉴别码**：利用公开函数＋密钥产生一个较短的定长值作为鉴别符，并与消息一同发送给接收方，实现对消息的验证。

(3) **基于散列函数**：利用公开函数将任意长的消息映射为定长的散列值，并以该散列值作为鉴别符。

目前，像对称加密、公钥加密等常规加密技术已经发展得非常成熟。但是，出于多种原因，常规加密技术并没有被简单地应用到消息鉴别符的生成中，实际应用中一般采用独立的消息鉴别符。用避免加密的方法提供消息鉴别符受到广泛的重视，而最近几年消息鉴别的热点转向由 Hash 函数导出 MAC 的方法。

3.1.2　基于 MAC 的鉴别

1. 消息鉴别码原理

消息鉴别码(Message Authentication Code，MAC)又称密码校验和(Cryptographic Checksum)。其实现鉴别的原理是：用公开函数和密钥生成一个固定大小的小数据块，即 MAC，并将其附加在消息之后传输。接收方利用与发送方共享的密钥进行鉴别。基于 MAC 提供消息完整性保护，MAC 可以在不安全的信道中传输，因为 MAC 的生成需要密钥。

基于 MAC 的鉴别原理见图 3-2。假定通信双方，比如 A 和 B，共享密钥 K。若 A 向 B 发送消息，则 A 计算 MAC，它是消息和密钥 K 的函数，即 MAC＝$C(K,M)$，其中：

M——输入消息；

C——MAC 函数；

K——共享的密钥；

MAC——消息鉴别码。

消息和 MAC 一起将被发送给接收方 B。接收方 B 对收到的消息用相同的密钥

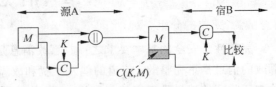

图 3-2　MAC 鉴别原理

K 进行相同的计算，得出新的 MAC，并与接收到的 MAC 进行比较。如果假定只有收发双方知道该密钥，那么若接收到的 MAC 与计算得出的 MAC 相等，则：

(1) 接收方 B 可以相信消息在传送途中未被非法篡改。因为这里假定攻击者不知道密钥 K，攻击者可能修改消息，但不知道应如何改变 MAC 才能使其与修改后的消息相一致。这样，接收方计算出的 MAC 将不等于接收到的 MAC。

（2）接收方 B 可以相信消息来自真正的发送方 A。因为其他各方均不知道密钥，因此他们不能产生具有正确 MAC 的消息。

（8）如果消息中含有序列号（如 TCP 序列号），那么接收方可以相信消息顺序是正确的，因为攻击者无法成功地修改序列号并保持 MAC 与消息一致。

图 3-2 所示的过程仅仅提供鉴别而不能提供保密性，因为消息是以明文形式传送的。若将 MAC 附加在明文消息后对整个信息块加密，则可以同时提供保密和鉴别。这需要两个独立的密钥，并且收发双方共享这两个密钥。

MAC 函数与加密类似，但加密算法必须是可逆的，而 MAC 算法则不要求可逆性，在数学上比加密算法被攻击的弱点要少。与加密相比，MAC 算法更不易被攻破。

2. 基于 DES 的消息鉴别码

构造 MAC 的常用方法之一就是基于分组密码，并按密文块链接（Cipher Block Chaining，CBC）模式操作。在 CBC 模式中，每个明文分组在用密钥加密之前，都要先与前一个密文分组进行异或运算。用一个初始向量 IV 作为密文分组初始值。

数据鉴别算法也称 CBC-MAC（密文分组链接消息鉴别码），建立在 DES 之上，是使用最广泛的 MAC 算法之一，也是 ANSI 的一个标准，如图 3-3 所示。

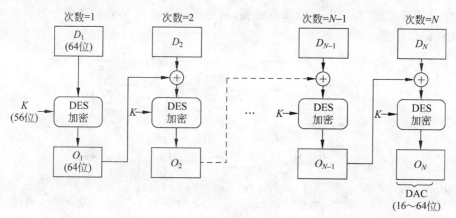

图 3-3　数据鉴别算法

数据鉴别算法采用 DES 运算的密文块链接方式，参见图 3-3。其初始向量 IV 为 0，需要鉴别的数据分成连续的 64 位的分组 $D_1, D_2, \cdots, D_N$，若最后分组不足 64 位，则在其后填 0 直至成为 64 位的分组。利用 DES 加密算法 E 和密钥 K，计算数据鉴别码（DAC）的过程如下：

$$O_0 = IV$$
$$O_1 = E_K(D_1 \oplus O_0)$$
$$O_2 = E_K(D_2 \oplus O_1)$$
$$O_3 = E_K(D_3 \oplus O_2)$$
$$\vdots$$
$$O_N = E_K(D_N \oplus O_{N-1})$$

其中，DAC 可以取整个块 O_N，也可以取其最左边的 M 位，其中 $16 \leqslant M \leqslant 64$。

3.1.3　基于散列函数的鉴别

散列(Hash)函数是消息鉴别码的一种变形。与消息鉴别码一样,散列函数的输入是可变大小的消息 M,输出是固定大小的散列码 $H(M)$,也称为消息摘要,或散列值。与 MAC 不同的是,散列函数并不使用密钥,它仅是输入消息的函数。使用没有密钥的散列值作为消息鉴别码的机制是不安全的,因此实践中常将 Hash 函数和加密结合起来使用。

图 3-4 给出了将散列码用于消息鉴别的两种常用方法。

在图 3-4(a)中,消息发送方 A 首先计算明文消息 M 的散列值 $H(M)$,并将 $H(M)$ 串接在 M 后,然后用对称密码算法对消息及附加在其后的散列值加密,将密文发送给对方。在接收方 B,首先解密密文得到散列值 $H(M)$ 和明文消息 M,然后 B 自己亦根据同样的 Hash 算法计算散列值 $H'(M)$ 并验证 $H(M) = H'(M)$ 是否成立。如果成立,由于只有 A 和 B 共享密钥并且散列函数是一个单向函数,所以 B 可以确认消息一定是来自 A 且未被修改过的。散列码提供了鉴别所需的结构或冗余,并且由于该方法是对整个消息和散列码加密,所以也提供了保密性。

图 3-4(b)用对称密码仅对散列码加密。$E_K(H(M))$ 是变长消息 M 和密钥 K 的函数,它产生定长的输出值,若攻击者不知道密钥,则他无法得出这个值。这个方案只能提供鉴别,而无法提供保密。

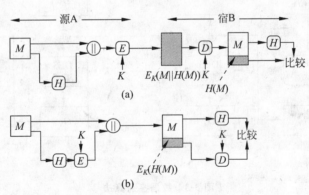

图 3-4　基于散列函数的消息鉴别

近年来,人们越来越感兴趣于利用散列函数来设计 MAC。这是因为利用对称加密算法产生 MAC 要对全部消息进行加密,运算速度较慢,而散列函数的执行速度比对称分组密码要快。

散列函数并不是专为 MAC 而设计的,不依赖于密钥,所以它不能直接用于 MAC。目前,已经提出了许多方案将密钥加到现有的散列函数中。HMAC 是最受支持的方案,它是一种依赖于密钥的单向散列函数,同时提供对数据的完整性和真实性的验证。HMAC 是 IP 安全里必须实现的 MAC 方案,并且其他 Internet 协议中(如 SSL)也使用了 HMAC。

RFC 2104 给出了 HMAC 的设计目标:

- 不必修改而直接使用现有的散列函数,即将散列函数看做是"黑盒",可以使用多种散列函数。
- 如果找到或需要更快或更安全的散列函数,应能很容易地替代原来嵌入的散列函数。

- 应保持散列函数的原有性能,不能过分降低其性能。
- 对密钥的使用和处理应较简单。
- 如果已知嵌入的散列函数的强度,则完全可以知道认证机制抗密码分析的强度。

图 3-5 给出了 HMAC 的总体结构。

定义下列符号:

H——嵌入的散列函数(如 MD5,SHA-1,RIPEMD-160);

IV——作为散列函数输入的初始值;

M——HMAC 的消息输入(包括由嵌入散列函数定义的填充位);

Y_i——M 的第 i 个分组,$0 \leqslant i \leqslant (L-1)$;

L——M 中的分组数;

b——每一分组所含的位数;

n——嵌入的散列函数所产生的散列码长;

K——密钥;建议密钥长度$\geqslant n$。若密钥长度大于 b,则将密钥作为散列函数的输入,来产生一个 n 位的密钥;

K^+——为使 K 为 b 位长而在 K 左边填充 0 后所得的结果;

ipad——内层填充,00110110(十六进制数 36)重复 $b/8$ 次的结果;

opad——外层填充,01011100(十六进制数 5C)重复 $b/8$ 次的结果。

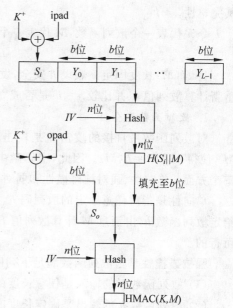

图 3-5　HMAC 的总体结构

HMAC 可描述如下:

$$\text{HMAC}(K,M) = H[(K^+ \oplus \text{opad}) \parallel H[(K^+ \oplus \text{ipad}) \parallel M]]$$

也就是说:

(1) 在 k 左边填充 0,得到 b 位的 K^+(例如,若 K 是 160 位,$b=512$,则在 K 中加入 44 个 0 字节 0×00)。

(2) K^+ 与 ipad 执行异或运算(逐位异或)产生 b 位的分组 S_i。

(3) 将 M 附于 S_i 后。

(4) 将 H 作用于步骤(3)所得出的结果。

(5) K^+ 与 opad 执行异或运算(位异或)产生 b 位的分组 S_o。

(6) 将步骤(4)中的散列码附于 S_o 后。

(7) 将 H 作用于步骤(6)所得出的结果,并输出该函数值。

注意,K 与 ipad 异或后,其信息位有一半发生了变化;同样,K 与 opad 异或后,其信息位的另一半也发生了变化,这样,通过将 S_i 与 S_o 传给散列算法中的压缩函数,可以从 K 伪随机地产生出两个密钥。

HMAC 多执行了三次散列压缩函数(对 S_i、S_o 和内部的散列产生的分组),但是对于长消息,HMAC 和嵌入的散列函数的执行时间应该大致相同。

3.1.4　散列函数

散列函数又叫做散列算法,是一种将任意长度的消息映射到某一固定长度消息摘要(散列值,或哈希值)的函数。消息摘要相当于消息的"指纹",用来防止对消息的非法篡改。如果消息被篡改,则"指纹"就不正确了。即使消息不具有保密性,也可以通过消息摘要来验证其完整性。

令 h 代表一个散列函数,M 代表一个任意长度的消息,则 M 的散列值 h 表示为:

$$h = H(M)$$

且 $H(M)$ 长度固定。假设 h 安全,发送方将散列值 h 附于消息 M 后发送;接收方通过重新计算散列值 h' 并比较 $h = h'$ 是否成立,可以验证该消息的完整性。

1. 散列函数安全性

对散列函数最直接的攻击就是攻击者得到消息 M 的散列值 $h(M)$ 后,试图伪造消息 M',使得 $h(M') = h(M)$。因此,密码学中的散列函数必须满足一定的安全特征,主要包括三个方面:单向性、强对抗碰撞性和弱对抗碰撞性。

单向性是指对任意给定的散列码 h,找到满足 $H(x) = h$ 的 x 在计算上是不可行的,即给定散列函数 h,由消息 M 计算散列值 $H(M)$ 是容易的,但是由散列值 $H(M)$ 计算 M 是不可行的。

强抗碰撞性是指散列函数满足下列四个条件:

(1) 散列函数 h 的输入是任意长度的消息 M;

(2) 散列函数 h 的输出是固定长度的数值;

(3) 给定 h 和 M,计算 $h(M)$ 是容易的;

(4) 给定散列函数 h,寻找两个不同的消息 M_1 和 M_2,使得 $h(M_1) = h(M_2)$,在计算上是不可行的。如果有两个消息 M_1 和 M_2,$M_1 \neq M_2$ 但是 $h(M_1) = h(M_2)$,则称 M_1 和 M_2 是碰撞的。

弱抗碰撞性的散列函数满足强抗碰撞散列函数的前三个条件,但具有一个不同的条件:给定 h 和一个随机选择的消息 M,寻找消息 M',使得 $h(M) = h(M')$ 在计算上是不可行的,即不能找到与给定消息具有相同散列值的另一消息。

2. SHA-1 算法

目前人们已经设计出了大量的散列算法,其中,SHA (Secure Hash Algorithm,安全散列算法)和 MD5 是最著名的两个。

SHA 是由美国国家安全局(NSA)设计,经美国国家标准与技术研究所 (NIST) 发布的一系列密码散列函数。1993 年发布了 SHA,后来人们给它取了一个非正式的名称 SHA-0,以避免与它的后继者混淆。1995 年发布了 SHA-1,该算法产生 160 比特的散列值。另外还有三种变体:SHA-256、SHA-384 和 SHA-512,其散列值长度分别为 224、256、384、512比特。

SHA-1 算法的输出是 160 比特的消息摘要,输入消息以 512 比特分组为单位进行处理。处理消息和输出摘要的过程包含下列步骤。

步骤 1:附加填充位。

填充消息使其长度模 512 与 448 同余,即长度在对 512 取模以后的余数是 448。即使消息已经满足上述长度要求,仍然需要进行填充。填充是这样进行的:先补一个 1,然后再补 0,直到长度满足对 512 取模后余数是 448。因此,填充时至少填充一位,最多填充 512 位。

步骤 2:附加长度。

将原始数据的长度补到已经进行了填充操作的消息后面。通常用一个 64 位的数据来表示原始消息的长度。

前两步的结果是产生了一个长度为 512 整数倍的扩展消息。然后,扩展的消息被分成长度为 512 比特的消息块 $M_1,M_2,\cdots,M_N$,因此扩展消息的长度为 $N\times512$ 比特。

步骤 3:初始化散列缓冲区。

SHA-1 算法的计算过程中需要两个缓冲区,每个缓冲区都由 5 个 32 位的字组成。第一个 5 个字的缓冲区被标识为 A,B,C,D,E,第二个 5 个字的缓冲区被标识为 H0,H1,H2,H3,H4,并将第一个 5 个字的缓冲初始化为下列 32 比特的整数(十六进制值):

$$A=0\text{x}67452301$$
$$B=0\text{xEFCDAB89}$$
$$C=0\text{x98BADCFE}$$
$$D=0\text{x}10325476$$
$$E=0\text{xC3D2E1F0}$$

还需要一个 80 个 32 位字的缓冲区,标识为 W_0 到 W_{79},以及一个字的 TEMP 缓冲区。

步骤 4:计算消息摘要。

步骤 2 中得到长度 512 的消息块 $M_1,M_2,\cdots,M_N$ 会依次进行处理,处理每个消息块 M_i 都要运行一个具有 80 轮运算的函数,每一轮都把 160 比特缓冲区的值 $ABCDE$ 作为输入,并更新缓冲区的值。

每一轮运算将使用附加的常数 K_t,其中 $0\leqslant t\leqslant79$(t 代表运算的轮数),这些常数如下:

$$K_t=0\text{x5A827999}(0\leqslant t\leqslant19)$$
$$K_t=0\text{x6ED9EBA1}(20\leqslant t\leqslant39)$$
$$K_t=0\text{x8F1BBCDC}(40\leqslant t\leqslant59)$$
$$K_t=0\text{xCA62C1D6}(60\leqslant t\leqslant79)$$

每一轮还将使用一个非线性函数 f_t:

$$f_t(X,Y,Z)=(X\wedge Y)\vee(\overline{X}\wedge Z),\quad 0\leqslant t\leqslant19$$
$$f_t(X,Y,Z)=X\oplus Y\oplus Z,\quad 20\leqslant t\leqslant39$$
$$f_t(X,Y,Z)=(X\wedge Y)\vee(X\wedge Z)\vee(Y\wedge Z),\quad 40\leqslant t\leqslant59$$
$$f_t(X,Y,Z)=X\oplus Y\oplus Z,\quad 60\leqslant t\leqslant79$$

其中,$\wedge$ 表示逐位"与",$\vee$ 表示逐位"或",$\oplus$ 表示逐位"异或",$\overline{X}$ 则表示 X 的逐位取反。

对一个消息块 M_i,首先用下面的算法将消息块(16 个 32 比特,共 512 比特)变成 80 个 32 比特子块(W_0 到 W_{79}):

$$W_j=M_j,\quad 0\leqslant j\leqslant15$$
$$W_j=(W_{j-3}\oplus W_{j-8}\oplus W_{j-14}\oplus W_{j-16})\lll1,\quad 16\leqslant j\leqslant79$$

其中,$\lll$ 表示循环左移位。

将第一个 5 个字的缓冲区内容复制到第二个 5 个字的缓冲区:

$$H0=A,H1=B,H2=C,H3=D,H4=E$$

对每一个 $W_j(1\leqslant j\leqslant 79)$：

$$\text{TEMP}=(A\ll 5)+f_j(B,C,D)+E+W_j+K_j;$$

$$E=D;$$

$$D=C;$$

$$C=B\ll 30;$$

$$B=A;$$

$$A=\text{temp}$$

其中，+表示模 2^{32} 的加法运算。

最后，执行：

$$A=H0+A,B=H1+B,C=H2+C,D=H3+D,E=H4+E$$

步骤 5：输出。

所有的 N 个 512 比特分组都处理完以后，从第 N 阶段输出的是 $ABCDE$，长度为 160 比特的消息摘要。

3. MD5

MD5 即 Message-Digest Algorithm 5(消息摘要算法 5)，是广泛使用的散列算法(又称为哈希算法)之一。MD5 的设计者是麻省理工学院的 Ronald L. Rivest，经 MD2、MD3 和 MD4 发展而来。MD4 算法发布于 1990 年，该算法没有基于任何假设和密码体制，运行速度快，实用性强，受到了广泛的关注。但后来人们发现 MD4 存在安全缺陷，于是 Ronald L. Rivest 于 1991 年对 MD4 做了几点改进，改进后的算法就是 MD5。虽然 MD5 比 MD4 稍微慢一些，但更为安全。

MD5 输入任意长度的消息，生成 128 位的散列值。输入消息被以 512 位的长度来分组，且每一分组又被划分为 16 个 32 位子分组，经过了一系列的处理后，算法的输出由四个 32 位分组组成，将这四个 32 位分组级联后生成一个 128 位散列值。

MD5 计算消息摘要时，执行下述步骤。

(1) 消息填充

在 MD5 算法中，首先需要对消息进行填充，使其长度(以二进制位为单位)对 512 求余的结果等于 448。因此，信息的位长(Bits Length)将被扩展至 $N\times 512+448$，即 $N\times 64+56$ 个字节(Bytes)，N 为一个正整数。填充的方法如下，在信息的后面填充一个 1 和多个 0，直到满足长度对 512 求余的结果等于 448 才停止填充。

(2) 添加长度

消息填充的结果后面附加一个以 64 位二进制表示的填充前信息长度。经过这两步的处理，现在的信息的位长 $=N\times 512+448+64=(N+1)\times 512$，即长度恰好是 512 的整数倍。换句话说，消息长度现在是 16 个 32 位字的整数倍。这样做的原因是满足后面处理中对信息长度的要求。

(3) 初始化缓冲区

MD5 中用一个四字缓冲区表示四个 32 位寄存器，也被称做链接变量(Chaining Variable)。这个 128 为缓冲区用于计算消息摘要。这四个寄存器被初始化为：

$$a = 0\text{x}01234567$$
$$b = 0\text{x}89\text{abcdef}$$
$$c = 0\text{xfedcba}98$$
$$d = 0\text{x}76543210$$

将上面四个链接变量复制到另外四个变量中：a 到 AA，b 到 BB，c 到 CC，d 到 DD。

当设置好这四个链接变量后，就开始进入算法的主循环，循环的次数是信息中 512 位信息分组的数目。

（4）定义辅助函数

MD5 算法要用到四个辅助函数。这四个非线性函数（每轮一个）都以三个 32 位字为输入，生成一个 32 位字输出。它们被表示为：

$$F(X,Y,Z) = (X \wedge Y) \vee (\overline{X} \wedge Z)$$
$$G(X,Y,Z) = (X \wedge Z) \vee (Y \wedge \overline{Z})$$
$$H(X,Y,Z) = X \oplus Y \oplus Z$$
$$I(X,Y,Z) = Y \oplus (X \vee \overline{Z})$$

这里，$\wedge$ 表示逐位"与"，$\vee$ 表示逐位"或"，$\oplus$ 表示逐位"异或"，$\overline{X}$ 则表示 X 的逐位取反。

此外，MD5 还使用了四种操作。假设 M_j 表示消息的第 j 个子分组（从 0 到 15），则四种操作：

$$FF(a,b,c,d,M_j,s,t_i) \text{ 表示 } a = b + ((a + F(b,c,d) + M_j + t_i) \lll s)$$
$$GG(a,b,c,d,M_j,s,t_i) \text{ 表示 } a = b + ((a + G(b,c,d) + M_j + t_i) \lll s)$$
$$HH(a,b,c,d,M_j,s,t_i) \text{ 表示 } a = b + ((a + H(b,c,d) + M_j + t_i) \lll s)$$
$$II(a,b,c,d,M_j,s,t_i) \text{ 表示 } a = b + ((a + I(b,c,d) + M_j + t_i) \lll s)$$

其中，$\lll s$ 表示循环左移 s 位，$+$ 表示整数模 2^{32} 加法运算。

（5）四轮计算

主循环有四轮（MD4 只有三轮），每轮循环都很相似。每一轮进行 16 次操作。每次操作对 a、b、c 和 d 中的三个做一次非线性函数运算，然后将所得结果加上第四个变量、一个子分组和一个常数，再将所得结果循环左移，并加上 a、b、c 或 d 其中之一。最后用该结果取代 a、b、c 或 d 其中之一。

这四轮是：

① 第一轮

$$FF(a,b,c,d,M_0,7,0\text{xd76aa478})$$
$$FF(d,a,b,c,M_1,12,0\text{xe8c7b756})$$
$$FF(c,d,a,b,M_2,17,0\text{x242070db})$$
$$FF(b,c,d,a,M_3,22,0\text{xc1bdceee})$$
$$FF(a,b,c,d,M_4,7,0\text{xf57c0faf})$$
$$FF(d,a,b,c,M_5,12,0\text{x4787c62a})$$
$$FF(c,d,a,b,M_6,17,0\text{xa8304613})$$
$$FF(b,c,d,a,M_7,22,0\text{xfd469501})$$
$$FF(a,b,c,d,M_8,7,0\text{x698098d8})$$
$$FF(d,a,b,c,M_9,12,0\text{x8b44f7af})$$

$FF(c,d,a,b,M_{10},17,0\text{xffff5bb1})$

$FF(b,c,d,a,M_{11},22,0\text{x895cd7be})$

$FF(a,b,c,d,M_{12},7,0\text{x6b901122})$

$FF(d,a,b,c,M_{13},12,0\text{xfd987193})$

$FF(c,d,a,b,M_{14},17,0\text{xa679438e})$

$FF(b,c,d,a,M_{15},22,0\text{x49b40821})$

② 第二轮

$GG(a,b,c,d,M_1,5,0\text{xf61e2562})$

$GG(d,a,b,c,M_6,9,0\text{xc040b340})$

$GG(c,d,a,b,M_{11},14,0\text{x265e5a51})$

$GG(b,c,d,a,M_0,20,0\text{xe9b6c7aa})$

$GG(a,b,c,d,M_5,5,0\text{xd62f105d})$

$GG(d,a,b,c,M_{10},9,0\text{x02441453})$

$GG(c,d,a,b,M_{15},14,0\text{xd8a1e681})$

$GG(b,c,d,a,M_4,20,0\text{xe7d3fbc8})$

$GG(a,b,c,d,M_9,5,0\text{x21e1cde6})$

$GG(d,a,b,c,M_{14},9,0\text{xc33707d6})$

$GG(c,d,a,b,M_3,14,0\text{xf4d50d87})$

$GG(b,c,d,a,M_8,20,0\text{x455a14ed})$

$GG(a,b,c,d,M_{13},5,0\text{xa9e3e905})$

$GG(d,a,b,c,M_2,9,0\text{xfcefa3f8})$

$GG(c,d,a,b,M_7,14,0\text{x676f02d9})$

$GG(b,c,d,a,M_{12},20,0\text{x8d2a4c8a})$

③ 第三轮

$HH(a,b,c,d,M_5,4,0\text{xfffa3942})$

$HH(d,a,b,c,M_8,11,0\text{x8771f681})$

$HH(c,d,a,b,M_{11},16,0\text{x6d9d6122})$

$HH(b,c,d,a,M_{14},23,0\text{xfde5380c})$

$HH(a,b,c,d,M_1,4,0\text{xa4beea44})$

$HH(d,a,b,c,M_4,11,0\text{x4bdecfa9})$

$HH(c,d,a,b,M_7,16,0\text{xf6bb4b60})$

$HH(b,c,d,a,M_{10},23,0\text{xbebfbc70})$

$HH(a,b,c,d,M_{13},4,0\text{x289b7ec6})$

$HH(d,a,b,c,M_0,11,0\text{xeaa127fa})$

$HH(c,d,a,b,M_3,16,0\text{xd4ef3085})$

$HH(b,c,d,a,M_6,23,0\text{x04881d05})$

$HH(a,b,c,d,M_9,4,0\text{xd9d4d039})$

$HH(d,a,b,c,M_{12},11,0\text{xe6db99e5})$

$HH(c,d,a,b,M_{15},16,0\text{x1fa27cf8})$

$HH(b,c,d,a,M_2,23,0\text{xc4ac5665})$

④ 第四轮

$II(a,b,c,d,M_0,6,0\text{xf4292244})$

$II(d,a,b,c,M_7,10,0\text{x432aff97})$

$II(c,d,a,b,M_{14},15,0\text{xab9423a7})$

$II(b,c,d,a,M_5,21,0\text{xfc93a039})$

$II(a,b,c,d,M_{12},6,0\text{x655b59c3})$

$II(d,a,b,c,M_3,10,0\text{x8f0ccc92})$

$II(c,d,a,b,M_{10},15,0\text{xffeff47d})$

$II(b,c,d,a,M_1,21,0\text{x85845dd1})$

$II(a,b,c,d,M_8,6,0\text{x6fa87e4f})$

$II(d,a,b,c,M_{15},10,0\text{xfe2ce6e0})$

$II(c,d,a,b,M_6,15,0\text{xa3014314})$

$II(b,c,d,a,M_{13},21,0\text{x4e0811a1})$

$II(a,b,c,d,M_4,6,0\text{xf7537e82})$

$II(d,a,b,c,M_{11},10,0\text{xbd3af235})$

$II(c,d,a,b,M_2,15,0\text{x2ad7d2bb})$

$II(b,c,d,a,M_9,21,0\text{xeb86d391})$

常数 t_i 可以如下选择：

在第 i 步中，t_i 是 $4294967296\times\text{abs}(\sin(i))$ 的整数部分，i 的单位是弧度。（4294967296 等于 2^{32}。）

所有这些完成之后，将 a、b、c、d 分别加上 AA、BB、CC、DD。然后用下一分组数据继续运行算法，最后的输出是 A、B、C 和 D 的级联。

3.2　数字签名

在实际生活中，许多事情的处理需要人们手写签名。签名起到了鉴别、核准、负责等作用，表明签名者对文档内容的认可，并产生某种承诺或法律上的效应。数字签名是手写签名的数字化形式，是公钥密码学发展过程中最重要的概念之一，也是现代密码学的一个最重要的组成部分。自从 1976 年数字签名的概念被提出，就受到了特别关注。数字签名已成为计算机网络不可缺少的一项安全技术，在商业、金融、军事等领域，得到了广泛的应用。各国对数字签名的使用颁布了相应的法案。美国 2000 年通过的《电子签名全球与国内贸易法案》就规定数字签名与手写签名具有同等法律效力，我国的《电子签名法》也规定可靠的数字签名与手写签名或印章具有同等法律效力。

3.2.1　数字签名简介

1. 数字签名的必要性

消息鉴别通过验证消息完整性和真实性，可以保护信息交换的双方不受第三方的攻击，但是它不能处理通信双方内部的相互攻击，这些攻击可以有多种形式。

例如，B 可以伪造一条消息并称该消息发自 A。此时，B 只需产生一条消息，用 A 和 B 共享的密钥产生消息鉴别码，并将消息鉴别码附于消息之后。因为 A 和 B 共享密钥，则 A 无法证明自己没有发送过该消息。

又比如，A 可以否认曾发送过某条消息。同样的道理，因为 A 和 B 共享密钥，B 可以伪造消息，所以无法证明 A 确实发送过该消息。

在通信双方彼此不能完全信任对方的情况下，就需要借助除消息鉴别之外的其他方法来解决这些问题。数字签名是解决这个问题的最好方法，它的作用相当于手写签名。用户 A 发送消息给 B，B 只要通过验证附在消息上的 A 的签名，就可以确认消息是否确实来自于 A。同时，因为消息上有 A 的签名，A 在事后也无法抵赖所发送过的消息。因此，数字签名的基本目的是认证、核准和负责，防止相互欺骗和抵赖。数字签名在身份认证、数据完整性、不可否认性和匿名性等方面有着广泛的应用。

2. 数字签名的概念及其特征

数字签名在 ISO7498-2 标准中定义为："附加在数据单元上的一些数据，或是对数据单元所做的密码变换，这种数据和变换允许数据单元的接收者用以确认数据单元来源和数据单元的完整性，并保护数据，防止被人（如接收者）进行伪造"。

数字签名体制也叫数字签名方案，一般包含两个主要组成部分，即签名算法和验证算法。对消息 M 的签名记为 $s=\mathrm{Sig}(m)$，而对签名 s 的验证可记为 $\mathrm{Ver}(s)\in\{0,1\}$。数字签名体制的形式化定义如下：

定义 3-1 一个数字签名体制是一个五元组 (M,A,K,S,V)，其中：

- M 是所以可能的消息的集合，即消息空间。
- A 是所有可能的签名组成的一个有限集，称为签名空间。
- K 是所有密钥组成的集合，称为密钥空间。
- S 是签名算法的集合，V 是验证算法的集合，满足：对任意 $k\in K$，有一个签名算法 Sig_k 和一个验证算法 Ver_k，使得对任意消息 $m\in M$，每一签名 $a\in A$，$\mathrm{Ver}_k(m,a)=1$，当且仅当 $a=\mathrm{Sig}_k(m)$。

在数字签名体制中，$a=\mathrm{Sig}_k(m)$ 表示使用密钥 k 对消息 m 签名，(m,a) 称为一个消息-签名对。发送消息时，通常将签名附在消息后。

数字签名必须具有下列特征：

- **可验证性**。信息接收方必须能够验证发送方的签名是否真实有效。
- **不可伪造性**。除了签名人之外，任何人都不能伪造签名人的合法签名。
- **不可否认性**。发送方在发送签名的消息后，无法抵赖发送的行为；接收方在收到消息后，也无法否认接收的行为。
- **数据完整性**。数字签名使得发送方能够对消息的完整性进行校验。换句话说，数字签名具有消息鉴别的功能。

根据这些特征，数字签名应满足下列条件：

- 签名必须是与消息相关的二进制位串。
- 签名必须使用发送方某些独有的信息，以防伪造和否认。
- 产生数字签名比较容易。

- 识别和验证签名比较容易。
- 伪造数字签名在计算上是不可行的。无论是从给定的数字签名伪造消息,还是从给定的消息伪造数字签名,在计算上都是不可行的。
- 保存数字签名的拷贝是可行的。

基于公钥密码算法和对称密码算法都可以获得数字签名,目前主要是基于公钥密码算法的数字签名。在基于公钥密码的签名体制中,签名算法必须使用签名人的私钥,而验证算法则只使用签名人的公钥。因此,只有签名人才可能产生真实有效的签名,只要他的私钥是安全的。签名的有效性能被任何人验证,因为签名人的公钥是公开可访问的。

3.2.2　基于公钥密码的数字签名原理

假定接收方已知发送方的公钥,则发送方可以用自己的私钥对整个消息或消息的散列码加密来产生数字签名,接收方用发送方的公钥对签名进行验证从而确认签名和消息的真实性,如图 3-6 所示。

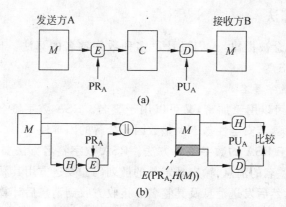

图 3-6　基于公钥密码的数字签名原理

在实际应用中,考虑到效率,一般采用第二种方法,即发送方用自己的私钥对消息的散列值进行加密来产生数字签名。假设发送方否认发送过消息 M,则接收方只需要提供 M 和签名 $E(\mathrm{PR}_A, H(M))$。第三方可以用 A 的公钥解密签名得到 $H(M)$,并与自己计算得到的散列值进行比较。如果相等,由于签名是 A 用自己的私钥加密的,则 M 肯定是 A 发送的,A 无法抵赖自己的发送行为。

如果发送方用接收方的公钥(公钥密码)和共享的密钥(对称密码)对整个消息和签名加密,则可以获得保密性,如图 3-7 所示。

注意,这里是先进行签名,然后才执行外层的加密,这样在发生争执时,第三方可以查看消息及其签名。若先对消息加密,然后再对消息的密文签名,那么第三方必须知道解密密钥才能读取原始消息。但是签名若是在内层进行,那么接收方可以存储明文形式的消息及其签名,以备将来解决争执时使用。

签名的有效性依赖于发送方私钥的安全性。如果发送方想否认以前曾发送过某条消息,那么他可以称其私钥已丢失或被盗用,其他人伪造了他的签名。可以通过在私钥的安全性方面进行控制来阻止或至少减少这种情况的发生。比较典型的做法,要求每条要签名的消息都包含一个时间戳(日期和时间),以及在密钥被泄密后应立即向管理中心报告。

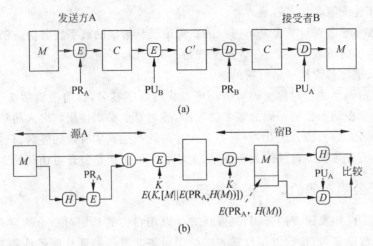

图 3-7　签名和保密

3.2.3　数字签名算法

自数字签名的概念被提出，人们设计了多种数字签名的算法。比较著名的有 RSA、ElGamal、Schnorr、DSS 等。

1. 基于 RSA 的数字签名

RSA 密码体制既可以用于加密，又可以用于签名。RSA 数字签名方案是最容易理解和实现的数字签名方案，其安全性基于大整数因子分解的困难性。

图 3-8 描述了基于 RSA 的数字签名方法。RSA 数字签名方法要使用一个散列函数，散列函数的输入是要签名的消息，输出是定长的散列码。发送方用其私钥和 RSA 算法对该散列码加密形成签名，然后发送消息及其签名。接收方收到消息后计算散列码，并用发送方的公钥对签名解密得到发送方计算的散列码，如果两个散列码相同，则认为签名是有效的。因为只有发送方拥有私钥，因此只有发送方能够产生有效的签名。

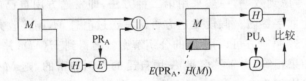

图 3-8　RSA 数字签名

2. 数字签名标准

美国国家标准与技术协会（NIST）于 1991 年提出了一个联邦数字签名标准，称为数字签名标准（DSS）。DSS 使用安全散列算法（SHA），给出了一种新的数字签名方法，即数字签名算法（DSA）。与 RSA 不同，DSS 是一种公钥方法，但只提供数字签名功能，不能用于加密或密钥分配。

DSS 数字签名方法如图 3-9 所示。

DSS 方法也使用散列函数，它产生的散列码和为此次签名而产生的随机数 k 作为签名函数的输入，签名函数依赖于发送方的私钥（PR$_A$）和一组参数，这些参数为一组通信伙伴所

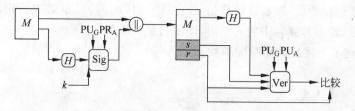

图 3-9　DSS 数字签名

共有,可以认为这组参数构成全局公钥(PU$_G$)。

接收方对接收到的消息产生散列码,这个散列码和签名一起作为验证函数的输入,验证函数依赖于全局公钥和发送方公钥 PU$_A$,若验证函数的输出等于签名中的 r 成分,则签名是有效的。签名函数保证只有拥有私钥的发送方才能产生有效签名。

DSA 安全性基于计算离散对数的困难性,并起源于 ElGamal 和 Schnorr 提出的数字签名方法。

图 3-10 归纳总结了 DSA 算法。公钥由三个参数 p、q、g 组成,并为一组用户所共有。首先选择一个 160 位的素数 q;然后选择一个长度在 512～1024 之间的素数 p,并且使得 q 是 $(p-1)$ 的素因子;最后选择形为 $h^{(p-1)/q} \bmod p$ 的 g,其中 h 是 1 到 $p-1$ 之间的整数,且 g 大于 1。

全局公钥组成	签名
p 素数,其中 $2^{L-1}<p<2^{L}$,$512 \leqslant L \leqslant 1024$ 且 L 是 64 的倍数,即 L 的位长在 512～1024 之间并且其增量为 64 位 $q(p-1)$ 的素因子,其中 $2^{159}<q<2^{160}$;即位长为 160 位 $g=h^{(p-1)/q} \bmod p$,其中 h 是满足 $1<h<(p-1)$,并且 $h^{(p-1)/q} \bmod p>1$ 的任何整数	$r=(g^k \bmod p) \bmod q$ $s=[k^{-1}(H(M)+xr)] \bmod q$ 签名 $=(r,s)$
用户的私钥	验证
x 为随机或伪随机整数且 $0<x<q$	$w=(s')^{-1} \bmod q$ $u_1=[H(M')w] \bmod q$ $u_2=(r')w \bmod q$ $v=[(g^{u1}y^{u2}) \bmod p] \bmod q$ 检验:$v=r'$
用户的公钥	
$y=g^x \bmod p$	M——表示要签名的消息 $H(M)$——表示使用 SHA-1 求得的 M 的散列码 M',r',s'——表示接收到的 M,r,s
与用户每条消息相关的秘密值	
k 等于随机或伪随机整数且 $0<k<q$	

图 3-10　数字签名算法 DSA

选定这些参数后,每个用户选择私钥并产生公钥。私钥 x 必须是随机或伪随机选择的素数,取值区间是 $[1,q-1]$。公钥则根据公式 $y=g^x \bmod p$ 计算得到。由给定的 x 计算 y 比较简单,而由给定的 y 确定 x 则在计算上是不可行的,因为这就是求 y 的以 g 为底的模 p 的离散对数,而求离散对数是困难的。

假设要对消息 M 进行签名。发送方需计算两个参数 r 和 s,它是公钥 (p,q,g)、用户私钥 (x)、消息的散列码 $H(M)$ 和附加整数 k 的函数,其中 k 是随机或伪随机产生的,$0<k<q$,且 k 对每次签名都是唯一的。

为了对签名进行验证,接收方计算值 v,它是公钥(p,q,g)、发送方公钥、接收到的消息的散列码的函数,若 v 与签名中的 r 相同,则签名是有效的。

图 3-11 描述了上述签名和验证函数。

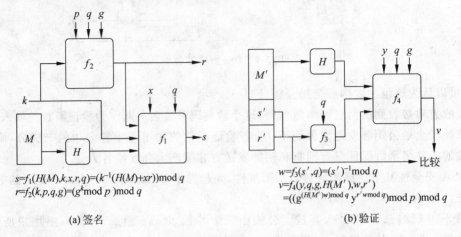

$s=f_1(H(M),k,x,r,q)=(k^{-1}(H(M)+xr))\bmod q$
$r=f_2(k,p,q,g)=(g^k\bmod p)\bmod q$

(a) 签名

$w=f_3(s',q)=(s')^{-1}\bmod q$
$v=f_4(y,q,g,H(M'),w,r')$
$\quad=((g^{H(M')w)\bmod q}\ y^{r'w\bmod q})\bmod p)\bmod q$

(b) 验证

图 3-11   DSS 签名和验证函数

DSA 算法有这样一个特点,接收端的验证依赖于 r,但是 r 却根本不依赖于消息,它是 k 和全局公钥的函数。$k(\bmod q)p$ 的乘法逆元传给函数的输入还包含消息的散列码和用户私钥,函数的这种结构使接收方可利用其收到的消息、签名、它的公钥以及全局公钥来恢复 r。

由于求离散对数的困难性,攻击者从 r 恢复出 k,或从 s 恢复出 x 都是不可行的。

思 考 题

1. 消息鉴别主要用于对抗哪些类型的攻击?
2. 根据鉴别符的生成方式,鉴别函数可以分为哪几类? 各自具有什么特点?
3. 什么是 MAC? 其实现的基本原理是什么?
4. 散列函数应该具有哪些安全特性?
5. 简述 SHA-1 算法处理消息和输出摘要的过程。
6. 什么是数字签名? 数字签名具有哪些特征?
7. 为什么说"消息鉴别无法处理内部矛盾,而数字签名可以"?
8. 简述基于公钥密码的数字签名原理。

第4章 身份认证

在现实世界中,人们常常被问到:你是谁? 为了证明自己的身份,人们通常要出示一些证件,比如身份证、户口本等。在计算机网络世界中,这个问题仍然非常重要。在进行通信之前,必须弄清楚对方是谁,即确定对方的身份,以确保资源被合法用户合理地使用。认证是防止主动攻击的重要技术,是安全服务的最基本内容之一。

计算机网络领域的身份认证是通过将一个证据与实体绑定来实现的。实体可能是用户、主机、应用程序甚至是进程。证据与身份之间是一一对应的关系。双方通信过程中,一方实体向另一方提供这个证据证明自己的身份,另一方通过相应的机制来验证证据,以确定该实体是否与证据所宣称的身份一致。身份认证技术在网络安全中处于非常重要的地位,是其他安全机制的基础。只有实现了有效的身份认证,才能保证访问控制、安全审计、入侵防范等安全机制的有效实施。

根据被认证实体的不同,身份认证包括两种情况:第一种是计算机认证人的身份,称之为用户认证;第二种是计算机认证计算机,主要出现在通信过程中的认证握手阶段。

本章首先介绍计算机认证人(用户认证)和计算机认证计算机(认证协议)的基本原理,然后介绍在网络上提供身份认证服务的三个标准:Kerberos、X.509 和 PKI。

4.1 用户认证

用户认证是由计算机对用户身份进行识别的过程,用户向计算机系统出示自己的身份证明,以便计算机系统验证确实是所声称的用户,允许该用户访问系统资源。一个典型的场景是用户要使用公共场所安装的工作站。用户认证的实质是计算机认证人的身份,以查明用户是否具有他所请求的信息使用权利。用户认证是对访问者授权的前提,即用户获得访问系统权限的第一步。若用户身份得不到系统的认可,则无法进入系统访问资源。

用户认证的依据主要包括以下三种:

所知道的信息,比如身份证号码、账号密码、口令等;

所拥有的物品,比如 IC 卡、USB Key 等;

所具有的独一无二的身体特征,比如指纹、虹膜、声音等。

4.1.1 基于口令的认证

1. 静态口令

基于用户名/口令的身份认证是最简单、最易实现、最容易理解和接受的一种认证技术,也是目前应用最广泛的认证方法。例如,操作系统及诸如邮件系统等一些应用系统的登录和权限管理,都是采用"用户账户加静态口令"的身份识别方式。口令是一种根据"所知道的信息"实现身份认证的方法,其优势在于实现的简单性,无需任何附加设备,成本低、速度快。

从技术角度讲,静态口令的认证必须解决下面两个问题。

(1) 口令存储

如果口令以明文方式存储,则易受字典攻击,例如用一个预先定义好的单词列表,逐一地尝试所有可能的口令的攻击方式。一般系统的口令文件存储的是口令的散列值,即使攻击者得到口令文件,由于散列函数的单向性,也无法得到用户口令。

(2) 口令传输

在网络环境中,基于口令的身份认证系统一般采用客户/服务器模式,如各种 Web 应用。服务器统一管理多个用户账户,用户口令要从客户机传送到服务器上进行验证。为了保证传输过程中口令的安全,一般采用双方协商好的加密算法或单向散列函数对口令进行处理后再传输。

静态基于口令的认证方式存在如下安全问题:

- 它是一种单因素的认证方式,安全性全部依赖于口令,口令一旦被泄漏,用户即可被冒充。
- 为了便于记忆,用户往往选择简单、容易被猜测的口令,如生日。这使得口令被攻击的难度大大降低。
- 口令在网络上传输的过程中可能被截获。
- 系统中所有用户的口令以文件形式存储在认证方,攻击者可以利用系统中存在的漏洞获取系统的口令文件。即使口令经过加密,如果口令文件被窃取,同样可以进行离线的字典式攻击。
- 用户在访问多个不同安全级别的系统时,都要求用户提供口令,用户为了记忆的方便,往往采用相同的口令。而低安全级别系统的口令更容易被攻击者获得,从而用来对高安全级别系统进行攻击。
- 口令方案无法抵抗重放攻击。
- 只能进行单向认证,即系统可认证用户,而用户无法对系统进行认证,攻击者有可能伪装成系统骗取用户的口令。

因此,传统的静态口令认证方式正受到越来越多的挑战,已经成为网络应用的薄弱环节。

2. 动态口令

为了有效地改进口令认证的安全性,人们提出了各种基于动态口令的身份识别方法。动态口令又叫做一次性口令,是指在用户登录系统进行身份认证的过程中,送入计算机系统的验证数据是动态变化的。动态口令的主要思路是在登录过程中加入不确定因素,如时间,系统执行某种加密算法 E(用户名＋密码＋时间),产生一个无法预测的动态口令,以提高登录过程安全性。

动态口令的产生方式一般有以下几种。

(1) 共享一次性口令表

系统和用户共享一个秘密口令表,每个口令只使用一次。用户登录时,系统需要检查用户的口令是否使用过。

(2) 口令序列

用户拥有一个长度为 N、单向的、根据某种单向算法前后相关的口令序列,每个口令只使用一次,而计算机系统只记录一个口令,假设是第 M 个。用户用第 $M-1$ 个口令登录时,系统用单向算法计算第 M 个口令,并与自己保存的第 M 个口令比对,实现对用户的认证。用户登录 N 次后,必须重新初始化口令序列。

（3）挑战-响应方式

用户登录时,系统产生一个随机数发送给用户。用户使用某种单向算法将自己的口令和随机数混合起来运算,并将结果发送给系统。系统用同样的方式进行运算,并通过结果比对实现对用户的认证。

（4）时间-事件同步机制

这种方式可以看做"挑战-响应"方式的变形,区别在于以用户登录时间作为随机因素。这种方式要求双方的时间要同步。

典型地,基于电子令牌卡生成口令的工作原理如下：

用户和计算机系统之间共享同一个用户口令。用户还拥有一种叫做动态令牌的专用硬件,内置电源、密码生成芯片和显示屏,并拥有一个运行专门的密码算法的密码生成芯片。当用户向认证系统发出登录请求时,认证系统向用户发送挑战数据。挑战数据通常是由两部分组成的,一部分是种子值,它是分配给用户的在系统内具有唯一性的一个数值,而另一部分是随时间或次数不断变化的数值。用户接收到挑战后,将种子值、随机数值和用户口令输入到动态令牌中进行计算,并把结果作为应答发送给远程认证系统。远程认证系统使用相同的算法和数据进行计算,与从用户那里接收到的应答数据进行对比,认证用户的合法性。

动态口令具有以下几个技术特点：

（1）动态性。登录口令是不断变化的。

（2）随机性。口令的产生是随机的,具有不可预测性。

（3）一次性。每个口令只使用一次,以后不再使用。

（4）方便性。用户不需记忆口令。

因此,动态口令极大地提高了用户身份认证的安全性。

4.1.2 基于智能卡的认证

智能卡(Smart Card)是一种集成的带有智能的电路卡,内置可编程的微处理器,可存储数据,并提供硬件保护措施和加密算法。在智能卡中存储用户个性化的秘密信息,同时在验证服务器中也存放该秘密信息,进行认证时,用户输入 PIN(个人身份识别码),智能卡认证 PIN 成功后,即可读出智能卡中的秘密信息,进而利用该秘密信息与主机之间进行认证。其中,基于 USB Key 的身份认证是当前比较流行的智能卡身份认证方式。

USB Key 结合了现代密码学技术、智能卡技术和 USB 技术,具有以下特点：

- 双因子认证。每一个 USB Key 都具有硬件 PIN 码保护,PIN 码和硬件构成了用户使用 USB Key 的两个必要因素,即所谓的"双因子认证"。用户只有同时取得了 USB Key 和用户 PIN 码,才可以登录系统。即使用户的 PIN 码泄漏,只要用户持有的 USB Key 不被盗取,其合法用户的身份就不会被假冒；如果用户的 USB Key 遗失,拾到者由于不知道用户的 PIN 码,因此也无法假冒合法用户的身份。
- 带有安全存储空间。USB Key 具有 8～128KB 的安全数据存储空间,可以存储数字证书、用户密钥等秘密数据,对该存储空间的读写操作必须通过程序实现,用户无法直接读取,其中用户私钥是不可导出的,杜绝了复制用户数字证书或身份信息的可能性。

- 硬件实现加密算法。USB Key 内置 CPU 或智能卡芯片,可以实现数据摘要、数据加解密和签名的各种算法,加解密运算在 USB Key 内进行,保证了用户密钥不会出现在计算机内存中,从而杜绝了用户密钥被黑客截取的可能性。
- 便于携带,安全可靠。如拇指般大的 USB Key 非常便于随身携带,并且密钥和证书不可导出;USB Key 的硬件不可复制,进一步提高了安全性。

基于 USB Key 的身份认证主要包括以下几种方式:

(1) 基于挑战/应答的双因子认证方式。先由客户端向服务器发出一个验证请求,服务器接到此请求后生成一个随机数(此为挑战)并通过网络传输给客户端。客户端将收到的随机数通过 USB 接口提供给计算单元,由计算单元使用该随机数与存储在安全存储空间中的密钥进行运算并得到一个结果(此为应答)作为认证证据传给服务器。与此同时,服务器也使用该随机数与存储在服务器数据库中的该客户密钥进行相同的运算,如果服务器的运算结果与客户端回传的响应结果相同,则认为客户端是一个合法用户。密钥运算分别在硬件计算单元和服务器中运行,不出现在客户端内存中,也不在网络上传输,从而保护了密钥的安全,也就保护了用户身份的安全。

(2) 基于数字证书的认证方式。随着 PKI 技术日趋成熟,许多应用中开始使用数字证书进行身份认证与数据加密。数字证书是由权威公正的第三方机构(即 CA 中心)签发的,以数字证书为核心的加密技术,可以对网络上传输的信息进行加密和解密、数字签名和签名验证,确保网上传递信息的机密性、完整性,以及交易实体身份的真实性,签名信息的不可否认性,从而保障网络应用的安全性。USB Key 作为数字证书的存储介质,可以保证数字证书不被复制,并可以实现数字证书的所有功能。

基于智能卡的身份认证也有其严重的缺陷:系统只认卡不认人,智能卡可能丢失,拾到或窃得智能卡的人有可能假冒原持卡人的身份。而且对于智能卡认证,需要在每个认证端添加读卡设备,增加了硬件成本。

4.1.3　基于生物特征的认证

基于生物特征识别的认证方式以人体具有的唯一的、可靠的、终生稳定的生物特征为依据,利用计算机图像处理和模式识别技术来实现身份认证。生物特征识别技术目前主要利用指纹、声音、虹膜、视网膜、脸形、掌纹这几个方面的特征进行识别。

与传统的身份认证技术相比,基于生物特征的身份认证技术具有以下优点:

- 不易遗忘或丢失。
- 防伪性能好,不易伪造或被盗。
- "随身携带",方便使用。

目前,已有的生物特征识别技术主要有指纹识别、掌纹识别、手形识别、人脸识别、虹膜识别、视网膜识别、声音识别和签名识别等。其中,指纹识别是最早研究并应用的,且是最方便、最可靠的生物识别技术之一。指纹识别主要包括三个过程:指纹图像读取、特征提取、比对。首先,通过指纹读取设备读取到人体指纹的图像,进行初步的处理,使之清晰;然后,通过指纹图像进行指纹特征数据的提取,这是一种单方向的转换;最后,计算机通过某种指纹匹配算法进行比对,得到两个指纹的匹配结果。

此外,人们还研究了其他的一些生物特征,如手部静脉血管模式、DNA、耳形、身体气味、击键的动态特性、指甲下面的真皮结构等。这些技术与上述的几大技术相比,普遍性较差,主要用于一些特定的应用领域。

尽管生物学特征的身份验证机制提供了很高的安全性,但其生物特征信息采集、认证装备的成本较高,只适用于安全级别比较高的场所。

4.2　认　证　协　议

在开放的网络环境中,为了确保通信的安全,一般都要求有一个初始的认证握手过程,以实现对通信双方或某一方的身份验证过程。身份认证协议在网络安全中占据十分重要的地位,对网络应用的安全有着非常重要的作用。

4.2.1　单向认证

单向认证是指通信双方中,只有一方对另一方进行认证。通常,单向认证协议包括三个步骤:应答方 B 通过网络发送一个挑战;发起方 A 回送一个对挑战的响应;应答方 B 检查此响应,然后再进行通信。单向认证既可以采用对称密码技术实现,也可以采用公钥密码技术实现。

基于对称加密的单向认证方案如图 4-1 所示。

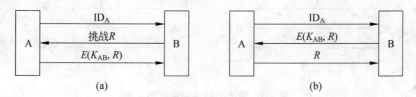

图 4-1　基于对称加密的单向认证

在图 4-1(a)所示的协议中,B 随机选择一个挑战 R 发送给 A,A 收到后使用共享的密钥 K_{AB} 加密 R 并将解密结果发送给 B,则 B 加密得到 R',通过验证 $R=R'$ 来实现对 A 的单向身份认证。图 4-1(b)所示协议是图 4-1(a)的一个变形。B 随机选择一个挑战 R,并将 R 加密发送给 A。A 收到后使用共享的密钥 K_{AB} 解密收到的数据,得到 R' 并发送给 B。同样,B 可以验证 $R=R'$ 来实现对 A 的单向身份认证。

假设存在一个密钥分配中心(Key Distribution Center,KDC),并且基于对称加密实现单向认证,如图 4-2 所示。

每个用户与密钥分配中心共享唯一的一个主密钥,A 有一个除了它之外只有 KDC 知道的密钥 K_A,同样,B 也有这样一个 K_B。设 A 要与 B 建立一个逻辑连接,需要用一个一次性的会话密钥来保护数据的传输。具体过程如下:

(1) A 向 KDC 请求一个会话密钥以保护与 B 的逻辑连接。消息中有 A 和 B 的标识及

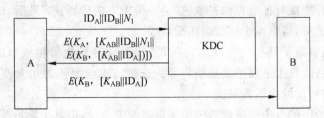

图 4-2　基于对称加密的、KDC 干预的单向认证

唯一的标识 N_1，这个标识称为**临时交互号**(nonce)。

(2) KDC 以用 K_A 加密的消息做出响应。消息中有两项内容是给 A 的：

- 一次性会话密钥 K_{AB}，用于会话。
- 原始请求消息，包括临时交互号，以使 A 使用适当的请求匹配这个响应。

此外，消息中有两项内容是给 B 的：

- 一次性会话密钥 K_{AB}，用于会话。
- A 的标识符 ID_A。

这两项用 K_B(KDC 与 B 共享的主密钥)加密。它们将发送给 B，以建立连接并证明 A 的标识。

(3) A 存下会话密钥备用，并将消息的后两项发给 B，即 $E(K_B, [K_{AB} \| ID_A])$。现在 B 已知道会话密钥 K_{AB}，知道它稍后的通话伙伴是 A(来自 ID_A)，且知道这些消息来自于 KDC (因为它是用 K_B 加密的)。至此，B 实现了对 A 的认证过程。

基于公钥加密的简单单向认证方案如图 4-3 所示。

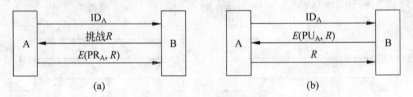

图 4-3　基于公钥加密的单向认证

在图 4-3(a)所示的方案中，B 给 A 发送一个挑战，而 A 则用自己的私钥对 R 加密，B 可以通过 A 的公钥解密并验证 A 的身份。图 4-3(b)中，B 将挑战 R 用 A 的公钥加密后发送，A 则用自己的私钥解密得到 R'，B 通过验证 $R=R'$ 来实现对 A 的单向身份认证。

4.2.2　双向认证

双向认证是一个重要的应用领域，指通信双方相互验证对方的身份。双向认证协议可以使通信双方确信对方的身份并交换会话密钥。保密性和及时性是认证的密钥交换中两个重要的问题。为防止假冒和会话密钥的泄密，用户标识和会话密钥这样的重要信息必须以密文的形式传送，这就需要事先已有能用于这一目的的密钥或公钥。因为可能存在消息重放，所以及时性非常重要，在最坏的情况下，攻击者可以利用重放攻击威胁会话密钥或者成功地假冒另一方。

对付重放攻击的方法之一是，在每个用于认证交换的消息后附加一个序列号，只有序列号正确的消息才能被接受。但是这种方法存在这样一个问题,即它要求每一通信方都要记录其他通信各方的序列号,因此,认证和密钥交换一般不使用序列号,而是使用下列两种方法之一:

- **时间戳**:仅当消息包含时间戳并且在 A 看来这个时间戳与其所认为的当前时间足够接近时,A 才认为收到的消息是新消息,这种方法要求通信各方的时钟应保持同步。
- **挑战/应答**:若 A 要接收 B 发来的消息,则 A 首先给 B 发送一个临时交互号(挑战),并要求 B 发来的消息(应答)包含该临时交互号。

时间戳方法不适合于面向连接的应用。第一,它需要某种协议保持通信各方的时钟同步,为了能够处理网络错误,该协议必须能够容错,并且还应能抗恶意攻击;第二,如果由于通信一方的时钟机制出错而使同步失效,那么攻击成功的可能性就会增大;第三,由于各种不可预知的网络延时,不可能保持各分布时钟精确同步。因此,任何基于时间戳的程序都应有足够长的时限以适应网络延时,同时应有足够短的时限以使攻击的可能性最小。

另一方面,挑战/应答不适合于无连接的应用,因为它要求在任何无连接传输之前必须先握手,这与无连接的主要特征相违背。

与单向认证类似,双向认证既可以采用对称密码技术实现,也可以采用公钥密码技术实现。

1. 基于对称加密的双向认证

可以通过使用两层对称加密密钥的方式来保证分布式环境中通信的保密性。通常,这种方法要使用一个可信的密钥分配中心。在网络中,各方与 KDC 共享一个称为主密钥的密钥,KDC 负责产生通信双方通信时短期使用的密钥(称为会话密钥),并用主密钥保护这些会话密钥的分配。基于 KDC 实现双向认证的经典协议是由 Needham 和 Schroder 设计的一个协议,如图 4-4 所示。

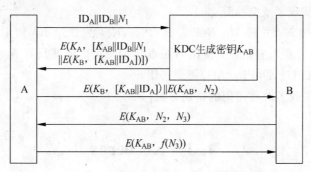

图 4-4 基于对称加密的双向认证

该协议可归纳如下:

(1) A→KDC: $\quad$ $ID_A \parallel ID_B \parallel N_1$

(2) KDC→A: $\quad$ $E(K_A, [K_{AB} \parallel ID_B \parallel N_1 \parallel E(K_B, [K_{AB} \parallel ID_A])])$

(3) A→B: $\quad$ $E(K_B, [K_{AB} \parallel ID_A]) \parallel E(K_{AB}, N_2)$

(4) B→A: $\quad$ $E(K_{AB}, N_2, N_3)$

(5) A→B: $\quad$ $E(K_{AB}, f(N_3))$

A、B 和 KDC 分别共享密钥 K_A 和 K_B,该协议的目的是保证将会话密钥 K_{AB} 安全地分配给 A 和 B。A 首先告诉 KDC,要和 B 通信。N_1 的作用是防止攻击方通过消息重放假冒 KDC。在步骤(2),A 安全地获得新的会话密钥 K_{AB}。在步骤(3),A 发送一个包括两个部分的消息给 B:第一部分来自 KDC,是用 K_B 加密的会话密钥 K_{AB} 和 A 的标识,第二部分是用 K_{AB} 加密的挑战 N_2。在步骤(4),B 解密得到会话密钥 K_{AB} 和挑战 N_2,然后 B 用 K_{AB} 加密 N_2 和新的挑战 N_3,并发送给 A,N_2 的作用是证明 B 知道 K_{AB},N_3 的作用是要求 A 证明自己知道 K_{AB}。步骤(5)使 B 确信 A 已知 K_{AB}。至此,A 和 B 相互认证了对方的身份,并且建立了会话密钥 K_{AB}。

2. 基于公钥加密的双向认证

用公钥密码进行会话,密钥分配的方法见图 4-5。

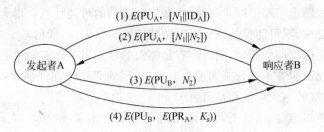

(1) $E(PU_A, [N_1 \| ID_A])$

(2) $E(PU_A, [N_1 \| N_2])$

发起者A　　　响应者B

(3) $E(PU_B, N_2)$

(4) $E(PU_B, E(PR_A, K_s))$

图 4-5　基于公钥密码的双向认证

(1) A 用 B 的公钥对含有其标识 ID_A 和挑战(N_1)的消息加密,并发送给 B。其中 N_1 用来唯一标识本次交易。

(2) B 发送一条用 PU_A 加密的消息,该消息包含 A 的挑战(N_1)和 B 产生的新挑战(N_2)。因为只有 B 可以解密消息(1),所以消息(2)中的 N_1 可使 A 确信其通信伙伴是 B。

(3) A 用 B 的公钥对 N_2 加密,并返回给 B,这样可使 B 确信其通信伙伴是 A。

至此,A 与 B 实现了双向认证。

(4) A 选择密钥 K_s,并将 $M = E(PU_B, E(PR_A, K_s))$ 发送给 B。使用 B 的公钥对消息加密可以保证只有 B 才能对它解密;使用 A 的私钥加密可以保证只有 A 才能发送该消息。

(5) B 计算 $D(PU_A, D(PR_B, M))$ 得到密钥。

步骤(4)、(5)实现了对称密码的密钥分配。

4.3　Kerberos

Kerberos 是 20 世纪 80 年代美国麻省理工学院(MIT)开发的一种基于对称密码算法的网络认证协议,允许一个非安全的网络上的两台计算机通过交换加密消息互相证明身份。一旦身份得到验证,Kerberos 协议就给这两台计算机提供密钥,以进行安全的通信。

Kerberos 阐述了这样一个问题:假设有一个开放的分布环境,用户通过用户名和口令登录到工作站。从登录到登出的这段时间称为一个登录会话。在某个登录过程中,用户可能希望通过网络访问各种远程资源,这些资源需要认证用户的身份。用户工作站替用户实施认证过程,以获得资源使用权,而用户无需知道认证的细节。服务器能够只对授权用户提供服务,并能鉴别服务请求的种类。

Kerberos 的设计目的就是解决分布式网络环境下,用户访问网络资源时的安全问题,即工作站的用户希望获得服务器上的服务,服务器能够对服务请求进行认证,并能限制授权用户的访问。

Kerberos 是为 TCP/IP 网络设计的可信第三方认证协议,利用可信第三方 KDC 进行集中的认证。

目前常用的 Kerberos 有两个版本。版本 4 被广泛使用,而版本 5 改进了版本 4 的安全性,并成为 Internet 标准草案(RFC 1510)。

4.3.1　Kerberos 版本 4

Kerberos 通过提供一个集中的认证服务器来负责用户对服务器的认证和服务器对用户的认证。Kerberos 的实现包括一个运行在网络上某个物理安全结点处的密钥分发中心以及一个函数库,各需要认证用户身份的分布式应用程序调用这个函数库实现对用户的认证。Kerberos 的设计目标是使用户通过用户名和口令登录到工作站,工作站基于口令生成密钥,并使用密钥和 KDC 联系,以代替用户获得远程资源的使用授权。

1. Kerberos 配置

Kerberos 的版本 4 在协议中使用 DES 来提供认证服务。每个实体都有自己的密钥,称为该实体的主密钥,这个主密钥是和 KDC 共享的。用户主密钥由用户口令生成,因此用户需要记住自己的口令;而网络设备则存储自己的主密钥。Kerberos 服务器称为 KDC,包括两个重要的模块:认证服务器(Authentication Server, AS)和门票授权服务器(TGS)。KDC 有一个记录实体名字和相应主密钥的数据库。为保证 KDC 数据库的安全,这些实体主密钥用 KDC 的主密钥加密。

用户通过用户名和口令登录到工作站,主密钥根据其口令生成。工作站可以记住用户名和口令,并使用这些信息来完成后面的认证过程。但是这样做不是很安全。如果用户在登录会话的过程中运行了不可信软件,则易造成口令的泄漏。为了降低风险,在用户登录后,工作站首先向 KDC 申请一个会话密钥,而且只用于本次会话。随后,工作站忘掉用户名和口令,使用这个会话密钥和 KDC 联系,完成认证的过程,获得远程资源的使用授权。会话密钥只在一段时间内有效,这大大降低了因该密钥泄漏造成安全问题的风险。

2. 服务认证交换:获得会话密钥和 TGT

在用户 A 登录工作站的时候,工作站向 AS 申请会话密钥。AS 生成一个会话密钥 S_A 并用 A 的主密钥加密发送给 A 的工作站。此外,AS 还发送一个门票授权门票(Ticket-Granting Ticket, TGT),TGT 包含用 KDC 主密钥加密的会话密钥 S_A、A 的 ID 以及密钥过期时间等信息。A 的工作站用 A 的主密钥解密,然后工作站就可以忘记 A 的用户名和口令,而只需要记住 S_A 和 TGT。每当用户申请一项新的服务,客户端则用 TGT 证明自己的身份,向 TGS 发出申请。此过程如图 4-6 所示。

用户 A 输入用户名和口令登录工作站,工作站以明文方式发送请求消息给 KDC,消息中包括 A 的用户名。收到请求后,KDC(AS 模块)使用 A 的主密钥加密访问 TGS 所需的证书,该证书包括:

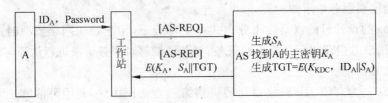

图 4-6　获得会话密钥和 TGT

- 会话密钥 S_A。
- TGT。TGT 包括会话密钥、用户名和过期时间,并用 KDC 的主密钥加密,因此只有 KDC 才可以解密该 TGT。

证书使用 A 的主密钥 K_A 加密,并发送给 A 的工作站。工作站将 A 的口令转换为 DES 密钥。工作站收到证书后,就用密钥解密证书,如果解密成功,则工作站抛弃 A 的主密钥,只保留 TGT 和会话密钥。

Kerberos 中,将工作站发送给 KDC 的请求称为 KRB_AS_REQ,即 Kerberos 认证服务请求(Kerberos Authentication Server Request);将 KDC 的应答消息称为 KRB_AS_REP,即 Kerberos 认证服务响应(Kerberos Authentication Server Response)。消息交换过程可以简单描述为:

(1) A→AS:$ID_A \parallel ID_{TGS} \parallel TS_1$

(2) AS→A:$E(K_A,[S_A \parallel ID_{tgs} \parallel TS_2 \parallel Lifetime_2 \parallel TGT])$

$TGT = E(K_{KDC},[S_A \parallel ID_A \parallel AD_A \parallel ID_{tgs} \parallel TS_2 \parallel Lifetime_2])$

两条消息包含的具体元素如表 4-1 所示。

表 4-1　服务认证交换:获得 TGT

KRB_AS_REQ:用户申请 TGT	
ID_A	告知 AS 客户端的用户标识
ID_{tgs}	告知 AS 用户请求访问 TGS
TS_1	使 AS 能验证客户端时钟是否与 AS 时钟同步
KRB_AS_REP:AS 返回 TGT	
K_A	基于用户口令的密钥使得 AS 与客户端能验证口令,保护消息的内容
S_{As}	客户端可访问的会话密钥,由 AS 创建,使得客户端和 TGS 在不需要共享永久密钥的前提下安全交换信息
ID_{tgs}	标识该门票是为 TGS 生成的
TS_2	通知客户端门票发放的时间戳
$Lifetime_2$	通知客户端门票的生命期
TGT	客户端用于访问 TGS 的门票

3. 服务授权门票交换:请求访问远程资源

有了 TGT 和会话密钥,A 就可以与 TGS 通话。假设 A 请求访问远程服务器 B 的资源。由 A 向 TGS 发送消息,消息中包含 TGT 和所申请服务的标识 ID。另外,此消息中还包含一个认证值,包括 B 的用户标识 ID、网络地址和时间戳。与 TGT 的可重用性不同,此认证值仅能使用一次且生命期极短。Kerberos 中将这个请求消息称为 KRB_TGS_REQ。

当 TGS 接到 KRB_TGS_REQ 消息后,用 S_A 解密 TGT,TGT 包含的信息说明用户 A 已得到会话密钥 S_A,即相当于宣布"任何使用 S_A 的用户必为 A"。接着,TGS 使用该会话密钥解密认证消息,用得到的信息检查消息来源的网络地址,若匹配,则 TGS 确认该门票的发送者与门票的所有者是一致的,从而验证了 A 的身份。

TGS 为 A 与 B 生成一个共享密钥 K_{AB},并给 A 生成一个访问 B 的服务授权门票,门票的内容是使用 B 的主密钥加密的共享密钥 K_{AB} 和 A 的 ID。A 无法读取门票中的信息,因为门票用 B 的主密钥加密。为了获得 B 上的资源使用授权,A 将门票发送给 B,B 可以解密该门票,获得会话密钥 K_{AB} 和 A 的 ID。然后,TGS 给 A 发送一个应答消息,此消息称为 KRB_TGS_REP,用 TGS 和 A 的共享会话密钥加密。此应答消息内容包括 A 与服务器 B 的共享密钥 K_{AB}、服务器 B 的标识 ID 以及 A 访问 B 的服务授权门票。

服务授权门票的消息交换过程如图 4-7 所示。

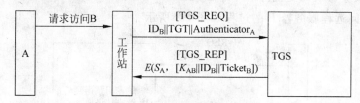

图 4-7　获得服务授权门票

这一消息交换过程可以简单描述为:

(1) A→TGS:$ID_B \parallel TGT \parallel Authenticator_A$

(2) TGS→A:$E(S_A,[K_{AB} \parallel ID_B \parallel TS_4 \parallel Ticket_B])$

　　　　　$TGT = E(K_{KDC},[S_A \parallel ID_A \parallel AD_A \parallel ID_{tgs} \parallel TS_2 \parallel Lifetime_2])$

　　　　　$Ticket_B = E(K_B,[K_{AB} \parallel ID_A \parallel AD_A \parallel ID_B \parallel TS_4 \parallel Lifetime_4])$

　　　　　$Authenticator_A = E(S_A,[ID_A \parallel AD_A \parallel TS_3])$

两条消息的具体元素如表 4-2 所示。

表 4-2　服务授权门票交换

KRB_TGS_REQ:客户端申请服务授权门票	
ID_B	告知 TGS 用户希望访问的服务器 B
TGT	告知 TGS 该用户已被 AS 认证
$Authenticator_A$	客户端生成的合法门票
KRB_TGS_REP:TGS 返回服务授权门票	
S_A	用 A 与 TGS 共享的密钥保护消息的内容
K_{AB}	客户端可访问的会话密钥,由 TGS 创建,使得客户端和服务器在不需要共享永久密钥的前提下安全交换信息
ID_B	标识该门票是为服务器 B 生成的
TS_4	通知客户端门票发放的时间戳
$Ticket_B$	客户端用于访问服务器 B 的门票
TGT	重用,以免用户重新输入口令
K_{KDC}	由 AS 和 TGS 共享的密钥加密的门票,防止伪造
S_A	TGS 可访问的会话密钥,用于解密认证消息即认证门票

ID_A	标识门票的合法所有者
AD_A	防止门票在与申请门票时不同的工作站上使用
ID_{tgs}	向服务器确保门票解密正确
TS_2	通知 TGS 门票发放的时间
$Lifetime_2$	防止门票过期后继续便用
$Authenticator_A$	向 TGS 确保此门票的所有者与门票发放时的所有者相同，用短生命期防止重用
S_A	用客户端与 TCS 共享的密钥加密认证消息，防止伪造
ID_A	门票中必须与认证消息匹配的标识 ID
AD_A	门票中必须与认证消息匹配的网络地址
TS_3	通知 TGS 认证消息的生成时间

4. 客户/服务器认证交换：访问远程资源

用户 A 访问远程服务器 B 的过程如图 4-8 所示。

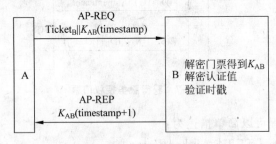

图 4-8　访问远程资源

用户 A 的工作站给服务器 B 发送一个请求消息，此消息在 Kerberos 中称为 KRB_AP_REQ，即"应用请求"消息。AP_REQ 包含访问 B 的门票和认证值。认证值的形式是用 A 和 B 共享的会话密钥 K_{AB} 加密当前时间。

B 解密 A 发送的门票得到密钥 K_{AB} 和 A 的 ID。然后，B 解密认证值以确认和他通信的实体确实知道密钥，同时检查时间，以保证这个消息不是重放消息。现在，B 已经认证了 A 的身份。B 的应答消息在 Kerberos 中称为 KRB_AP_REP。AP_REP 的消息作用是为了实现 A 对 B 的认证。具体实现机制是 B 将解密得到的时间值加 1，用 K_{AB} 加密后发回给 A。A 解密消息后可得到增加后的时间戳，由于消息是被会话密钥加密的，因此 A 可以确信此消息只可能由服务器 B 生成。消息中的内容确保该应答不是一个对以前消息的应答。

至此，客户端 A 与服务器 B 实现了双向认证，并共享一个密钥 K_{AB}，该密钥可以用于加密在它们之间传递的消息或交换新的随机会话密钥。

这一消息交换过程可以简单描述为：

(1) A→B 　　　　　　$Ticket_B \parallel Authenticator_A$

(2) B→A 　　　　　　$E(K_{AB}, [TS_5 + 1])$（对所有认证）

$$Ticket_B = E(K_B, [K_{AB} \parallel ID_A \parallel AD_A \parallel ID_B \parallel TS_4 \parallel Lifetime_4])$$

$$Authenticator_A = E(K_{AB}, [ID_A \parallel AD_A \parallel TS_5])$$

表 4-3 总结了这一阶段两条消息中的各元素。

表 4-3　客户/服务认证交换

KRB_AP_REQ：客户端申请服务	
$Ticket_B$	向服务器证明该用户通过了 AS 的认证
$Authenticator_B$	客户端生成的合法门票
KRB_AP_REP：可选的客户端认证服务器	
K_{AB}	向客户端 A 证明该消息来源于服务器 B
$TS_5 + 1$	向客户端 A 证明该应答不是对以前消息的应答
$Ticket_B$	可重用,使得用户在多次使用同一服务器时不需要向 TGS 申请新门票
K_B	用 TGS 与服务器共享的密钥加密的门票,防止仿造
K_{AB}	客户端可访问的会话密钥,用于解密认证消息
ID_A	标识门票的合法所有者
AD_A	防止门票在与申请门票时不同的工作站上使用
ID_B	确保服务器能正确解密门票
TS_4	通知服务器门票发放的时间
$Lifetime_4$	防止门票超时使用
$Authenticator_A$	向服务器确保此门票的所有者与门票发放时的所有者相同,用短生命期防止重用
K_{AB}	用客户端与服务器共享的密钥加密的认证消息,防止假冒
ID_A	门票中必须与认证消息匹配的标识 ID
AD_A	门票中必须与认证消息匹配的网络地址
TS_5	通知服务器认证消息的生成时间

5. Kerberos 域和多重 Kerberos

Kerberos 环境包括 Kerberos 服务器、若干客户端和若干应用服务器:

(1) Kerberos 服务器必须有存放用户标识(UID)和用户口令的数据库,所有用户必须在 Kerberos 服务器注册。

(2) Kerberos 服务器必须与每个应用服务器共享一个特定的密钥,所用应用服务器必须在 Kerberos 服务器注册。

这种环境称为一个 Kerberos 域。Kerberos 域是一组受管结点,它们共享同一Kerberos 数据库。Kerberos 数据库驻留在 Kerberos 主控计算机系统上,该计算机系统应位于物理上安全的房间内。Kerberos 数据库的只读副本也可以驻留在其他 Kerberos 计算机系统上。但是,对数据库的所有更改都必须在主控计算机系统进行。更改或访问Kerberos 数据库要求有 Kerberos 主控密码。还有一个概念是 Kerberos 主体,它是Kerberos 系统指导的服务或用户。每个 Kerberos 主体通过主体名称进行标识。主体名称由三部分组成:服务或用户名称、实例名称以及域名。

隶属于不同行政机构的客户/服务器网络通常构成了不同的域,在一个 Kerberos 服务器中注册的客户与服务器属于同一个行政区域,但由于一个域中的用户可能需要访问另一个域中的服务器,而某些服务器也希望能给其他域的用户提供服务,因此也应该为这些用户提供认证。

Kerberos 提供了一种支持这种域间认证的机制。为支持域间认证,应满足一个需求:每个互操作域的 Kerberos 服务器应共享一个密钥,双方的 Kerberos 服务器应相互注册。

这种模式要求一个域的 Kerberos 服务器必须信任其他域的 Kerberos 服务器对其用户

的认证。另外,其他域的应用服务器也必须信任第一域中的 Kerberos 服务器。

有了以上规则,就可以用图 4-9 来描述该机制:当用户访问其他域的服务时,必须获得其他域中该服务的服务授权门票。用户按照通常的程序与本地 TGS 交互,并申请获得远程 TGS(另一个域的 TGS)的门票授权门票。客户端可以向远程 TGS 申请远程 TGS 域中服务器的服务授权门票。

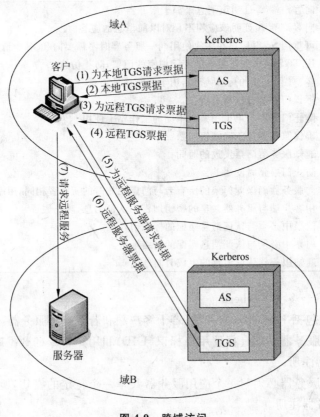

图 4-9　跨域访问

送往远程服务器(V_{rem})的门票表明了用户原认证所在的域,服务器可以决定是否接收远程请求。

4.3.2　Kerberos 版本 5

Kerberos 版本 5 对版本 4 存在的一些缺陷进行了改进。

(1) **加密系统依赖性**:版本 4 使用 DES,因此,它依赖于 DES 的强度,而 DES 的安全性一直受到人们的质疑;而且,DES 还有出口限制。版本 5 用加密类型标记密文,使得可以使用任何加密技术。加密密钥也加上类型和长度标记,允许不同的算法使用相同的密钥。

(2) **Internet 协议依赖性**:版本 4 需要使用 IP 地址,不支持其他地址类型。版本 5 用类型和长度标记网络地址,允许使用任何类型的网络地址。

(3) **消息字节顺序**:在版本 4 中,由消息的发送者用标记说明规定消息的字节顺序,而不遵循已有的惯例。在版本 5 中,所有消息结都遵循抽象语法表示(ASN. 1)和基本编码规则(BER)的规定,提供一个明确无二义的消息字节顺序。

（4）**门票的生命期**：版本 4 中，门票的生命期用一个 8 位表示，每单位代表 5 分钟。因此，最大生命期为 $2^8 \times 5 = 1280$ 分钟，约为 21 小时。这对某些应用可能不够长。在版本 5 中，门票中包含了精确的起始时间和终止时间，允许门票拥有任意长度的生命期。

（5）**向前认证**：在版本 4 中，不允许发给一个客户端的证书被转发到其他主机或被其他用户进行其他相关操作。此操作是指服务器为了完成客户端请求的服务而请求其他服务器协作的能力，例如，客户端申请打印服务器的服务，而打印服务器需要利用客户端证书访问文件服务器得到客户文件。版本 5 提供了这项功能。

（6）**域间认证**：版本 4 中，N 个域的互操作需要 N^2 个 Kerberos-to-Kerberos 关系。版本 5 中支持一种需要较少连接的方法。

（7）**冗余加密**：版本 4 中，对提供给客户端的门票进行两次加密，第一次使用的是目标服务器的密钥，第二次使用的是客户端密钥。版本 5 取消了第二次加密，即用用户密钥进行的加密，因为第二次加密并不是必需的。

（8）**PCBC 加密**：版本 4 加密使用 DES 的非标准模式 PCBC，此种模式已被证明易受交换密码块攻击。版本 5 提供了精确的完整性检查机制，并能够用标准的 CBC 模式加密。

（9）**会话密钥**：版本 4 中，每张门票中包含一个会话密钥，此门票被多次用来访问同一服务器，因而有可能遭受重放攻击。在版本 5 中，客户端与服务器可以协商一个用于特定连接的子会话密钥，每个子会话密钥仅被使用一次。这种新的客户端访问方式将会减少重放攻击的机会。

表 4-4 描述了版本 5 的基本会话。

表 4-4 Kerberos 版本 5 消息交换

（a）认证服务交换：获取门票授权门票

(1) A→AS	$Options \parallel ID_A \parallel Realm_A \parallel ID_{tgs} \parallel Times \parallel Nonce_1$
(2) AS→A	$Realm_A \parallel ID_A \parallel Ticket_{tgs} \parallel E(K_A, [S_A \parallel Times \parallel Nonce_1 \parallel Realm_{tgs} \parallel ID_{tgs}])$
	$Ticket_{tgs} = E(K_{tgs}, [Flags \parallel S_A \parallel Realm_A \parallel ID_A \parallel AD_A \parallel Times])$

（b）服务授权门票交换：获取服务授权门票

(3) A→TGS	$Options \parallel ID_B \parallel Times \parallel Nonce_2 \parallel Ticket_{tgs} \parallel Authenticator_A$
(4) TGS→A	$Realm_A \parallel ID_A \parallel Ticket_B \parallel E(S_A, [K_{AB} \parallel Times \parallel Nonce_2 \parallel Realm_B \parallel ID_B])$
	$Ticket_{tgs} = E(K_{tgs}, [Flags \parallel S_A \parallel Realm_A \parallel ID_A \parallel AD_A \parallel Times])$
	$Ticket_B = E(K_B, [Flags \parallel K_{AB} \parallel Realm_B \parallel ID_A \parallel AD_A \parallel Times])$
	$Authenticator_A = E(S_A, [ID_A \parallel Realm_A \parallel TS_1])$

（c）客户/服务器认证交换：获取服务

(5) A→B	$Options \parallel Ticket_B \parallel Authenticator_A$
(6) B→A	$E(K_{AB}, [TS_2 \parallel Subkey \parallel Seq\#])$
	$Ticket_B = E(K_B, [Flags \parallel K_{AB} \parallel Realm_A \parallel ID_A \parallel AD_A \parallel Times])$
	$Authenticator_A = E(K_{AB}, [ID_A \parallel Realm_A \parallel TS_2 \parallel Subkey \parallel Seq\#])$

首先考虑认证服务交换。消息（1）是客户端请求门票授权门票的过程。如前所述，它包括用户和 TGS 的标识，新增的元素包括：

- **Realm**：标识用户所属的域。
- **Options**：用于请求在返回的门票中设置指定的标识位，如下所述。

- **Times**：用于客户端请求在门票中设置时间：
  - from：请求门票的起始时间；
  - till：请求门票的过期时间；
  - rtime：请求 till 更新时间。
- **Nonce**：在消息(2)中重复使用的临时交互号，用于确保应答是刷新的，且未被攻击者使用。

消息(2)返回门票授权门票，标识客户端信息和一个用用户口令形成的密钥加密的数据块。该数据块包含客户端和 TGS 间使用的会话密钥，消息(1)中设定的时间和临时交互号以及 TGS 的标识信息。门票本身包含会话密钥、客户端的标识信息、需要的时间值、影响门票状态的标志和选项。这些标志为版本 5 带来的一些新功能将在后文讨论。

比较版本 4 和版本 5 的服务授权门票交换。两者的消息(3)均包含认证码、门票和请求服务的名字。在版本 5 中，还包括与消息(1)类似的门票请求的时间、选项和一个临时交互号；认证码的作用与版本 4 中相同。

消息(4)与消息(2)结构相同，返回门票和一些客户端需要的信息，后者被客户端和 TGS 共享的会话密钥加密。

最后，版本 5 对客户/服务器认证交换进行了一些改进，例如在消息(5)中，客户端可以请求选择双向认证选项。认证也增加了以下新域：

- Subkey：客户端选择一个子密钥保护某一特定应用会话，如果此域被忽略，则使用门票中的会话密钥 $K_{c,v}$。
- Sequence(序号)：可选域，用于说明在此次会话中服务器向客户端发送消息的序列号。将消息排序可以防止重放攻击。

如果请求双向认证，则服务器按消息(6)应答。该消息中包含从认证消息中得到的时间戳。在版本 4 中该时间戳被加 1，而在版本 5 中，由于攻击者不可能在不知道正确密钥的情况下创建消息(6)，因此不需要对时间戳进行上述处理。如果有子密钥域存在，则覆盖消息(5)中相应的子密钥域。而选项序列号则说明了客户端使用的起始序列号。

版本 5 门票中的标志域支持许多版本 4 中没有的功能。表 4-5 总结了门票中可能包含的标志。

表 4-5　Kerberos 版本 5 标志

INITIAL	按照 AS 协议发布的服务授权门票，而不是基于门票授权门票发布的
PRE-AUTHENT	在初始认证中，客户在授予门票前即被 KDC 认证
HW-AUTHENT	初始认证协议要求客户端独占硬件资源
RENEWABLE	告知 TGS 此门票可用于获得最近超时门票的新门票
MAY-POSTDATE	告知 TGS 事后通知的门票可能基于门票授权门票
POSTDATED	表示该门票是事后通知的，终端服务器可以检查 Authtime 域，查找认证发生的时间
INVALID	不合法的门票在使用前必须通过 KDC 使之合法化
PROXIABLE	告知 TGS 根据当前门票可以发放给不同网络地址新的服务授权门票
PROXY	表示该门票是一个代理
FORWARDABLE	告知 TGS 根据此门票授权门票可以发放给不同网络地址新的门票授权门票
FORWARDED	表示该门票或是经过转发的门票或是基于转发的门票授权门票认证后发放的门票

标志 INITIAL 用于表示门票是由 AS 发放的,而不是由 TGS 发放的。当客户端向 TGS 申请服务授权门票时,必须拥有 AS 发放的门票授权门票。在版本 4 中,这是唯一获得服务授权门票的方法。版本 5 提供了一种可以直接从 AS 获得服务授权门票的手段,其机制是:一个服务器(如口令变更服务器)希望知道客户端口令近来已被验证。

标志 PRE-AUTHENT 如果被设置,则表示当 AS 接收初始请求即消息(1)时,在发放门票前应先对客户端进行认证,其预认证的确切格式在此未做详细说明。例如,MIT′实现版本 5 时,加密的时间戳默认设置为预认证。当用户想得到一个门票时,它将一个带有临时交互号的预认证块、版本号和时间戳用基于客户口令的密钥加密后送往 AS。AS 解密后,如果预认证块中的时间戳不在允许的时间范围之内(时间间隔取决于时钟迁移和网络延迟),则 AS 不返回门票授权门票。另一种可能性是使用智能卡(Smart Card)生成不断变化的口令,将其包含在预认证消息中。卡所生成的口令基于用户口令,但经过了一定的变换,使得生成的口令具有随机性,防止了简单猜测口令的攻击。如果使用了智能卡或其他相似的设备,则设置 HW-AUTHENT 标志。

当门票的生命期较长时,就在相当一段时间内存在门票被攻击者窃取并使用的威胁。而缩短门票的生命期可降低这种威胁,主要开销将在于获取新门票,如对门票授权门票而言,客户端可以存储用户密钥(危险性较大)或重复向用户询问口令来解决。一种解决方案是使用可重新生成的门票。一个具有标志 RENEWABLE 的门票中包含两个有效期:一个是此特定门票的有效期,另一个是最大许可值的有效期。客户端可以通过将门票提交给 TGS 申请得到新的有效期的方法获得新门票。如果这个新的有效期在最大有效期的范围之内,TGS 即发放一个具有新的会话时间和有效期的新门票。这种机制的好处在于,TGS 可以拒绝更新已报告为被盗用的门票。

客户端可请求 AS 提供一个具有标志 MAY-POSTDATE 的门票授权门票。客户端可以使用此门票从 TGS 申请一个具有标志 POSTDATED 或 INVALID 的门票,然后,客户端提交合法的超时门票。这种机制在服务器上运行批处理任务和经常需要门票时特别有用。客户端可以通过一次会话得到一组具有扩展性时间值的门票。但第一个门票被初始化为非法标志,当执行进行到某一阶段需要某一特定门票时,客户端就将相应的门票合法化。采用这种方法,客户端就不再需要重复使用授权门票去获取服务授权门票。

在版本 5 中,服务器可以作为客户端的代理,获取客户端的信任和权限,并向其他服务器申请服务。如果客户端想使用这种机制,需要申请获得一个带有 PROXIABLE 标志的门票授权门票。当此门票传给 TGS 时,TGS 发布一个具有不同网络地址的服务授权门票。该门票的标志 PROXY 被设置,接收到这种门票的应用可以接收它或请求进一步认证,以提供审计跟踪。

代理在转发时有一些限制。如果门票被设置为 FORWARDABLE,TGS 给申请者发放一个具有不同网址和 FORWARDED 标志的门票授权门票,于是此门票可以被送往远程 TGS。这使得用户端在不需要每个 Kerberos 都包含与其他各不同域中的 Kerberos 共享密钥的前提下,可以访问不同域的服务器。例如,各域具有层次结构时,客户端可以向上遍历到一个公共结点后再向下到达目标域。每一步都是转发门票授权门票到下一个 TGS。

4.4　X.509 认证服务

　　X.509 是由国际电信联盟(ITU-T)制定的关于数字证书结构和认证协议的一种重要标准,并被广泛使用。S/MIME、IPSec、SSL/TLS 与 SET 等都使用了 X.509 证书格式。

　　为了在公用网络中提供用户目录信息服务,ITU 于 1988 年制定了 X.500 系列标准。目录是指管理用户信息数据库的服务器或一组分布服务器,用户信息包括用户名到网络地址的映射等用户信息或其他属性。在 X.500 系列标准中,X.500 和 X.509 是安全认证系统的核心。X.500 定义了一种命名规则,以命名树来确保用户名称的唯一性;X.509 则定义了使用 X.500 目录服务的认证服务。X.509 规定了实体认证过程中广泛使用的证书语法和数据接口,称之为证书。每个证书包含用户的 X.500 名称和公钥,并由一个可信的认证中心用私钥签名,以确定名称和公钥的绑定关系。另外,X.509 还定义了基于公钥证书的一个认证协议。

　　X.509 是基于公钥密码体制和数字签名的服务。其标准中并未规定使用某个特定的算法,但推荐使用 RSA;其数字签名需要用到散列函数,但并没有规定具体的散列算法。

　　最初的 X.509 版本公布于 1988 年,版本 3 的建议稿于 1994 年公布,并在 1995 年获得批准,2000 年被再次修改。

4.4.1　证书

　　X.509 的核心是与每个用户相关的公钥证书。所谓证书就是一种经过签名的消息,用来确定某个名字和某个公钥的绑定关系。这些用户证书由一些可信的认证中心(CA)创建,并被 CA 或用户放入目录服务器中。目录服务器本身不创建公钥和证书,仅仅为用户获得证书提供一种简单的存取方式。如果用户 A 校验一个证书链,则 A 称为校验者,被校验公钥的拥有者称为当事人。校验者通过某种方法证实为可信的、能够签署证书的公钥称为信任锚(trust anchor)。在一个可校验的证书链中,第一张证书就是由信任锚签署的,即某个 CA。

　　1. 证书格式

　　X.509 证书包含以下信息:

- **版本号**(Version):区分合法证书的不同版本。目前定义了三个版本,版本 1 的编号为 0,版本 2 的编号为 1,版本 3 的编号为 2。
- **序列号**(Serial number):一个整数,和签发该证书的 CA 名称一起唯一标识该证书。
- **签名算法标识**(Signature algorithm identifier):指定证书中计算签名的算法,包括一个用来识别算法的子域和算法的可选参数。
- **签发者**(Issuer name):创建、签名该证书的 CA 的 X.500 格式名字。
- **有效期**(Period of validity):包含两个日期,即证书的生效日期和终止日期。
- **证书主体名**(Subject name):持有证书的主体的 X.500 格式名字,证明此主体是公钥的所有者。

- **证书主体的公钥信息**（Subject's public-key information）：主体的公钥以及将被使用的算法标识，带有相关的参数。
- **签发者唯一标识**（Issuer unique identifier）：版本 2 和版本 3 中可选的域，用于唯一标识认证中心 CA。
- **证书主体唯一标识**（Subject unique identifier）：版本 2 和版本 3 中可选的域，用于唯一标识证书主体。
- **扩展**（Extensions）：仅仅出现在版本 3 中，一个或多个扩展域集。
- **签名**（Signature）：覆盖证书的所有其他域，以及其他域被 CA 私钥加密后的散列代码，以及签名算法标识。

X.509 使用如下格式定义证书：

$$CA《A》 = CA\{V, SN, AI, CA, T_A, A, Ap\}$$

其中，$Y《X》$ 为用户 X 的证书，是由认证中心 Y 发放的；$Y\{I\}$ 为 Y 签名 I，包含 I 和 I 被加密后的散列代码。

CA 用它的私钥对证书签名，如果用户知道相应的公钥，则用户可以验证 CA 签名证书的合法性，这是一种典型的数字签名方法。

2. 证书获取

假设只有一个 CA，所有用户都属于此 CA，并且普遍信任该 CA。所有用户的证书均可存放于同一个目录中，以被所有用户存取。另外，用户也可以直接将其证书传给其他用户。一旦用户 B 获得了 A 的证书，B 即可确信用 A 的公钥加密的消息是安全的、不可能被窃取的，同时，用 A 的私钥签名的消息也不可能仿造。

实际应用中，用户数量众多，期望所有用户从同一个 CA 获得证书是不切实际的。因此，一般有多个 CA，每个 CA 给其用户群提供证书。由于证书是由 CA 签发的，因此每一个用户都需要拥有一个 CA 的公钥来验证其签名。该公钥必须用一种绝对安全的方式提供给每个用户，使得用户可以信任该证书。

假设存在两个认证机构 X_1 和 X_2，用户 A 获得了认证机构 X_1 的证书，而 B 获得了认证机构 X_2 的证书，如果 A 无法安全地获得 X_2 的公钥，则由 X_2 发放的 B 的证书对 A 而言就无法使用，A 只能读取 B 的证书，但无法验证其签名。然而，如果两个 CA 之间能安全地交换它们的公钥，则 A 可以通过下述过程获得 B 的公钥：

（1）从目录中获得由 X_1 签名的 X_2 的证书，由于 A 知道 X_1 的公钥，A 可从证书中获得 X_2 的公钥，并用 X_1 的签名来验证证书。

（2）A 再到目录中获取由 X_2 颁发的 B 的证书，由于 A 已经得到了 X_2 的公钥，A 即可利用它验证签名，从而安全地获得 B 的公钥。

A 使用了一个证书链来获得 B 的公钥，在 X.509 中，该链表示如下：

$$X_1《X_2》X_2《B》$$

同样，B 也可以逆向地获得 A 的公钥：

$$X_2《X_1》X_1《A》$$

上述模式并不仅仅限于两个证书，对长度为 N 的 CA 链的认证过程可表示如下：

$$X_1《X_2》X_2《X_3》\cdots X_N《B》$$

在这种情况中，链中的每对 CA（X_i, X_{i+1}）必须互相发放证书。

　　所有由 CA 发放给 CA 的证书必须放在同一个目录中,用户必须知道如何找到一条路径获得其他用户的公钥证书。在 X.509 中,推荐采用层次结构放置 CA 证书,以利于建立强大的导航机制。

　　3. 证书撤销

　　与信用卡相似,每一个证书都有一个有效期。通常,新的证书会在旧证书失效前发放。另外,还可能由于以下原因提前撤回证书:

　　(1) 用户密钥被认为不安全。

　　(2) 用户不再信任该 CA。

　　(3) CA 证书被认为不安全。

　　每个 CA 必须存储一张证书撤销列表(Certificate Revocation List,CRL),用于列出所有被 CA 撤销但还未到期的证书,包括发给用户和其他 CA 的证书。CRL 也应被放在目录中。

　　X.509 也定义了 CRL 的格式。X.509 v2 的 CRL 包括以下域:

　　(1) 版本。可选字段,用于描述 CRI 版本,为整数值 1,指明是 CRL v2。

　　(2) 签名算法标识。与证书中的"签名算法标识"相同,用于定义计算 CRL 签名的算法。

　　(3) 签发者名称。与证书中的"签名者名称"相同,用于定义签发该 CRL 的 CA 的 X.500 名称。

　　(4) 本次更新。指明了 CRL 的签发时间。

　　(5) 下次更新。指示下一次发布 CRL 的时间。

　　(6) 回收证书。列出了所有已经撤销的证书。每一个已撤销证书都包括以下内容:

　　• 用户证书。包含该撤销证书的序列号,唯一地标识该撤销证书。

　　• 撤销日期。指明该证书被撤销的日期。

　　• CRL 条目扩展。可选字段,用来描述各种可选信息,如证书撤销理由、撤销证书的 CA 名称等。

　　(7) CRL 扩展。包含各种可选信息,如证书中心密钥标示符、签发者别名、CRL 编号、增量 CRL 指示符等。

　　(8) CRL 登记项扩展。包括原因代码(证书撤销的原因)、保持指令代码(指示在证书已被存储时采取的动作)、无效日期(证书失效的日期)和证书签发者。

　　(9) CRL 签发者的数字签名。

　　当一位用户在一条消息中接收了一个证书,用户必须确定该证书是否已被撤销。用户可以在接到证书时检查目录,为了避免目录搜索时的延迟,用户可以将证书和 CRL 缓存。

4.4.2　认证过程

　　X.509 也包含三种可选的认证过程:单向认证、双向认证和三向认证。这些过程可以应用于各种应用程序。三种方法均采用了公钥签名。假设双方都知道对方的公钥,可通过目录服务获得证书或证书由初始消息携带。

1. 单向认证

假设用户 A 发起到 B 的通信,单向认证指只需 B 验证 A 的身份,而 A 不需验证 B。

令 A 和 B 的公钥/私钥对分别为 (PU_A, PR_A) 和 (PU_B, PR_B),单向认证包含一个从用户 A 到用户 B 的简单信息传递,具体认证过程包括以下步骤:

(1) A 产生一个随机会话密钥 K,和一个临时交互号 r_A,向 B 发送以下消息:

$$A \rightarrow B: ID_A \parallel PR_A(r_A \parallel T_A \parallel ID_B) \parallel E(PU_B, r_A \parallel T_A \parallel k)$$

其中,t_A 为时间戳,一般由两个日期组成:消息生成时间和有效时间。时间戳用来防止消息的延迟传递;临时交互号 r_A 用于防止重放攻击,其值在消息的起止时间之内是唯一的,这样,B 即可存储临时交互号直至它过期,并拒绝接受其他具有相同临时交互号的新消息;ID_A 和 ID_B 分别是 A 和 B 的标识;$PR_A(r_A \parallel T_A \parallel ID_B)$ 代表 A 的签名;$E(PU_B, r_A \parallel T_A \parallel k)$ 则代表用 B 的公钥加密。

(2) B 收到消息后,获取 A 的 X.509 证书并验证其有效性,从而得到 A 的公钥,然后验证 A 的签名和消息完整性。验证时间戳是否为当前时间,检查临时交互号是否被重放。然后解密得到会话密钥。

对于纯认证而言,消息被用来简单地向 B 提供证书。消息也可以包含要传送的信息,将信息放在签名的范围内,保证其真实性和完整性。

2. 双向认证

双向认证是指进行两次单向认证,不仅实现 B 对 A 的认证,而且实现 A 对 B 的认证。具体过程如下:

(1) 和单向认证过程一样,A 发送给 B:

$$A \rightarrow B: ID_A \parallel PR_A(r_A \parallel T_A \parallel ID_B) \parallel E(PU_B, r_A \parallel T_A \parallel k)$$

(2) B 对 A 的消息进行验证,验证过程同单向认证的第(2)步。然后,B 产生另外一个临时交互号 r_B,并向 A 发送消息:

$$B \rightarrow A: ID_B \parallel PR_B(r_A \parallel r_B \parallel T_B \parallel ID_A) \parallel E_k(r_A \parallel r_B \parallel T_B)$$

E_k 表示使用会话密钥 k 进行加密。

(3) A 收到消息后,用会话密钥加密得到 $r_A \parallel r_B \parallel T_B$,并与自己发送的 r_A 相比对;获取 B 的证书并验证其有效性,获得 B 的公钥,验证 B 的签名和数据完整性;验证时间戳 T_B,并检查 r_B。

3. 三向认证

三向认证是对双向认证的加强。在三向认证中,当 A 与 B 完成了双向认证中的两条消息的交换,A 再向 B 发送一条消息:

$$A \rightarrow B: PR_B(r_A \parallel ID_A)$$

此消息包含签名后的临时交互号 r_B,这样,消息的时间戳就不用检查了,因为双方的临时交互号均被回送给了对方,各方可以使用回送的临时交互号来防止重放攻击。这种方法通常在没有同步时钟时使用。

4.4.3 X.509 版本 3

X.509 的版本 2 中没有将设计和实践当中所需要的某些信息均包含进去。版本 3 增加了一些可选的扩展项。每一个扩展项有一个扩展标识、一个危险指示和一个扩展值。危险指示用于指出该扩展项是否能安全地被忽略，如果值为 TRUE 且实现时未处理它，则其证书将会被当做非法的证书。

证书扩展项有三类：密钥和策略信息、证书主体和发行商属性以及证书路径约束。

(1) 密钥和策略信息

此类扩展项传递的是与证书主体和发行商密钥相关的附加信息，以及证书策略的指示信息。一个证书策略是一个带名的规则集，在普通安全级别上描述特定团体或应用类型证书的使用范围。例如，某个策略可用于电子数据交换（EDI）在一定价格范围内的贸易认证。

这个范围包括：

- **授权密钥标识符**：标识用于验证证书或 CRL 上的签名的公钥。同一个 CA 的不同密钥得以区分，该字段的一个用法是用于更新 CA 密钥对。
- **主体密钥标识符**：标识被证实了的公钥，用于更新主体的密钥对。同样，一个主体对不同目的的不同证书可以拥有许多密钥对（如数字签名和加密密钥协议）。
- **密钥使用**：说明被证实的公钥的使用范围和使用策略。可以包含以下内容：数字签名、非抵赖、密钥加密、数据加密、密钥一致性、CA 证书的签名验证和 CA 的 CRL 签名验证。
- **私钥使用期**：表明与公钥相匹配的私钥的使用期。通常，私钥的使用期与公钥不同。例如，在数字签名密钥中，签名私钥的使用期一般比其公钥短。
- **证书策略**：证书可以在应用多种策略的各种环境中使用。该扩展项中列出了证书所支持的策略集，包括可选的限定信息。
- **策略映射**：仅用于其他 CA 发给 CA 的证书中。策略映射允许发行 CA 将其一个或多个策略等同于主体 CA 域中的某个策略。

(2) 证书主体和发行商属性

该扩展支持证书主体或发行商以可变的形式拥有可变的名字，并可传递证书主体的附加信息，使得证书所有者更加确信证书主体是一个特定的人或实体，如一些信息（如邮局地址、公司位置）或一些图片。

扩展域包括：

- **主体可选名字**：包括使用任何格式的一个至两个可选名字。该字段对特定应用，如电子邮件、EDI、IPSec 等，使用自己的名字形式非常重要。
- **发行商可选名字**：包括使用任何格式的一至两个可选名字。
- **主体目录属性**：将 X.500 目录的属性值转换为证书的主体所需要的属性值。

证书路径约束：

该扩展项允许在 CA 或其他 CA 发行的证书中包含限制说明。这些限制信息可以限制主体 CA 所能发放的证书种类或证书链中的种类。

扩展域包括：

- **基本限制**：标识该主体是否可以作为 CA，如果可以，则证书路径长度被限制。
- **名字限制**：表示证书路径中的所有后续证书的主体名的名字空间必须确定。
- **策略限制**：说明对确定的证书策略标识的限制，或证书路径中继承的策略映射的限制。

4.5 公钥基础设施

4.5.1 PKI 体系结构

简单地说,PKI 是基于公钥密码技术,支持公钥管理,提供真实性、保密性、完整性以及可追究性安全服务,具有普适性的安全基础设施。PKI 的核心技术围绕建立在公钥密码算法之上的数字证书的申请、颁发、使用与撤销等整个生命周期进行展开,主要目的就是用来安全、便捷、高效地分发公钥。

PKI 技术采用数字证书管理用户公钥,通过可信第三方,即认证中心 CA,把用户公钥和用户的身份信息(如名称、电子邮件地址等)绑定在一起,产生用户的公钥证书。从广义上讲,所有提供公钥加密和数字签名服务的系统,都可以称为 PKI。PKI 的主要目的是通过管理公钥证书,为用户建立一个安全的网络环境,保证网络上信息的安全传输。IETF 的 PKI 小组制定了一系列的协议,定义了基于 X.509 证书的 PKI 模型框架,称为 PKIX。PKIX 系列协议定义了证书在 Internet 上的使用方式,包括证书的生成、发布、获取,各种密钥产生和分发的机制,以及实现这些协议的轮廓结构。狭义的 PKI 一般指 PKIX。

一个完整的 PKI 应用系统必须具有权威认证机构(CA)、数字证书库、密钥备份及恢复系统、证书作废系统、应用接口(API)等基本构成部分,如图 4-10 所示。构建 PKI 也将围绕着这五大关键元素来着手构建。

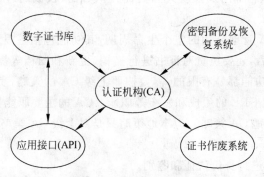

图 4-10 PKI 体系结构

- **认证机构(CA)**:CA 是 PKI 的核心执行机构,是 PKI 的主要组成部分,人们通常称它为认证中心。CA 是数字证书生成、发放的运行实体,在一般情况下也是证书撤销列表(CRL)的发布点,在其上常常运行着一个或多个注册机构(RA)。CA 必须具备权威性的特征。
- **数字证书库**:证书库是 CA 颁发证书和撤销证书的集中存放地,可供公众进行开放式查询。一般来说,查询的目的有两个:其一是想得到与之通信实体的公钥;其二是要验证通信对方的证书是否已进入"黑名单"。此外,证书库还提供了存取证书撤销列表(CRL)的方法。目前广泛使用的是 X.509 证书。
- **密钥备份及恢复系统**:如果用户丢失了用于解密数据的密钥,则数据将无法被解密,这将造成合法数据丢失。为避免这种情况,PKI 提供备份与恢复密钥的机制。但是密钥的备份与恢复必须由可信的机构来完成。并且,密钥备份与恢复只能针对解密密钥,签名私钥为确保其唯一性而不能够做备份。

- **证书作废系统**：证书在作废处理系统是 PKI 的一个必备的组件。证书在有效期以内也可能需要作废,原因可能是密钥介质丢失或用户身份变更等。在 PKI 体系中,作废证书一般通过将证书列入作废证书表(CRL)来完成。通常,系统中由 CA 负责创建并维护一张及时更新的 CRL,而由用户在验证证书时负责检查该证书是否在 CRL 之列。

- **应用接口**(API)：PKI 的价值在于使用户能够方便地使用加密、数字签名等安全服务,因此,一个完整的 PKI 必须提供良好的应用接口系统,使得各种各样的应用能够以安全、一致、可信的方式与 PKI 交互,确保安全网络环境的完整性和易用性。

4.5.2　认证机构

PKI 系统的关键是实现对公钥密码体制中公钥的管理。在公钥密码体制中,数字证书是存储和管理密钥的文件,主要作用是证明证书中列出的用户名称与证书中的公开密钥相对应,并且所有信息都是合法的。为了验证证书的合法性,必须要有一个可信任的主体对用户的证书进行公证,证明证书主体与公钥之间的绑定关系。认证机构 CA 便是一个能够提供相关证明的机构。CA 是基于 PKI 进行网上安全活动的关键,主要负责产生、分配并管理参与活动的所有实体所需的数字证书,其功能类似于办理身份证、护照等证件的权威发证机关。CA 必须是各行业、各部门及公众共同信任并认可的、权威的、不参与交易的第三方网上身份认证机构。

在 PKI 系统中,CA 管理公钥的整个生命周期,其功能包括签发证书、规定证书的有效期限,同时在证书发布后,还要负责对证书进行撤销、更新和归档等操作。从证书管理的角度来看,每一个 CA 的功能都是有限的,需要按照上级 CA 的策略,负责具体的用户公钥的签发、生成和发布,以及 CRL 的生成和发布等职能。CA 的主要职能如下：

(1) 制定并发布本地 CA 策略。但本地策略只是对上级 CA 策略的补充,而不能违背上级 CA 策略。

(2) 对下属各成员进行身份认证和鉴别。

(3) 发布本 CA 的证书,或者代替上级 CA 发布证书。

(4) 产生和管理下属成员的证书。

(5) 证实 RA 的证书申请,返回证书制作的确认信息,或返回已制作的证书。

(6) 接收和认证对所签发证书的撤销申请。

(7) 产生和发布所签发证书和 CRL。

(8) 保存证书、CRL 信息、审计信息和所制定的策略。

一个典型的 CA 系统包括安全服务器、注册机构 RA、CA 服务器、LDAP 目录服务器和数据库服务器,如图 4-11 所示。

安全服务器是面向证书用户提供安全策略管理的服务器,主要用于保证证书申请、浏览、证书申请列表及证书下载等安全服务。CA 颁发了证书后,该证书首先交给安全服务器,用户一般从安全服务器上获得证书。用户与安全服务器之间一般采用 SSL 安全通信方

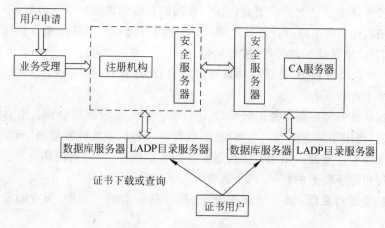

图 4-11 典型 CA 的构成

式,但不需要对用户身份进行认证。

CA 服务器是整个认证机构的核心,负责证书的签发。CA 首先产生自身的私钥和公钥(长度至少 1024 位),然后生成数字证书,并将数字证书传输给安全服务器。CA 还负责给操作员、安全服务器和注册机构服务器生成数字证书。CA 服务器中存储 CA 的私钥和发行证书的脚本文件。出于安全方面的考虑,CA 服务器一般应与其他服务器隔离,以保证其安全。

注册机构 RA 是可选的元素,可以承担一些认证机构(CA)的管理任务。RA 在 CA 体系结构中起着承上启下的作用,一方面向 CA 转发安全服务器传过来的证书申请请求,另一方面向 LDAP 目录服务器和安全服务器转发 CA 颁发的数字证书和证书撤销列表。

LDAP 服务器提供目录浏览服务,负责将 RA 传输过来的用户信息与数字证书加入到服务器上。用户访问 LDAP 服务器就可以得到数字证书。

数据库服务器是 CA 的关键组成部分,用于数据(如密钥和用户信息等)、日志等统计信息的存储和管理。实际应用中,此数据库服务器采用多种安全措施,如双击备份和分布式处理等,以维护其安全性、稳定性、可伸缩性等。

4.5.3 PKIX 相关协议

PKIX 体系中定义了一系列的协议,可分为以下几个部分。

1. PKIX 基础协议

PKIX 的基础协议以 RFC2459 和 RFC3280 为核心,定义了 X.509 v3 公钥证书和 X.509 v2 CRL 的格式、数据结构和操作等,用以保证 PKI 基本功能的实现。此外,PKIX 还在 RFC2528、RFC3039、RFC3279 等协议中定义了基于 X.509 v3 的相关算法和格式等,以加强 X.509 v3 公钥证书和 X.509 v2 CRL 在各应用系统之间的通用性。

2. PKIX 管理协议

PKIX 体系中定义了一系列的操作,它们是在管理协议的支持下进行工作的。管理协议主要完成以下任务:

• **用户注册**:这是用户第一次进行认证之前进行的活动,它优先于 CA 为用户颁布一个或多个证书。这个进程通常包括一系列的在线和离线的交互过程。

- **用户初始化**：在用户进行认证之前，必须使用公钥和一些其他来自信任认证机构的确认信息(确认认证路径等)进行初始化。
- **认证**：在这个进程中，认证机构通过用户的公钥向用户提供一个数字证书并在数字证书库中进行保存。
- **密钥对的备份和恢复**：密钥对可以用于数字签名和数据加解密。而对于数据加解密来说，当用于解密的私钥丢失时，必须提供一种机制来恢复解密密钥，这对于保护数据来说非常重要。密钥的丢失通常是由密钥遗忘、存储器损坏等原因造成的。可以通过用数字签名的密钥认证，来恢复加解密密钥。
- **自动的密钥对更新**：为了确保安全，密钥有其一定的生命期，所有的密钥对都需要经常更新。
- **证书撤销请求**：一个授权用户可以向认证机构提出撤销证书的要求。当发生密钥泄漏、从属关系变更或更名等情况时，需要提交这种请求。
- **交叉认证**：如果两个认证机构之间要交换数据，则可以通过交叉认证来建立信任关系。一个交叉认证证书中包含此认证机构用来发布证书的数字签名。

3. PKIX 安全服务和权限管理的相关协议

PKIX 中安全服务和权限管理的相关协议主要是用于进一步完善和扩展 PKI 安全架构的功能，通过 RFC3029、RFC3161、RFC3281 等定义。

在 PKIX 中，不可抵赖性通过数字时间戳(Digital Time Stamp，DTS)和数据有效性验证服务器(Data Validation and Certification Server，DVCS)实现。在 CA/RA 中使用的 DTS，是对时间信息的数字签名，主要用于确定在某一时间某个文件确实存在或者确定多个文件在时间上的逻辑关系，是实现不可抵赖性服务的核心。DVCS 的作用则是验证签名文档、公钥证书或数据存在的有效性，其验证声明称为数据有效性证书。DVCS 是一个可信第三方，是用来实现不可抵赖性服务的一部分。权限管理通过属性证书来实现。属性证书利用属性和属性值来定义每个证书主体的角色、权限等信息。

4.5.4　PKI 信任模型

选择正确的信任模型以及与它相应的安全级别是非常重要的，同时也是部署 PKI 所要做的较早的和基本的决策之一。所谓实体 A 信任 B，即 A 假定实体 B 严格地按 A 所期望的那样行动。如果一个实体认为 CA 能够建立并维持一个准确地对公钥属性的绑定，则他信任该 CA。所谓信任模型，就是提供用户双方相互信任机制的框架，是 PKI 系统整个网络结构的基础。

信任模型主要明确回答了以下几个问题：

- 一个 PKI 用户能够信任的证书是怎样被确定的？
- 这种信任是怎样建立的？
- 在一定的环境下，这种信任如何被控制？

1. *层次模型*

层次结构可以被描绘为一棵倒立的树，如图 4-12 所示。

在这棵倒立的树上，根代表一个对整个 PKI 系统的所有实体都有特别意义的 CA，通常

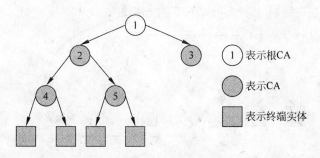

图 4-12　层次模型

叫做根 CA,是整个 PKI 的信任锚,所有实体都信任它。根 CA 一般不直接给终端用户颁发证书,而是认证直接连接在它下面的 CA,每个 CA 都认证零个或多个直接连接在它下面的 CA,倒数第二层的 CA 认证终端用户。在这种模型中,认证方只需验证从根 CA 到认证结点的这条路径就可以了,而不需要建立从根结点到发起认证方的路径。

2. 交叉模型

在图 4-13 所示的模型中,如果没有命名空间的限制,那么任何 CA 都可以对其他的 CA 发证,所以这种结构非常适合动态变化的组织结构,但是在构建有效的认证路径时,很难确定一个 CA 是否是另一个 CA 的适当的证书颁发者。

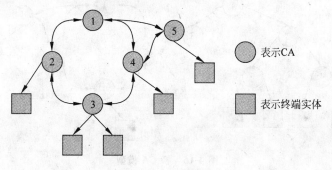

图 4-13　交叉模型

因为路径构造比层次结构复杂得多,验证时需要对 CA 发布的证书进行反复比较,因此跨越很多结点的信任路径会被认为是不可信的。

3. 混合模型

混合模型是将层次结构和交叉结构相混合而得到的模型。当独立的组织或企业建立了各自的层次结构,同时又想要相互认证,则要将完全的交叉认证加到层次模型中,就产生了这种混合模型,如图 4-14 所示。混合模型的特点是:存在多个根 CA,任意两个根 CA 间都要交叉认证;每个层次结构都在根级有一个单一的交叉证书通向另一个层次结构。

4. 桥 CA 模型

混合模式对于小规模的层次模型间的交叉认证比较实用,但规模一大,根间的交叉认证就会变得相当庞大,考虑到这种局限,所以产生了桥 CA 结构,如图 4-15 所示。这种结构已被美国联邦 PKI 所采用。

桥 CA 模型实现了一个集中的交叉认证中心,其目的是提供交叉证书,而不是作为证书

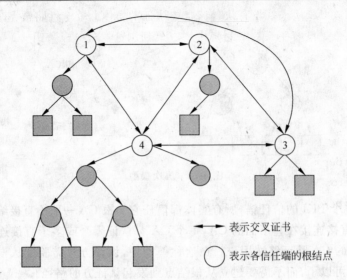

图 4-14 混合模型

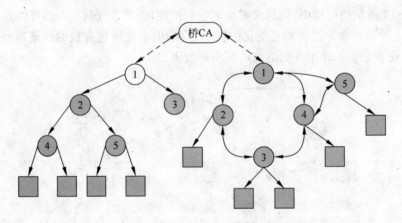

图 4-15 桥 CA 模型

路径的根。对于各个异构模式的根结点来说,它是它们的同级,而不是上级。当一个企业与桥 CA 建立了交叉证书,那么,它就获得了与那些已经和桥 CA 交叉认证的企业进行信任路径构建的能力。

5. 信任链模型

这种模型从根本上讲类似于层次结构模型,但它同时拥有多个根 CA,这些可信的根 CA 被预先提供给客户端系统,为了成功地被验证,证书一定要直接或间接地与这些可信根 CA 连接,如图 4-16 所示。浏览器中的证书就是这种模型的典型应用。

由于不需要依赖目录服务器,这种模型在方便性和简单互操作性方面有明显的优势,但是也存在许多安全隐患。例如,因为浏览器的用户自动地信任预安装的所有公钥,所以即使这些根 CA 中有一个

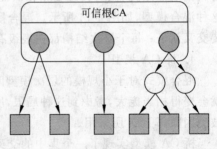

图 4-16 信任链模型

是"坏的"(例如,该 CA 从来都没有认真核实被认证的实体),安全性将被完全破坏。另外一个潜在的安全隐患是没有实用的机制来撤销嵌入到浏览器中的根密钥。

思 考 题

1. 用户认证的主要方法有哪些? 各自具有什么特点?

2. 设计 Kerberos 是为了解决什么问题?

3. 在 Kerberos 中,什么是门票? 什么是门票分发门票?

4. 简述 Kerberos 中用户工作站获得会话密钥和 TGT 的过程以及获得服务授权门票的过程。

5. 什么是证书? 证书的基本功能是什么?

6. 简述 X.509 证书包含的信息。

7. 简述 X.509 双向认证过程。

8. 一个完整的 PKI 应用系统包括哪些组成部分? 各自具有什么功能?

9. 简述 CA 的基本职责。

10. 简述常见的信任模型。

第 5 章 Internet 安全

随着 Internet 的不断普及,TCP/IP 体系成为当前计算机网络的基础,TCP/IP 网络已基本成为现代计算机网络的代名词。但是,由于 TCP/IP 体系结构在设计之初的局限性,Internet 存在的安全问题日益突出,各种安全隐患日显严重。因此人们设计了不同的安全机制,来应对 Internet 面临的安全挑战。

事实上,可以在 TCP/IP 体系结构上的任何层次实现安全机制,各层机制有不同的特点,提供不同的安全性。本章首先介绍三种典型的在 TCP/IP 不同层次提供的安全机制:IPSec、SSL/TLS 和 PGP,然后介绍常见的 Internet 欺骗及防范手段。

5.1 IP 安 全

在 TCP/IP 协议分层模型中,IP 层是可能实现端到端安全通信的最底层。通过在 IP 层上实现安全性,不仅可以保护各种带安全机制的应用程序,而且可以保护许多无安全机制的应用。典型地,IP 协议实现在操作系统中。因此,在 IP 层实现安全功能,可以不必修改应用程序。

互联网工程任务组(IETF)于 1998 年 11 月颁布了一套开放标准网络安全协议:IP 层安全标准 IPSec (IP Security),其目标是为 IPv4 和 IPv6 提供具有较强的互操作能力、高质量和基于加密的安全。IPSec 将密码技术应用在网络层,提供端对端通信数据的私有性、完整性、真实性和防重放攻击等安全服务。IPSec 对于 IPv4 是可选的,对于 IPv6 是强制性的。

IPSec 能支持各种应用的原理在于它可以在 IP 层实现加密和(或)认证功能,这样就可以在不修改应用程序的前提下保护所有的分布式应用,包括远程登录、电子邮件、文件传输和 Web 访问等。

IPSec 通过多种手段提供了 IP 层安全服务:允许用户选择所需的安全协议、允许用户选择加密和认证算法、允许用户选择所需的密码算法的密钥。IPSec 可以安装在路由器或主机上,若 IPSec 装在路由器上,则可在不安全的 Internet 上提供一个安全的通道;若是装在主机上,则能提供主机端对端的安全性。

5.1.1 IPSec 体系结构

IPSec 规范相当复杂,因为它不是一个单独的协议。它给出了应用于 IP 层上网络数据安全的一整套体系结构,包括认证头协议(AH)、封装安全载荷协议(ESP)、密钥管理协议(IKE)和用于网络认证和加密的一些算法等。IPSec 主要构成组件如图 5-1 所示。

IPSec 的安全功能主要通过 IP 认证头(Authentication

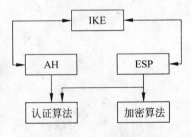

图 5-1 IPSec 组件

Header,AH)协议以及护封装安全载荷（Encapsulating Security Payload,ESP）协议实现。AH 提供数据的完整性、真实性和防重放攻击等安全服务,但不包括机密性。而 ESP 除了实现 AH 所实现的功能外,还可以实现数据的机密性。AH 和 ESP 可以分开使用,也可以一起使用。完整的 IPSec 还应包括 AH 和 ESP 中所使用密钥的交换和管理,也就是 Internet 密钥交换（Internet Key Exchange,IKE）协议。IKE 用于动态地认证 IPSec 参与各方的身份。

　　IPSec 规范中要求强制实现的加密算法是 CBC 模式的 DES 和 NULL 算法,而认证算法是 HMAC-MD5,HMAC-SHA-1 和 NULL 认证算法。NULL 加密和认证分别是不加密和不认证。

　　在 IP 的认证和保密机制中出现的一个核心概念是安全关联（SA）。一个安全关联是发送方和接收方之间的受到密码技术保护的单向关系,该关联对所携带的通信流量提供安全服务：要么对通信实体收到的 IP 数据包进行“进入”保护,要么对实体外发的数据包进行“流出”保护。如果需要双向安全交换,则需要建立两个安全关联,一个用于发送数据,一个用于接收数据。安全服务可以由 AH 或 ESP 提供,但不能两者都提供。

　　一个安全关联由以下三个参数唯一确定：

- **安全参数索引**（SPI）：一个与 SA 相关的位串,仅在本地有意义。这个参数被分配给每一个 SA,并且每一个 SA 都通过 SPI 进行标识。发送方把这个参数放置在每一个流出数据包的 SPI 域中,SPI 由 AH 和 ESP 携带,使得接收系统能选择合适的 SA 处理接收包。SPI 并非全局指定,因此 SPI 要与目标 IP 地址、安全协议标识一起来唯一标识一个 SA。
- **目标 IP 地址**：目前 IPSec SA 管理机制中仅仅允许单播地址,所以这个地址表示 SA 的目的端点地址,可以是用户终端系统、防火墙或路由器。它决定了关联方向。
- **安全协议标识**：标识该关联是一个 AH 安全关联或 ESP 安全关联。

　　处理与 SA 有关的流量时有两个数据库,即安全关联数据库（Security Association Database,SAD）和安全策略数据库（Security Policy Database,SPD）。SAD 包含了与每一个安全关联相联系的参数,SPD 则指定了主机或网关的所有 IP 流量的流入和流出分配策略。

5.1.2　IPSec 工作模式

　　IPSec 的安全功能主要通过 IP 认证头 AH 协议以及护封装安全载荷 ESP 协议实现。AH 和 ESP 均支持两种模式：传输模式和隧道模式,如图 5-2 所示。

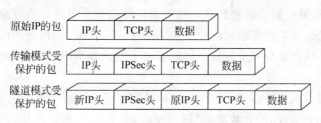

图 5-2　IPSec 工作模式

1. 传输模式

传输模式主要为直接运行在 IP 层之上的协议,如 TCP、UDP 和 ICMP,提供安全保护,一般用于在两台主机之间的端到端通信。传输模式是指在数据包的 IP 头和载荷之间插入 IPSec 信息。当一个主机在 IPv4 上运行 AH 或 ESP 时,其载荷是跟在 IP 报头后面的数据;对 IPv6 而言,其载荷是跟在 IP 报头后面的数据和 IPv6 的任何扩展头。传输模式使用原始明文 IP 头。

传输模式的 ESP 可以加密和认证 IP 载荷,但不包括 IP 头。传输模式的 AH 可以认证 IP 载荷和 IP 报头的选中部分。

2. 隧道模式

隧道模式对整个 IP 包提供保护。为了达到这个目的,当 IP 数据包附加了 AH 或 ESP 域之后,整个数据包加安全域被当做一个新 IP 包的载荷,并拥有一个新的外部 IP 包头。原来(内部)的整个 IP 包利用隧道在网络之间传输,沿途路由器不能检查内部 IP 包头。由于原来的包被封装,新的、更大的包可以拥有完全不同的源地址与目的地址,以增强安全性。当 SA 的一端或两端为安全网关时,使用隧道模式,例如使用 IPSec 的防火墙或路由器。防火墙外的主机在没有 IPSec 时也可以实现安全通信:当主机生成的未保护包通过本地网络边缘的防火墙或安全路由器时,IPSec 提供隧道模式的安全性。

下面给出一个 IPSec 操作隧道模式的例子。网络中的主机 A 生成以另一个网络中主机 B 作为目的地址的 IP 包,该 IP 包从源主机 A 被发送到 A 网络边界的防火墙或安全路由器。防火墙过滤所有的外发包。根据对 IPSec 处理的请求,如果从 A 到 B 的包需要 IPSec 处理,则防火墙执行 IPSec 处理,给该 IP 包添加外层 IP 包头,外层 IP 包头的源 IP 地址为此防火墙的 IP 地址,目的地址可能为 B 本地网络边界的防火墙的地址。这样,包被传送到 B 的防火墙,而其间经过的中间路由器仅检查外部 IP 头;在 B 的防火墙处,除去外部 IP 头,内部的包被送往主机 B。

ESP 在隧道模式中加密和认证(可选)整个内部 IP 包,包括内部 IP 报头。AH 在隧道模式中认证整个内部 IP 包和外部 IP 头中的选中部分。

当 IPSec 被用于端到端的应用时,传输模式更合理一些。在防火墙到防火墙或者主机到防火墙这类数据仅在两个终端结点之间的部分链路上受保护的应用中,通常采用隧道模式;而且,传输模式并不是必需的,因为隧道模式可以完全替代传输模式。但是隧道模式下的 IP 数据包有两个 IP 头,处理开销相对较大。

5.1.3 AH 协议

IP 认证头(AH)协议为 IP 数据包提供数据完整性校验和身份认证,还有可选择的抗重放攻击保护,但不提供数据加密服务。数据完整性确保在包的传输过程中内容不可更改;认证确保终端系统或网络设备能对用户或应用程序进行认证,并相应地提供流量过滤功能,同时还能防止地址欺诈攻击和重放攻击。认证基于消息鉴别码(MAC),双方必须共享同一个密钥。

由于 AH 不提供机密性保证,因此它也不需要加密算法。AH 可用来保护一个上层协议(传输模式)或一个完整的 IP 数据报(隧道模式)。它可以单独使用,也可以和 ESP 联合使用。

认证头由如下域组成,如图 5-3 所示。

- **邻接头**(8 位):标识 AH 字段后面下一个负载的类型。

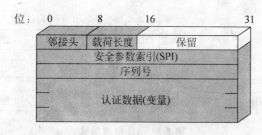

图 5-3　IPSec 认证头

- **有效载荷长度**(8 位)：字长为 32 位的认证头长度减 2。例如，认证数据域的默认长度是 96 位或三个 32 位字，另加三个字长的固定头，总共六个字，则载荷长度域的值为 4。
- **保留**(7 位)：保留给未来使用。当前，这个字段的值设置为 0。
- **安全参数索引**(32 位)：这个字段与目的 IP 地址和安全协议标识一起，共同标识当前数据包的安全关联。
- **序列号**(32 位)：单调递增的计数值，提供了反重放的功能。在建立 SA 时，发送方和接收方的序列号初始化为 0，使用此 SA 发送的第一个数据包序列号为 1，此后发送方逐渐增大该 SA 的序列号，并把新值插入到序列号字段。
- **认证数据**(变量)：变长域，包含了数据包的完整性校验值(Integrity Check Value, ICV)或包的 MAC。这个字段的长度必须是 32 位字的整数倍，可以包含显示填充。

1. AH 传输模式

AH 传输模式只保护 IP 数据包的不变部分，它保护的是端到端的通信，通信的终点必须是 IPSec 终点，如图 5-4 所示。

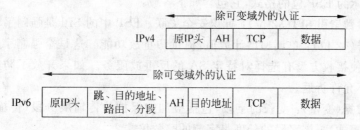

图 5-4　AH 传输模式

在 IPv4 的传输模式 AH 中，AH 插入到原始 IP 报头之后、IP 载荷(如 TCP 分段)之前。认证包括了除 IPv4 报头中可变的、被 MAC 计算置为 0 的域以外的整个包。

在 IPv6 中，AH 被作为端到端载荷，即不被中间路由器检查或处理。因此，AH 出现在 IPv6 基本头、跳、路由和分段扩展头之后。目的地址作为可选报头在 AH 前面或后面，由特定语义决定。同样，认证包括了除 IPv4 报头中可变的、被 MAC 计算置为 0 的域以外的整个包。

2. AH 隧道模式

AH 用于隧道模式时，整个原始 IP 包被认证，AH 被插入到原始 IP 头和新外部 IP 包头之间。原 IP 头中包含了通信的原始地址，而新 IP 头则包含了 IPSec 端点的地址，如图 5-5 所示。

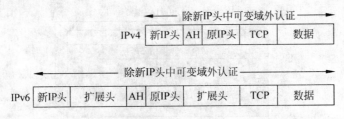

图 5-5　AH 隧道模式

使用隧道模式,整个内部 IP 包(包括整个内部 IP 头)均被 AH 保护。外部 IP 头(IPv6 中的外部 IP 扩展头)除了可变且不可预测的域之外均被保护。隧道模式可用来替换端到端安全服务的传输模式;但由于这一协议中没有提供机密性,因此,相当于就没有隧道封装这一保护措施,所以它没有什么用处。

5.1.4　ESP 协议

封装安全载荷(ESP)协议为 IP 数据包提供数据完整性校验、身份认证和数据加密,以及可选择的抗重放攻击保护,即除提供 AH 提供的所有服务外,ESP 还提供数据保密服务,保密服务包括报文内容保密和流量限制保密。ESP 用一个密码算法提供机密性,数据完整性则由身份验证算法提供。ESP 通过插入一个唯一的、单向递增的序列号提供抗重放服务。保密服务可以独立于其他服务而单独选择,数据完整性校验和身份认证用做保密服务的联合服务。只有选择了身份认证时,才可以选择抗重放服务。

ESP 可以单独使用,也可以和 AH 联合使用,还可以通过隧道模式使用。ESP 可以提供包括主机到主机、防火墙到防火墙、主机到防火墙之间的安全服务。

图 5-6 所示为 ESP 包的格式,它包含如下各域:

- **安全参数索引 SPI**(32 位):标识安全关联。ESP 中的 SPI 是强制字段,总要提供。
- **序列号**(32 位):单调递增计数值,提供防重放功能。这是个强制字段,并且总要提供,即使接收方没有选择对特定 SA 的反重放服务。如果开放了防重放服务,则计数值不允许折返。
- **载荷数据**(变量):变长的字段,包括被加密保护的传输层分段(传输模式)或 IP 包(隧道模式)。该字段的长度是字节的整数倍。

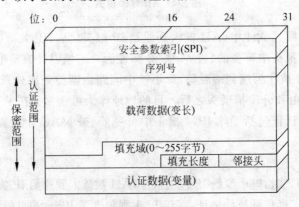

图 5-6　ESP 格式

- **填充域**(0～255 字节)：可选字段,但所有实现都必须支持生成和消费填充值。该字段满足加密算法的需要(如果加密算法要求明文是字节的整数倍),还可以提供通信流量的保密性。发送方可以填充 0～255 字节的填充值。
- **填充长度**(8 位)：紧跟填充域,指示填充数据的长度,有效值范围是 0～255。
- **邻接头**(8 位)：标识载荷中第一个报头的数据类型(如 IPv6 中的扩展头或上层协议 TCP 等)。
- **认证数据**(变长)：一个变长域(必须为 32 位字长的整数倍),包含根据除认证数据域外的 ESP 包计算的完整性校验值。该字段长度由所选择的认证算法决定。

载荷数据、填充数据、填充长度和邻接头域在 ESP 中均被加密。如果加密载荷的算法需要初始向量 IV 这样的同步数据,则必须从载荷数据域头部取,IV 通常作为密文的开头,但并不被加密。

对加密来说,发送方封装 ESP 字段,添加必要的填充并加密结果；发送方使用 SA 和 IV(密码同步数据)指定的密钥、加密算法、算法模式来加密字段。如果加密算法要求 IV,则这个数据被显示地携带在载荷字段中。加密在认证之前执行,并且不包含认证数据。这种方式有利于接收方在解密之前快速地检测数据包,拒绝重放和伪造的数据包。

接收方使用密钥、解密算法和 IV 来解密 ESP 载荷数据、填充、填充长度和邻接头。如果指明使用了显示 IV,则这个数据从负载中取出,输入到解密算法中。如果使用隐式 IV,则接收方构造一个本地 IV 输入到解密算法中。

认证算法由 SA 指定。与 AH 相同,ESP 支持使用默认为 96 位的 MAC,且应支持 HMAC-MD5-96 和 HMAC-SHA-1-96。发送方针对去掉认证数据部分的 ESP 计算 ICV。SPI、序列号、载荷数据、填充数据、填充长度和邻接头都包含在 ICV 的计算中。

1. 传输模式 ESP

传输模式 ESP 用于加密和认证(可选)IP 携带的数据(如 TCP 分段),如图 5-7 所示。

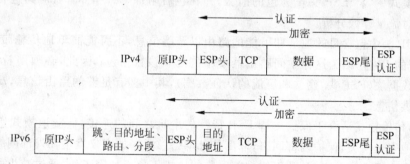

图 5-7　传输模式 ESP

在此模式下使用 IPv4,ESP 头位于传输头(TCP,UDP,ICMP)之前,ESP 尾(填充数据、填充长度和邻接头域)放入 IP 包尾部。如果选择了认证,则将 ESP 的认证数据域置于 ESP 尾之后。整个传输层分段和 ESP 尾一起加密。认证覆盖 ESP 头和所有密文。

在 IPv6 中,ESP 被视为端到端载荷,即不被中间路由器校验和处理。因此,ESP 头出现在 IPv6 基本头、跳、路由和分段扩展头之后,目的可选扩展头可根据用户的愿望出现在 ESP 头之前或之后。如果可选扩展头在 ESP 头之后,则加密包括整个传输段、ESP 尾和目的可选扩展头。认证覆盖了 ESP 头和所有密文。

传输模式操作可归纳如下：

(1) 在源端,包括 ESP 尾和整个传输层分段的数据块被加密,块中的明文被密文替代,形成要传输的 IP 包,如果选择了认证,则加上认证。

(2) 将包送往目的地。中间路由器需要检查和处理 IP 头和任何附加的 IP 扩展头,但不需要检查密文。

(3) 目的结点对 IP 报头和任何附加的 IP 扩展头进行处理后,利用 ESP 头中的 SPI 解密包的剩余部分,恢复传输层分段数据。

传输模式操作为任何使用它的应用提供保护,而不需要在每个单独的应用中实现。同时,这种方式也是高效的,仅增加了少量的 IP 包长度。它的一个弱点是有可能对传输包进行流量分析。

2. 隧道模式 ESP

隧道模式 ESP 用于加密整个 IP 包,如图 5-8 所示。

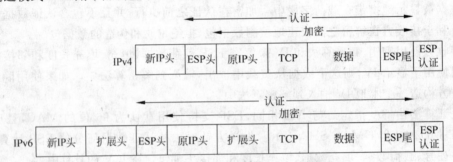

图 5-8　隧道模式 ESP

在此模式中,将 ESP 头作为包的前缀,并在包后附加 ESP 尾,然后对其进行加密。该模式用于对流量计数分析。

由于 IP 头中包含目的地址和可能的路由以及跳信息,不可能简单地传输带有 ESP 头的、被加密的 IP 包,因为这样中间路由器就不能处理该数据包；因此,必须用新的 IP 报头封装整个数据块(ESP 头、密文和可能的认证数据),其中拥有足够的路由信息,却没有为流量分析提供信息。

然而,传输模式适合于保护支持 ESP 特性的主机之间的连接,而隧道模式则适用于防火墙或其他安全网关,保护内部网络,隔离外部网络。后者加密仅发生在外部网络和安全网关之间或两个安全网关之间,从而使内部网络的主机不负责加密工作,通过减少所需密钥数目简化密钥分配任务。另外,它阻碍了基于最终目的地址的流量分析。

5.1.5　IKE

IPSec 的密钥管理包括密钥的建立和分发。密钥建立是依赖于加密的数据保护的核心,密钥分发则是数据保护的基础。IPSec 体系结构文档要求支持两种密钥管理类型：

- 手动：系统管理员手动地为每个系统配置自己的密钥和其他通信系统密钥。这种方式适用于小规模、相对静止的环境。
- 自动：在大型分布系统中使用可变配置为 SA 动态按需创建密钥。

Internet 密钥交换(Internet Key Exchange,IKE)用于动态建立 SA 和会话密钥。在建立安全会话之前,通信双方需要一种协议,用于自动地、以受保护的方式进行双向认证、建立共享的会话密钥和生成 IPSec 的 SA,这一协议叫做 Internet 密钥交换(Internet Key Exchange,IKE)协议。IKE 的目的是使用某种长期密钥(如共享的秘密密钥、签名公钥和加密公钥)进行双向认证并建立会话密钥,以保护后续通信。IKE 代表 IPSec 同 SA 进行协商,并对安全关联数据库(SAD)进行填充。

IETF 设计了 IKE 的整个规范,主要由三个文档定义:RFC2407、RFC2408 和 RFC2409。RFC2407 定义了因特网 IP 安全解释域(IPSec DOI),RFC2408 描述因特网安全关联和密钥管理协议 ISAKMP,RFC2409 则描述了 IKE 如何利用 Oakley、SKEME 和 ISAKMP 进行安全关联的协商。

ISAKMP 为认证和密钥交换提供了一个框架,用来实现多种密钥交换。ISAKMP 自身不包含特定的交换密钥算法,而是定义了一系列使用各种密钥交换算法的报文格式,规定了通信双方的身份认证、安全关联的建立和管理、密钥产生的方法,以及安全威胁(如重放攻击)的预防。

Oakley 是一个基于 Diffie-Hellman 算法的密钥交换协议,描述了一系列被称为"模式"的密钥交换,并且定义了每种模式提供的服务。Oakley 允许各方根据本身的速度来选择使用不同的模式。以 Oakley 为基础,IKE 借鉴了不同模式的思想,每种模式提供不同的服务,但都产生一个结果:通过验证的密钥交换。在 Oakley 中,并未定义模式进行一次安全密钥交换需要交换的信息,而 IKE 对这些模式进行了规范,将其定义为正规的密钥交换方法。

SKEME 是另外一种密钥交换协议,定义了验证密钥交换的一种类型。其中,通信各方利用公钥加密实现相互间的验证;同时"共享"交换的组件。每一方都要用对方的公钥来加密一个随机数字,两个随机数(解密后)都会对最终的会话密钥产生影响。通信的一方可选择进行一次 Diffie-Hellmna 交换,或者仅仅使用另一次快速交换对现有的密钥进行更新。IKE 在它的公共密钥加密验证中,直接借用了 SKEME 的这种技术,同时也借用了快速密钥刷新的概念。

DOI 是 ISAKMP 的一个概念,规定了 ISAKMP 的一种特定用法,其含义是:对于每个 DOI 值,都应该有一个与之相对应的规范,以定义与该 DOI 值有关的参数。IKE 实际上是一种常规用途的安全交换协议,适用于多方面的需求,如 SNMPv3、OSPFZv 等。IKE 采用的规范是在"解释域"中制定的,它定义了 IKE 具体如何协商 IPSec SA。如果其他协议要用到 IKE,那么每种协议都要定义各自的 DOI。

因此,由 RFC2409 文档描述的 IKE 属于一种混合型协议。它创建在 ISAKMP 定义的框架上,沿用了 Oakley 的密钥交换模式以及 SKEME 的共享和密钥更新技术,还定义了它自己的两种密钥交换方式,从而定义出自己独一无二的验证加密材料生成技术,以及协商共享策略。

IKE 定义了两个阶段的 ISAKMP 交换。阶段 1 建立 IKE SA,对通信双方进行双向身份认证,并建立会话密钥;阶段 2 使用阶段 1 建立的会话密钥,建立一个或多个 ESP 或 AH 使用的 SA。IKE SA 定义了双方的通信形式,如使用哪种算法来加密 IKE 通信、怎样对远程通信方的身份进行验证等。随后,便可用 IKE SA 在通信双方之间建立任何数量的 IPSec SA。因此,在具体的 IPSec 实现中,IKE SA 保护 IPSec SA 的协商,IPSec SA 保护最终的网络中的数据流量。

1. IKE 阶段 1

阶段 1 的交换有两种模式：积极模式和主模式，如图 5-9 所示。

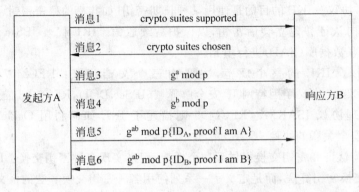

(a) 主模式

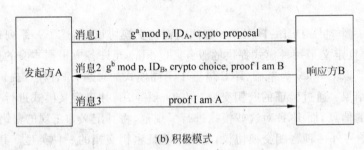

(b) 积极模式

图 5-9　IKE 阶段 1 的模式

积极模式(aggressive mode)使用 3 条消息完成，前两条消息是 Diffie-Hellman 交换，用于建立会话密钥；消息 2 和消息 3 完成了双向认证。在消息 1 中，发起方可以提议密码算法。但是因为发起方还要发送一个 Diffie-Hellman 数，所以必须指定一种唯一的 Diffie-Hellman 组，并期望响应方能够支持。如果不能支持，则响应方会拒绝本次链接请求，而且不会告诉发起方自己能够支持的算法。

主模式则需要 6 条消息。在第一对消息中，发起方发送一个 cookie 并请求对方的密码算法，响应方回应自己的 cookie 和能够接受的密码算法。消息 3 和消息 4 是一次 Diffie-Hellman 交换过程。消息 5 和消息 6 用消息 3 和消息 4 商定的 Diffie-Hellman 数值进行加密，完成双向身份认证的过程。主模式可以协商所有密码参数：加密算法、散列算法、认证方式和 Diffie-Hellman 组，由发起方提议，响应方选择。IKE 为每类密码参数规定了必须实现的算法，加密算法必须支持 DES，散列算法要实现 MD5，认证方式要支持预先共享密钥的方式，Diffie-Hellman 组则是特定的 g 和 p 的模指数。

积极模式的消息 2 和消息 3、主模式的消息 5 和消息 6 都包含一个身份证据，用于证明发送方知道与其身份相关的秘密，同时作为以前发送的消息的完整性保护。在 IKE 中，身份证据随着认证方式的不同而不同。IKE 阶段 1 可以接受的认证方法包括预先共享的秘密密钥、加密公钥、签名公钥等。通常，身份证据由某种密钥的散列值、Diffie-Hellman 值、Nonce、cookie 等构成。

2. IKE 阶段 2

IKE 阶段 2 定义了快速交换模式,用于建立 ESP 和 AH 的 SA。快速模式包含三条消息,能够协商 IPSec SA 的参数,如图 5-10 所示。

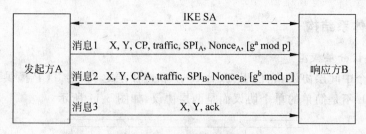

图 5-10   IKE 阶段 2 的快速模式

其中,X 代表阶段 1 中生成的 cookie 对;Y 代表阶段 2 中发起方选择的 32 比特数,用于区分阶段 2 中的不同会话;CP 代表发起方提议的密码参数,CPA 则代表响应方选择的密码参数;traffic 代表通信流类型,用来限制通过该 IPSec SA 传输的通信流;[ ] 代表此字段是可选的。快速模式中的所有消息中,除了 X 与 Y,消息其余部分都用阶段 1 中 IKE SA 的加密密钥进行加密,并用 IKE SA 的完整性保护密钥进行完整性保护。

5.2   SSL/TLS

安全套接层协议(Secure Socket Layer,SSL)最初是由 Netscape 公司于 1994 年设计的,主要目标是为 Web 通信协议——HTTP 协议提供保密和可靠通信。1996 年 Netscape 公司发布了 SSL 3.0,该版本发明了一种全新的规格描述语言,以及一种全新的记录类型和数据编码,还弥补了加密算法套件反转攻击这个安全漏洞。SSL 3.0 与 SSL 2.0 是向后兼容的。SSL 3.0 相比 SSL 2.0 更加成熟和稳定,因此很快成为事实上的工作标准。

1997 年,IETF 基于 SSL 协议发布了传输层安全协议(Transport Layer Security,TLS)的 Internet Draft。1999 年,IETF 正式发布了关于 TLS 的 RFC2246。TLS 是 IETF 的 TLS 工作组在 SSL 3.0 的基础之上提出的,最初版本是 TLS 1.0,最新版本是 2006 年发布的 TLS 1.1。TLS 1.0 可看做 SSL 3.1,它和 SSL 3.0 的差别不大,而且考虑了和 SSL 3.0 的兼容性。

SSL/TLS 被设计为运行在 TCP 协议栈的传输层之上,使得该协议可以被部署在用户级进程中,而不需要对操作系统进行修改。基于 TCP 协议而不是 UDP 协议,使得 SSL/TLS 更加简单,不需要考虑超时和数据丢失重传的问题,因为 TCP 已经处理了这些问题。使用 TCP 提供的可靠的数据流服务,SSL/TLS 对传输的数据不做变更,只是分割成带有报文头和密码学保护的记录,一端写入的数据完全是另一端读取的内容,这种透明性使得几乎所有基于 TCP 的协议稍加改动就可以在 SSL 上运行。

SSL/TLS 协议提供的服务具有以下三个特性:

- 保密性:在初始化连接后,数据以双方商定的密钥和加密算法进行加密,以保证其机密性,防止被非法用户破译。

- **认证性**：协议采用非对称密码体制对对端实体进行鉴别,使得客户端和服务器端确信数据能够被发送到正确的客户机和服务器上。
- **完整性**：协议采用散列函数来处理消息,提供数据完整性服务。

5.2.1　SSL 体系结构

1. SSL 协议分层模型

SSL 是一个中间层协议,它位于 TCP/IP 层和应用层之间,为 TCP 提供可靠的端到端安全服务。SSL 不是简单的单个协议而是两层协议,如图 5-11 所示。

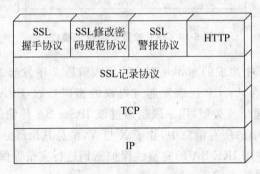

图 5-11　SSL 协议的分层模型

在底层,SSL 记录层协议建立在某一可靠的传输协议(如 TCP 协议)之上,基于该可靠的传输协议向上层提供机密性、真实性和重复的保护。发送时,SSL 记录协议接收上层应用消息,将数据分段为可管理的块,可选择地压缩数据,应用 MAC,加密,添加一个头部,并将结果传送给 TCP。接收到的数据则被解密、验证、解压缩、重组后交付给高层。记录层上有三个高层协议:SSL 握手协议、SSL 密码修改协议和 SSL 报警协议。握手协议允许客户端和服务器彼此认证对方,并且在应用协议发出或收到第一个数据之前协商加密算法和加密密钥。这样做的原因是保证了应用协议的独立性,使低层协议对高层协议是透明的。为 Web 客户端服务器交互提供传送服务的 HTTP 协议可以在上层访问 SSL 记录协议。

SSL 中包含两个重要概念:SSL 会话和 SSL 连接。

2. SSL 会话

SSL 会话是一个客户端和服务器间的关联,会话是通过握手协议创建的,定义了一组密码安全参数,这些密码安全参数可以由多个连接共享。会话可用于减少为每次连接建立安全参数的昂贵的协商费用。SSL 会话可协调服务器和客户端的状态。

每个会话具有多种状态。一旦会话建立,则进入针对读和写(即接收和发送)的当前操作状态。在握手协议中创建了读挂起状态和写挂起状态。在握手协议成功完成后,挂起状态成为当前状态。

一个会话状态由以下参数定义(参见 SSL 规范):

- **会话标识符**：一个由服务器生成的数值,用于标识活动的或恢复的会话状态。
- **对等实体证书**：对等实体的一个 X509.v3 证书,此状态元素可以为空(Null)。
- **压缩方法**：在加密前使用的压缩数据的算法。
- **密码规范**：描述了大量数据的加密算法(如 null、AES 等)和用于计算 MAC 的散列算法(如 MD5 或 SHA-1),同时也定义散列值大小等密码学属性。

- **主密码**:一个由客户端和服务器共享的 48 字节的秘密数值,提供用于生成加密密钥、MAC 秘密和初始化向量 IV 的秘密数据。
- **可恢复性标志**:一个标志,表明会话能否用于初始化一个新的连接。

3. SSL 连接

连接是提供合适服务类型的一种传输(OSI 层次模型定义)。对 SSL 来说,连接表示的是对等网络关系,且连接是短暂的;而会话具有较长的生命周期,在一个会话中可以建立多个连接,每个连接与一个会话相关。这是因为 SSL/TLS 被设计为与 HTTP 1.0 协同工作,而 HTTP 1.0 协议具有可在客户端和 Web 服务器之间打开大量 TCP 连接的特点。

连接状态可用以下参数定义:

- **服务器和客户端随机数**:一个服务器和客户端为每个连接选择的随机字节序列。
- **服务器写 MAC 密码**:一个服务器发送数据时在 MAC 操作中使用的密钥。
- **客户端写 MAC 密码**:一个客户端发送数据时在 MAC 操作中使用的密钥。
- **服务器写密钥**:一个服务器加密和客户端解密数据时使用的常规的密钥。
- **客户端写密钥**:一个客户端加密和服务器解密数据时使用的常规的密钥。
- **初始化向量 IV**:当使用 CBC 模式的分组密码时,需要为每个密钥维护一个初始化向量(IV)。该字段首先由 SSL 握手协议初始化,其后,每个记录的最后一个密文分组被保存,以作为下一个记录的 IV。在加密之前,IV 与第一个明文分组进行异或运算。
- **序列号**:会话的各方为每个连接传送和接收消息维护一个单独的序列号。当接收或发送一个修改密码规范协议报文时,消息序列号被设为 0。序列号不能超过 $2^{64}-1$。

4. SSL 基本流程

简化的 SSL 协议如图 5-12 所示。在基本流程中,客户端 A 发起与服务器 B 的连接,然后 B 把自己的证书发送给 A。A 验证 B 的证书,从中提取 B 的公钥,然后选择一个用来计算会话密钥的随机数,将其用 B 的公钥加密发送给 B。基于这个随机数,双方计算出会话密钥(主密钥)。然后通信双方使用会话密钥对会话数据进行加密和完整性保护。

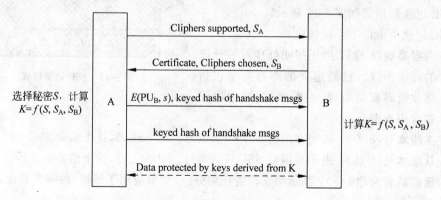

图 5-12　简化的 SSL 协议

消息 1:A 发起会话请求,并发送自己支持的密码算法的列表和一个随机数 S_A。

消息 2:B 把自己的证书以及另一个随机数 S_B 发送给 A,同时在消息 1 的密码算法列表中选择自己能够支持的算法响应给 A。

消息 3：A 选择一个随机数 S，根据 S、S_A 和 S_B 计算会话密钥(主密钥)K。然后 A 用 B 的公钥加密 S 后发送给 B，同时发送的还有会话密钥 K 和握手消息的散列值，用来证明自己的身份，同时还可以防止攻击者对消息的篡改。这个散列值是经过加密和完整性保护的。用于加密这个散列值的加密密钥同时也是对将来的会话数据进行加密的密钥，它是根据主密钥 K、S_A 和 S_B 计算出来的。用于数据发送的密钥称为写密钥，用于数据接收的密钥称为读密钥。发送、接收两个方向都需要加密密钥、完整性保护密钥和初始向量 IV，因此共需要 6 个密钥。这 6 个密钥都是通过会话主密钥生成的。

消息 4：B 也根据 S、S_A 和 S_B 计算会话密钥 K。B 发送此前所有握手消息的散列值，此散列值用 B 的写加密密钥进行加密保护，用 B 的写完整性保护密钥进行完整性保护。通过这个消息，B 证明自己知道会话密钥，同时也证明自己知道 B 的私钥，因为 K 是从 S 导出的，而 S 是使用 B 的公钥加密的。

至此，A 完成了对 B 的认证，但 B 没有对 A 的身份进行认证。这是因为实际应用中很少需要双向认证，只是需要客户端认证服务器，而不需要服务器认证客户端。如果客户端拥有证书，也可以实现双向认证。但在实际应用中，服务器通常通过要求客户端把会话密钥加密的用户名和口令发送过来，实现对客户端的认证。

5.2.2　SSL 记录协议

在 SSL 协议中，所有的传输数据都被封装在记录中。记录是由记录头和长度不为 0 的记录数据组成的。所有的 SSL 通信均包括握手消息、安全空白记录和应用数据，都使用 SSL 记录层。SSL 记录协议包括了记录头和记录数据格式的规定。

SSL 记录协议为 SSL 连接提供两种服务：

- **保密性**：握手协议定义了加密 SSL 载荷的加密密钥。
- **消息完整性**：握手协议也定义了生成消息认证代码(MAC)的共享密钥。

SSL 记录的格式如图 5-13 所示。

SSL 记录头由以下字段构成：

- **内容类型**(8 位)：用于指明处理封装分段的高层协议。已经定义的内容类型包括修改密码规范协议、报警协议、握手协议和应用数据。

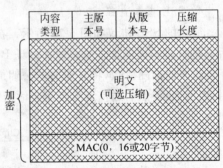

图 5-13　SSL 记录格式

- **主版本号**(8 位)：表明在用的 SSL 主版本号。对 SSLv3，这个值为 3。
- **从版本号**(8 位)：表明在用的 SSL 从版本号。对 SSLv3，这个值为 0。
- **压缩后长度**(16 位)：指示明文段或压缩分段(如果应用了压缩)的字节长度，最大为 $2^{14}+2048$。

SSL 记录可能的有效载荷如图 5-14 所示。

图 5-15 描述了 SSL 记录协议的整个操作过程。发送时，SSL 记录协议从高层协议接收一个要传送的任意长度的数据，将数据分成多个可管理的段，可选择地进行压缩，然后应用

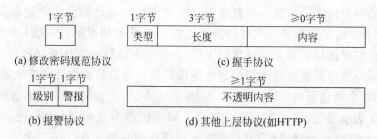

图 5-14　SSL 记录协议的有效载荷

MAC,利用 IDEA、DES、3DES 或其他加密算法进行数据加密,再加上一个 SSL 记录头,将得到的最终数据单元(即一个 SSL 记录)放入一个 TCP 报文段中发送出去。接收数据则与发送数据的过程相反,接收的数据被解密、验证、解压、重组后,再传递给高层应用。

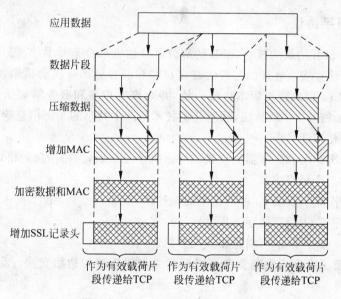

图 5-15　SSL 记录协议的操作过程

5.2.3　SSL 修改密码规范协议

　　修改密码规范协议是 SSL 三个特定协议之一,也是最简单的一个。该协议由一条消息组成,该消息只包含一个值为 1 的单个字节,如图 5-14(a)所示。客户端和服务器端都能发送改变密码说明消息,通知接收方将使用刚刚协商的密码算法和密钥来加密后续的记录。这条消息的接收引起未决状态被复制到当前状态,更新本连接中使用的密码组件:加密算法、散列算法以及密钥等。客户端在握手密钥交换和验证服务器端证书后发送修改密码规范消息,服务器则在成功处理它从客户端接收的密钥交换消息后发送该消息。

　　为了保障 SSL 传输过程的安全性,双方应该每隔一段时间改变一次加密规范。

5.2.4　SSL 报警协议

　　报警协议用于向对等实体传递 SSL 相关的报警。如果在通信过程中某一方发现任何异常,就需要给对方发送一条警示消息通告。报警消息传达此消息的严重程度和对此报警的描述。最严重一级的报警消息将立即终止连接。在这种情况下,本次对话的其他连接还可以继续进行,但对话标识符必须设置为无效,以防止此失败的对话重新建立新的连接。与其他的消息一样,报警消息也是利用由当前连接状态所指出的算法加密和压缩的。

此协议的每个消息由两个字节组成,如图 5-14(b)所示。第一个字节表示消息出错的严重程度,值 1 表示警告,值 2 表示致命错误。如果级别为致命,则 SSL 将立即终止连接,而会话中的其他连接将继续进行,但不会在此会话中建立新连接。第二个字节包含描述特定报警信息的代码。

SSL 握手协议中的错误处理是很简单的。当发现一个错误后,发现方将向对方发一个消息。当传输或收到最严重一级的报警消息时,连接双方均立即终止此连接。服务器和客户端均应忘记前一次对话的标识符、密钥及有关失败的连接的共享信息。

5.2.5　SSL 握手协议

握手协议是 SSL 协议的核心,SSL 的部分复杂性也来自于握手协议。握手是指客户端与服务器端之间建立安全连接的过程。在客户端和服务器的一次会话中,SSL 握手协议对它们所使用的 SSL/TLS 协议版本达成一致,并允许客户端和服务器端通过数字证书实现相互认证,协商加密和 MAC 算法,利用公钥技术来产生共享的私密信息等。握手协议在传递应用数据之前使用。

握手协议由客户端和服务器间交换的一系列消息组成,这些消息的格式如图 5-14(c)所示。每个消息由三个域组成:

- **类型**(1 字节):表明 10 种消息中的一种。
- **长度**(3 字节):消息的字节长度。
- **内容**(≥0 个字节):与消息相关的参数。

图 5-16 表明了在客户端与服务器之间建立逻辑连接的初始交换。此交换过程包括 4 个阶段。

1. 阶段 1：建立逻辑连接

此阶段用于建立初始的逻辑连接,并建立与之相连的安全能力。客户端向服务器发送一条客户端 hello 消息(client_hello),服务器必须使用服务器 hello 消息(server_hello)进行响应,否则就会造成致命错误,同时连接失败。在客户端 hello 消息中,客户端提供给服务器端一个算法和压缩方式列表,顺序排列与偏好相一致。服务器从中进行选择,并把选择结果通过服务器 hello 消息反馈给客户端。经过这一阶段,客户端与服务器双方对以下参数达成共识:协议版本、随机数、会话 ID、密码组件以及压缩算法等。

客户端发起这个交换,发送具有如下参数的 client_hello 消息:

- **版本号**:客户端希望在本次会话中用以通信的 SSL 协议版本号,它应该是客户端能够支持的最新版本。
- **随机数**:由客户端生成的随机数结构,用 32 位时间戳和一个安全随机数生成器生成的 28 字节随机数组成。这些值作为 nonce,在密钥交换时防止重放攻击。
- **会话标识**:一个变长的会话标识。非 0 值意味着客户端想更新已存在连接的参数或在此会话中创建一个新的连接;0 值意味着客户端想在新会话上创建一个新连接。

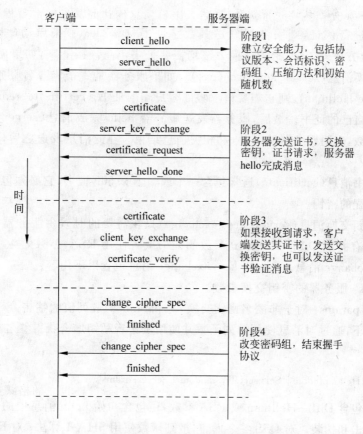

图 5-16　握手协议处理过程

- **密码组**：按优先级降序排列的、客户端支持的密码套件列表。表的每个元素定义了一个密码套件，包括加密算法、密钥长度、MAC 算法等。协议中预先定义好了大约 30 种密码套件，每个套件被分配了一个数值。
- **压缩方法**：一个客户端支持的压缩方法列表，也是按照优先级降序排列的。

　　客户端发出消息 client_hello 后，会等待包含与消息 client_hello 参数相同的 server_hello 消息的到来。如果服务器找到一组可接受的密码算法，它将发送此消息；否则，服务器将以握手失败报警消息来响应客户端。

　　server_hello 消息具有如下内容：

- **版本号**：这个字段包含的是客户端支持的最低版本号和服务器支持的最高版本号。
- **随机数**：随机数域是由服务器生成的，与客户端的随机数域相互独立。
- **会话标识**：对应当前连接的会话。如果客户端 hello 消息中的会话标识非 0，服务器将查看它的会话缓冲区来寻找匹配的会话 ID。如果找到并且服务器愿意使用指定的会话状态建立新连接，则服务器将使用与客户端 hello 中会话 ID 相同的值来回应。
- **密码组**：服务器从客户端 hello 消息中的密码组中选择的密码套件子集。
- **压缩方法**：服务器从客户端 hello 消息的压缩方法列表中选择的单个压缩方法。

2. 阶段 2：服务器认证和密钥交换

如果需要进行认证,则服务器发送其数字证书(certificate)来启动此阶段。除匿名 Diffie-Hellman 方法外,其他密钥交换方法均需要证书消息。接下来,如果需要,可以发送服务器密钥交换消息(server_key_exchange)。如果服务器是一个非匿名服务器(服务器不使用匿名 Diffie-Hellman),则它需要请求验证客户端的证书(certificate_request);此时客户端必须发送自己的证书。最后,服务器发送服务器 hello 完成消息(server_hello_done),此消息不带参数,表明服务器的 hello 和相关消息结束。在此消息发送之后,服务器将等待客户端应答。

服务器证书消息(certificate)通常包含一个或多个 x.509 证书,它必须包含一个与密钥交换方法相匹配的密钥。

服务器密钥交换消息(server_key_exchange)只在需要的时候由服务器发送。如果服务器发送了带有固定 Diffie-Hellman 参数的证书或者使用 RSA 密钥交换,则不需要发送 server_key_exchange 消息。server_key_exchange 消息包含以下内容:

- **Params**：服务器的密钥交换参数。
- **Signed params**：对于非匿名密钥交换,对 params 的散列值的签名。

通常情况下,通过对消息使用散列函数并使用发送者私钥加密获得签名。在此,散列函数定义如下:

$$hash(ClientHello.random \parallel ServerHello.random \parallel ServerParams)$$

散列不仅包含 Diffie-Hellman 或 RSA 参数,还包含初始 hello 消息中的两个 nonce,可以防止重放攻击和伪装。对 DSS 签名而言,散列函数使用 SHA-1 算法;对 RSA 签名而言,将要计算 MDS 和 SHA-1,再将两个散列结果串接(36 字节)后,用服务器私钥加密。

证书请求消息(certificate_request)包含两个参数：证书类型和认证机构。证书类型是一个请求证书类型列表,按照服务器的喜好排序。认证中心则列出了一个可接受的认证机构名称表。

服务器完成消息(server_hello_done)通常是需要的。此消息由服务器发送,指示服务器的 hello 和相关消息结束。这个消息意味着服务器已经完成了发送支持密钥交换的消息,客户端可以处理自己的密钥交换阶段。在接收到服务器完成消息之后,如果服务器请求了证书,客户端需要验证服务器是否提供了合法证书,并且检查 server_hello 参数是否可接受。如果所有的条件均满足,则客户端向服务器发回一个或多个消息。

3. 阶段 3：客户端认证和密钥交换

如果服务器请求了证书,则在此阶段客户端开始发送一条证书消息(certificate)。如果不能提供合适的证书,则客户端将发送一个"无证书报警"。接下来是此阶段必须要发送的客户端密钥交换消息(client_key_exchange),消息的内容依赖于密钥交换的类型:

- **RSA**：客户端生成 48 字节的次密钥,并使用服务器证书中的公钥或服务器密钥交换消息中的临时 RSA 密钥加密。次密钥用于主密钥的计算。
- **瞬时或匿名 Diffie-Hellman**：发送客户端的 Diffie-Hellman 公钥参数。
- **固定 Diffie-Hellman**：由于证书消息中包括 Diffie-Hellman 公钥参数,因此该消息内容为空。

- **Fortezza**：发送客户端的 Fortezza 参数。

在此阶段的最后，客户端可以发送一个**证书验证消息**（certificate_verify message）来提供对客户端证书的精确认证。此消息只有在客户端证书具有签名能力时才发送（如除带有固定 Diffie-Hellman 参数外的所有证书）。此消息是对一个基于前述消息的散列编码的签名，其定义如下：

```
CertificateVerify. signature. md5_hash
    MD5(master_secret ‖ pad_2 ‖ MD5 (handshake_messages ‖
        master_sercet ‖ pad_1));
Certificate. signature. sha_hash
    SHA(master_secret ‖ pad_2 ‖ SHA (handshake_messages ‖
        master_secret ‖ pad_1));
```

其中，pad_1 和 pad_2 是前面 MAC 定义的值，握手消息指的是从 client_hello 开始（不包括这条消息）发送或接收的所有握手协议消息。如果用户私钥是 DSS，则被用于加密 SHA-1 散列；如果用户私钥是 RSA，则被用于加密 MD5 和 SHA-1 散列连接。

4. 阶段 4：完成

此阶段完成安全连接的设置。客户端发送修改密码规范消息（change_cipher_spec）并将挂起 CipherSpec 复制到当前 CipherSpec 中。之后客户端立即使用新的算法、密钥和密码发送新的完成消息（finish）。完成消息对密钥交换和认证过程的正确性进行验证。完成消息是两个散列值的拼接：

```
MD5(master_secret ‖ pad_2 ‖ MD5(handshake_messages ‖ sender ‖
    master_secret ‖ pad_1))
SHA(master_secret ‖ pad_2 ‖ SHA(handshake_messages ‖ sender ‖
    master_secret ‖ pad_1))
```

在应答这两个消息时，服务器发送自己的修改密码规范消息（change_cipher_spec），并向当前的 CipherSpec 中复制挂起 CipherSpec，发送完成消息（finish）。一旦一方发送了自己的完成消息，并验证了对方的完成消息，则可以在这个连接上发送和接收应用数据。应用数据被透明处理，由记录层携带，并基于当前连接状态被分段、压缩、加密。

5.2.6　TLS

传输层安全(TLS)是 IETF 标准的初衷，其目标是成为 SSL 的互联网标准。TLS v1 协议本身基于 SSL v3，很多与算法相关的数据结构和规则十分相似。因此，TLS v1 与 SSL v3 的差别并不是非常大，但也存在些许区别，在此不做详述。

5.3　PGP

通过在 IP 层上实现安全性，IPSec 对终端用户和应用均是透明的，提供通用的解决方案，不仅可以保护各种带安全机制的应用程序，而且可以保护许多无安全机制的应用。SSL/TLS 则在 TCP 之上实现安全性。一般来说，SSL/TLS 可以作为潜在的协议对应用透明,也可以在特定包中使用,如 Netscape 和 IE 浏览器均提供 SSL。另一方面,不同的应用对安全有着不同的需求。因此,人们设计了各种与具体应用相关的安全机制。PGP 就是一种流行的安全电子邮件系统。

电子邮件是一种用电子手段提供信息交换的通信方式。它不是一种"端到端"的服务,而是"存储转发式"的服务,属异步通信方式。信件发送者可随时随地发送邮件,不要求接收者同时在场,即使对方当时不在,仍可将邮件立刻送到对方的信箱内,且存储在对方的电子邮箱中。接收者可在他认为方便的时候读取信件,不受时空限制。电子邮件作为 Internet 上最重要的服务的同时,也是安全漏洞最多的服务之一。缺乏安全机制的电子邮件会给人们的隐私和安全带来严重的威胁,甚至严重影响人与人之间的交流。

PGP(Pretty Good Privacy)是 Phillip Zimmerman 在 1991 年提出来的。它可以在电子邮件和文件存储应用中提供保密和认证服务,已经成为全球范围内流行的安全邮件系统之一。

PGP 综合使用了对称加密算法、非对称加密算法、单向散列算法以及随机数产生器。PGP 通过运用诸如 3DES、IDEA、CAST-128 等对称加密算法对邮件消息或存储在本地的数据文件进行加密来保证机密性,通过使用散列函数和公钥签名算法提供数字签名服务,以提供邮件消息和数据文件的完整性和不可否认性。通信双方的公钥发布在公开的地方,而公钥本身的权威性则可由第三方(特别是接收方信任的第三方)进行签名认证。

PGP 的迅速普及,原因可大致归纳如下:

(1) PGP 由完全自愿者开发团体在 Phillip Zimmerman 的指导下开发后继版本。PGP 提供各种免费的版本,可运行于各种平台,包括 Windows、UNIX、Macintosh 等。

(2) PGP 采用经过充分的公众检验,且被认为非常安全的算法,包括 RSA、DSS、Diffie-Hellman 等公钥加密算法,CAST-128、IDEA 和 3DES 等对称加密算法,以及散列算法 SHA-1。

(3) PGP 应用范围较为广泛,既可作为公司、团体中加密文件时所选择的标准模式,也可对互联网或其他网络上个人间的消息加密。

(4) PGP 不受任何政府或标准制定机构控制。

5.3.1 PGP 操作

PGP 的实际操作与密钥管理紧密相关,提供了 5 种服务:认证、保密、压缩、电子邮件兼容性和分段,参见表 5-1。

表 5-1 PGP 服务

功　能	使用的算法	描　　述
认证	DSS/SHA 或 RSA/SHA	利用 SHA-1 算法计算消息的散列值,并将此消息摘要用发送方的私钥按 DSS 或 RSA 加密,和消息串接在一起发送
保密	CAST 或 IDEA 或使用 Diffie-Hellman 的 3DES 或 RSA	发送方生成一个随机数作为一次性会话密钥,用此会话密钥将消息按 CAST-128 或 IDEA 或 3DES 算法加密;然后用接收方公钥按 Diffie-Hellman 或 RSA 算法加密会话密钥,并与消息一起加密

续表

功　　能	使用的算法	描　　述
压缩	ZIP	消息在应用签名之后、加密之前可用 ZIP 压缩
电子邮件兼容性	基数 64 转换	为了对电子邮件应用提供透明性，一个加密消息可以用基数 64 转换为 ASCII 串
分段	—	为了符合最大消息尺寸限制，PGP 执行分段和重新组装

1. 认证

PGP 使用散列函数和公钥签名算法提供了数字签名服务，如图 5-17 所示。

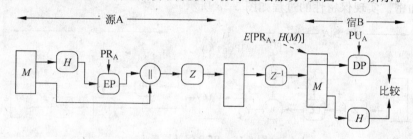

图 5-17　PGP 认证服务

图 5-17 中的符号含义如下：

K_s——一次性会话密钥，用于对称加密体制中；

PR_A——用户 A 的私钥，用于公钥加密体制中；

PU_A——用户 A 的公钥，用于公钥加密体制中；

EP——公钥加密；

DP——公钥解密；

EC——对称加密；

DC——对称解密；

H——散列函数；

∥——串接；

Z——用 ZIP 算法压缩；

Z^{-1}——解压缩。

图 5-15 所示的签名过程如下：

（1）发送方创建消息。

（2）发送方使用 SHA-1 计算消息的 160 位散列码。

（3）发送方使用自己的私钥，采用 RSA 算法对散列码加密，得到数字签名，并将签名结果串接在消息前面。

（4）接收方使用发送方的公钥按 RSA 算法解密，恢复散列码。

（5）接收方使用 SHA-1 计算新的散列码，并与解密得到的散列码比较。如果匹配，则证明接收到的消息是完整的，并且来自于真实的发送方。

SHA-1 和 RSA 的组合提供了一种有效的数字签名模式。由于 RSA 的安全强度，接收方可以确信只有相应私钥的拥有者才能生成签名；由于 SHA-1 的安全强度，接收方可以确信其他方都不可能生成一个与该散列编码相匹配的消息，从而确保是原始消息的签名。

作为一种替代方案,可以基于 DSS/SHA-1 生成数字签名。

2. 保密

PGP 通过运用诸如 3DES、IDEA、CAST-128 等对称加密算法、使用 64 位密码反馈模式(CFB)对待发送的邮件消息或存储在本地的数据文件进行加密来保证机密性服务。由于电子邮件具有"存储转发"的属性,使用安全握手协议来协商双方拥有相同的会话密钥是不实际的。因此,PGP 中的会话密钥是一次性密钥,只使用一次,即对每一个消息都要生成一个 128 位的随机数作为新的会话密钥。由于会话密钥仅仅使用一次,因此发送方必须将此会话密钥与消息绑定在一起,随消息一起传送。为了保护此会话密钥,发送方使用接收方的公钥对其加密。实现保密性的过程如图 5-18 所示。

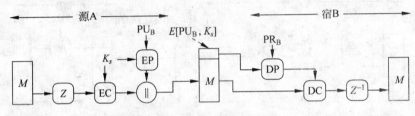

图 5-18　PGP 保密服务

(1) 发送方创建消息,并生成一个 128 位随机数作为会话密钥。

(2) 发送方对消息进行压缩,然后用会话密钥按 CAST-128(或 IDEA,3DES)加密压缩后的消息。

(3) 发送方用接收方的公钥按 RSA 加密会话密钥,并和消息密文串接在一起。

(4) 接收方使用其私钥按 RSA 解密,恢复出会话密钥。

(5) 接收方使用会话密钥解密消息。如果消息被压缩,则执行解压缩。

PGP 也可以使用 ElGamal 代替 RSA 进行密钥加密。

为了缩短加密时间,PGP 通常使用对称加密和公钥加密的组合方式,而不是直接使用 RSA 或 ElGamal 加密消息。CAST-128 及其他传统算法比 RSA 或 ElGamal 算法快得多。在 PGP 中,使用公钥算法的目的是解决一次性会话密钥的分配问题,因为只有接收方能恢复绑定在消息中的会话密钥。使用一次性的对称密钥加强了已经是强加密算法的安全性。每个密钥仅仅加密少量原文,并且密钥之间没有联系。在这种程度下,公钥算法是安全的,从而整个模式是安全的。

3. 保密和认证

PGP 中,可以将保密和认证两种服务同时应用于一个消息,如图 5-19 所示。

操作过程如下:

(1) 发送方创建消息,生成原始消息的签名,并与消息串接。

(2) 发送方用会话密钥、基于 CAST-128(或 IDEA,3DES)加密压缩后的、带签名的明文消息,并用 RSA(或 ElGamal)加密会话密钥。两次加密的结果被串接在一起,发送给接收方。

(3) 接收方使用自己的私钥,按照 RSA(或 ElGamal)解密会话密钥,并使用会话密钥解密,恢复压缩的带签名的明文消息。

(4) 接收方执行解压缩,得到签名和原始消息。

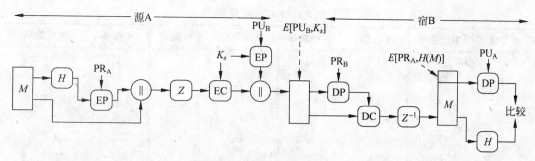

图 5-19 PGP 保密和认证

（5）接收方解密签名，并计算消息的散列值，通过比较两个结果，实现了认证。

简单地说，当需要同时提供保密和认证时，发送方首先用自己的私钥对消息签名，然后用会话密钥加密消息和签名，再用接收方的公钥加密会话密钥。

4. 压缩

作为一种默认处理，PGP 在应用签名之后、加密之前，要对消息进行压缩，使用的压缩算法是 ZIP。使用压缩使得发送的消息比原始明文更短，这样就节省了网络传输的时间和存储空间。

图 5-16 中，消息加密在压缩后进行，这是因为压缩实际上是一次变换，而且压缩后消息的冗余信息比原始消息少，使得密码分析更加困难。

图 5-17 所示的操作过程中，在压缩前生成签名，主要是基于如下考虑：对未压缩的消息签名可以将未压缩的消息和签名一起存放，以便将来验证时直接使用。而如果对一个压缩的文档签名，则将来要么将消息的压缩版本存放下来用于验证，要么在需要验证时再对消息进行压缩。

PGP 使用称之为 ZIP 的压缩包。ZIP 算法可能是应用最广泛的跨平台压缩技术。

5. Radix-64 变换

使用 PGP 时，通常少部分块将要被加密传输。如果仅仅使用了签名服务，就必须用发送方的私钥对消息摘要进行加密。如果还使用了保密服务，就需要将消息和签名（如果有）用一次性的会话密钥，按对称密码算法进行加密，因此，得到的部分或全部数据块由任意的 8 比特流组成。然而，许多电子邮件系统仅仅允许使用由 ASCII 文本组成的数据块通过。为了适应这个限制，PGP 提供了将原始 8 位二进制流转换为可打印的 ASCII 码字符的服务。为此目的的服务的模式称为基数 64 转换（Radix-64 转换）或者 ASCII 封装。原始二进制数据的三个 8 位二进制字节组成一组，并被映射为四个 ASCII 码字符，同时加上 CRC 校验以检测传送错误。

编码过程将三个 8 位输入组看做四个 6 位组，每一组变换成 Radix-64 字母表中的一个字符。6 位组到字符的映射如表 5-2 所示。

一个基数 64 转换算法盲目地将输入串转化为基数 64 格式而与上下文无关，即使在输入 ASCII 文本时也是如此。因此，如果一个消息被签名但未加密，且转换作用于整个块，则输出对窃听者不可读，从而提供了一定程度的保密性。PGP 也可以选择只对消息的签名部分进行基数 64 转换，使得接收方可以不使用 PGP 而直接阅读消息。PGP 也可用于验证签名。

表 5-2　Radix-64 编码

6 位值	字符编码	6 位值	字符编码	6 位值	字符编码	6 位值	字符编码
0	A	16	Q	32	g	48	w
1	B	17	R	33	h	49	x
2	C	18	S	34	i	50	y
3	D	19	T	35	j	51	z
4	E	20	U	36	k	52	0
5	F	21	V	37	l	53	1
6	G	22	W	38	m	54	2
7	H	23	X	39	n	55	3
8	I	24	Y	40	o	56	4
9	J	25	Z	41	p	57	5
10	K	26	a	42	q	58	6
11	L	27	b	43	r	59	7
12	M	28	c	44	s	60	8
13	N	29	d	45	t	61	9
14	O	30	e	46	u	62	+
15	P	31	f	47	v	63	/
						Pad	=

在接收端,将收到的块首先从基数 64 转换为二进制,然后如果消息加密过,则接收方恢复会话密钥,解密消息,再将得到的块解压。如果消息被签名,则接收方恢复传送过来的散列码,并与原散列码比较。

6. 分段和组装

电子邮件工具通常限制消息的最大长度,任何大于该长度的消息都必须分成若干小段,单独发送。

为了适应这个限制,PGP 自动将长消息分段,使之可以通过电子邮件发送。分段在所有其他操作之后进行,包括基数 64 转换。因此,会话密钥和签名部分仅在第一段的段首出现。在接收方,PGP 必须剥掉所有的电子邮件头,并组装得到原始邮件。

图 5-20 描述了 PGP 的消息发送和接收过程。在发送端,如果需要签名,可用明文的散列码生成签名,再将签名和明文一起压缩。接着,如果需要保密,可对由压缩的明文或压缩的签名加原文构成的块加密,与用公钥加密的会话密钥一起转换为基数 64 格式。

5.3.2　PGP 密钥

PGP 使用四种类型的密钥:一次性会话对称密钥、公钥、私钥、基于对称密钥的口令。这些密钥需要满足三种需求:

- 一次性会话密钥是不可预测的。
- 允许用户拥有多个公钥/私钥对,因为用户可能希望能经常更换他的密钥对。而当更换时,许多流水线中的消息往往仍使用已过时的密钥。另外,接收方在更新到达之前只知道旧的公钥,为了能改变密钥,用户希望在某一时刻拥有多对密钥与不同

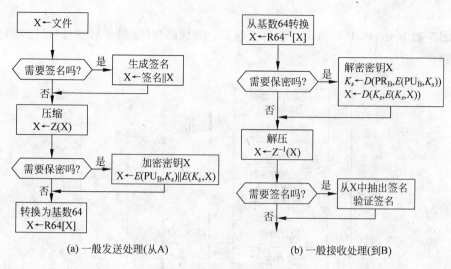

(a) 一般发送处理(从A)　　　　　　　(b) 一般接收处理(到B)

图 5-20　PGP 消息发送与接收

的人进行应答或限制用一个密钥加密消息的数量以增强安全性。所有这些情况导致了用户与公钥之间的应答关系不是一对一的,因此,需要能够鉴别不同的密钥。

- 每个 PGP 实体都必须管理一个自己的公钥/私钥对的文件和一个其他用户公钥的文件。

1. 会话密钥的产生

PGP 中,对每一个消息,都生成一个会话密钥,与此消息对应,用以加密和解密该消息。PGP 的会话密钥是个随机数,它是基于 ANSIX.917 的算法由随机数生成器产生的。随机数生成器从用户敲键盘的时间间隔上取得随机数种子。对于磁盘上的随机种子 randseed. bin 文件,采用和邮件同样强度的加密,有效地防止了他人从 randseed. bin 文件中分析出实际加密密钥的规律。

2. 密钥标识

PGP 允许用户拥有多个公开/私有密钥对。用户可能经常改变密钥对;而且同一时刻,多个密钥对在不同的通信组中使用。因此,用户和他们的密钥对之间不存在一一对应关系。例如 A 给 B 发信,如果没有密钥标识方法,B 可能就不知道 A 使用自己的哪个公钥加密的会话密钥。

一个简单的解决方案是将公钥和消息一起传送。这种方式可以工作,但却浪费了不必要的空间,因为一个 RSA 的公钥可以长达几百个十进制数。另一种解决方案是每个用户的不同公钥与唯一的标识一一对应,即用户标识和密钥标识组合,来唯一标识一个密钥。这时,只需传送较短的密钥标识即可。但这个方案产生了管理和开销问题:密钥标识必须确定并存储,使发送方和接收方能获得密钥标识和公钥间的映射关系。

因此,PGP 给每个用户公钥指定一个密钥 ID,在很大程度上与用户标识一一对应。它由公钥的最低 64bit 组成,这个长度足以使密钥 ID 的重复概率非常小。

PGP 的数字签名也需要使用密钥标识。因为发送方需要使用一个私钥加密消息摘要,接收方必须知道应使用发送方的哪个公钥解密。相应地,消息的数字签名部分必须包括公钥对应的 64 位密钥标识。当接收到消息后,接收方用密钥标识指示的公钥验证签名。

　　如图 5-21 所示,PGP 消息由三个部分组成:消息部分(即报文)、签名(可选)和会话密钥(可选)。

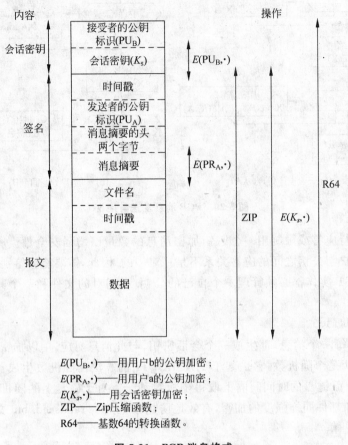

$E(PU_B,\cdot)$——用用户b的公钥加密;
$E(PR_A,\cdot)$——用用户a的公钥加密;
$E(K_s,\cdot)$——用会话密钥加密;
ZIP——Zip压缩函数;
R64——基数64的转换函数。

图 5-21　PGP 消息格式

　　消息部分包括将要存储或传输的数据如文件名、消息产生的时间戳等。

　　签名部分包括如下内容:

- **时间戳**:签名产生的时间戳。
- **消息摘要**:160 位的 SHA-1 摘要,用发送方的私钥加密摘要。摘要是通过计算签名时间戳和消息的数据部分得到的。摘要中包含的时间戳可以防止重播攻击。不包括消息部分的文件名和时间戳保证了分离后的签名与分离前的签名一致。基于单独的文件计算分离的签名,不包含消息头。
- **消息摘要的头两个字节**:为使接收方能够判断是否使用了正确的公钥解密消息摘要,可以通过比较原文中的头两个字节和解密后摘要中的头两个字节。这两个字节作为消息的 16 位校验序列。
- **发送方公钥的密钥标识**:标识解密所应使用的公钥,从而标识加密消息摘要的私钥。

消息和可选的签名可以使用 ZIP 压缩后再用会话密钥加密。

会话密钥包括会话密钥和标识发送方加密会话密钥时所使用的接收方公钥标识。

整个块使用基数 64 转换编码。

3. 密钥环

密钥标识对 PGP 操作是关键的,任何 PGP 消息中包含的两个密钥标识均可以提供保密性和认证功能。这些密钥必须采用有效的、系统的方式存储、组织,以供各方使用。PGP 为每个结点提供一对数据结构,一个用于存放本结点自身的公钥/私钥对,另一个用于存放本结点知道的其他用户的公钥,即私钥环和公钥环。这两种数据结构被称为私钥环和公钥环。可以认为,环是一个表结构,其中每一行表示用户拥有的一对公/私密钥。

私钥环表中,每一行包含如下表项:

- **时间戳**:密钥对生成的日期/时间。
- **密钥标识**:至少 64 位的公钥标识。
- **公钥**:密钥对的公钥部分。
- **私钥**:密钥对的私钥部分,此域被加密。
- **用户标识**:一般使用用户的电子邮件地址。但用户可以为不同密钥对选择不同的用户标识,也可以多次重复使用同一个用户标识。

私钥环可用用户标识或密钥标识索引。

虽然私钥环只在用户创建和拥有密钥对的机器上存储并只能被该用户存取,但私钥的存储应尽可能的安全。因此,私钥并不直接存储在密钥环中,而是用 CAST-128(或 IDEA,3DES)加密后存储。处理过程如下:

(1) 用户选择加密私钥的口令。

(2) 当系统使用 RSA 生成新的公钥/私钥对后,向用户询问口令。应用 SHA-1 为口令生成 160 位的散列编码,并废弃口令。

(3) 系统用 CAST-128 和作为密钥的 128 位散列编码加密私钥,并废弃该散列编码,将加密后的私钥存于私钥环。接着,当用户从私钥环中重新取得私钥时。他必须提供口令。PGP 将生成口令的散列编码,并用 CAST-128 和散列编码一起解密私钥。

公钥环用来存储该用户知道的其他用户的公钥。公钥环表中的每一行主要包含以下信息:

- **时间戳**:该表项生成的日期/时间。
- **密钥标识**:至少 64 位的公钥标识。
- **公钥**:表项的公钥部分。
- **用户标识**:公钥的拥有者。多个用户标识可与一个公钥相关。

图 5-22 描述了消息传递中密钥环的使用方式。假设应对消息进行签名和加密,则发送的 PGP 实体执行下列步骤:

(1) 签名消息:

① PGP 以用户标识作为索引从发送方的私钥环中取出选定的私钥,如果在命令中不提供用户标识,则取出私钥环中的第一个私钥。

② PGP 提示用户输入口令恢复私钥。

③ 创建消息的签名。

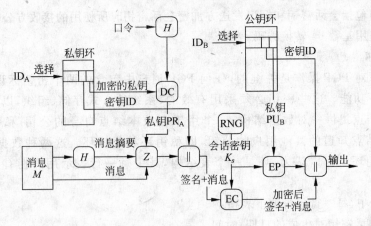

图 5-22　PGP 消息的生成

(2) 加密消息:

① PGP 生成会话密钥并加密消息。

② PGP 用接收方的用户标识作为索引,从公钥环中获得接收方的公钥。

③ 创建消息的会话密钥。

接收方 PGP 实体执行的步骤参见图 5-23,主要包括以下几个步骤:

(1) 解密消息:

① PGP 用消息会话密钥的密钥标识域作为索引,从私钥环中获取接收方的私钥。

② PGP 提示用户输入口令以恢复私钥。

③ PGP 恢复会话密钥,解密消息。

(2) 认证消息:

① PGP 通过消息的签名密钥中包含的密钥标识从公钥环中获取发送方的公钥。

② PGP 恢复消息摘要。

③ PGP 计算接收到的消息摘要,并通过将其与恢复的消息摘要进行比较来认证。

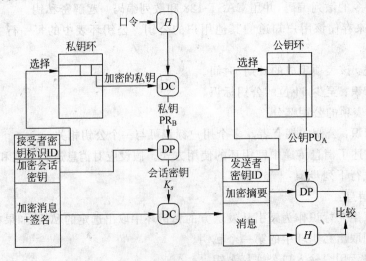

图 5-23　PGP 消息的接收

5.4　Internet 欺骗

所谓欺骗就是指攻击者通过伪造一些容易引起错觉的信息来诱导受骗者做出错误的、与安全有关的决策。电子欺骗是通过伪造源于一个可信任地址的数据包,以使一台机器认证另一台机器的网络攻击手段。Internet 欺骗包括 ARP 欺骗、DNS 欺骗、IP 地址欺骗和WEB 欺骗等几种类型。

5.4.1　ARP 欺骗

1. ARP 协议原理

ARP 协议是一种将 IP 地址转换成物理地址的协议,以便设备能够在共享介质的网络(如以太网)中通信。

每台安装有 TCP/IP 协议的主机都有一个 ARP 缓冲区(ARP cache),维护一个 ARP列表,保存一定数量的 IP 地址和物理地址的映射。当源主机需要将一个数据包发送到目的主机时,会首先检查自己的 ARP 列表中是否存在该 IP 地址对应的物理地址,如果有,就直接将数据包发送到这个物理地址;如果没有,就向本地网段发起一个 ARP 请求的广播包,查询此目的主机对应的物理地址。ARP 请求数据包里包括源主机的 IP 地址、硬件地址,以及目的主机的 IP 地址。网络中所有的主机收到这个 ARP 请求后,会检查数据包中的目的IP 是否和自己的 IP 地址一致。如果不相同则不会回应此请求,但会将源主机的 IP 地址和物理地址的映射关系记录到自己的 ARP 列表中;如果相同,该主机首先将发送端的 MAC地址和 IP 地址添加到自己的 ARP 列表中,如果 ARP 表中已经存在该 IP 的信息,则将其覆盖,然后给源主机发送一个 ARP 响应数据包,告诉对方自己是它需要查找的物理地址。源主机收到 ARP 响应数据包后,将得到的目的主机的 IP 地址和物理地址添加到自己的 ARP列表中,并利用此信息开始数据的传输。如果源主机一直没有收到 ARP 响应数据包,表示ARP 查询失败。

ARP 缓存表采用了老化机制,IP 地址与 MAC 地址的映射并不是一旦生成就永久有效的。每一个 ARP 映射表项都要有自己的寿命,如果一段时间内没有使用,则此表项就会被从缓冲中删除。这种老化机制可以大大减少 ARP 缓存表的长度,加快查询速度。

2. ARP 欺骗

可以看出,ARP 协议的基础就是信任本地网段内所有的主机。一台主机不必收到一个ARP 请求,就可以给其他主机发送 ARP 响应,任何一台主机都可以给其他主机发送公告:我的 IP 地址是××,物理地址是××。这种协议设计为 ARP 欺骗提供了便利。

ARP 欺骗就是一种通过虚假请求或响应报文,使得其他主机的 ARP 列表发生改变而无法正常通信的攻击行为。主机发送虚假的请求报文或响应报文,报文中的源 IP 地址和源物理地址均可以伪造,既可以伪造成某一台主机的 IP 地址和 MAC 地址的组合,也可以伪造成网关的 IP 地址和 MAC 地址的组合。事实上,攻击者可以任意选择 IP 地址和 MAC 地址的组合,而当前缺乏相应的机制和协议来防止这种伪造行为。

绝大多数 ARP 欺骗的目的是为了扰乱局域网合法主机保存的 ARP 列表,使得合法主机无法通信或通信不正常,常见表现为无法上网或者上网时断时续。因为 ARP 协议工作在 TCP/IP 参考模型的网际层和网络接口层之间,现有的网管和防病毒软件几乎对 ARP 欺骗都无能为力,网络管理员只能通过地址绑定等原始和简单的方法来防御 ARP 欺骗,而缺乏一种行之有效的通用解决方案。

3. 针对主机的 ARP 欺骗

假设一局域网中有 4 台主机,其 IP 地址和物理地址如表 5-3 所示。

表 5-3 主机 IP 地址与物理地址映射

主　　机	IP 地址	MAC 地址
A	192.168.1.1	11-11-11-11-11-11
B	192.168.1.2	22-22-22-22-22-22
C	192.168.1.3	33-33-33-33-33-33

假设主机 A 要向 B 发送数据,主机 A 首先在自己的 ARP 列表中查找是否有 B 的 MAC 地址,如果有,则将 B 的 MAC 地址作为目的 MAC 地址,构造一个数据链路层帧,并将此数据帧发送给 B。如果 A 没有 B 的 MAC 地址,则 A 就在网络上发送一个广播帧,该帧的目的 MAC 地址是 FF.FF.FF.FF.FF.FF,表示这是一个 ARP 请求报文,向局域网内所有主机发送询问:IP 地址是 192.168.1.2 的 MAC 地址是多少?局域网内所有主机都会收到该广播请求,正常情况下只有 B 会响应,即向 A 发送一个 ARP 响应:我的 MAC 地址是 22-22-22-22-22-22。这样 A 知道了 B 的 MAC 地址,就可以向主机 B 发送数据链路层帧了。同时 A 还会更新自己的 ARP 列表,将主机 B 的 IP 地址与 MAC 地址的对应关系保存到自己的 ARP 缓存中,以供下次通信时使用。

假设主机 C 要对 A 进行 ARP 欺骗,冒充自己是主机 B。具体实施中,主机 C 主动告诉主机 A,主机的 IP 地址与 MAC 地址组合是 192.168.1.2+33-33-33-33-33-33。这样,当主机 A 给 B 发送数据时,会将主机 C 的 MAC 地址作为数据帧的目的地址,从而将本应该发送给 B 的数据发送给了 C,实现了 ARP 欺骗。在整个欺骗过程中,主机 C 称为中间人,而主机 A 完全没有意识到有一个中间人的存在。

4. 针对交换机的 ARP 欺骗

交换机的工作原理是通过主动学习下联设备的 MAC 地址,建立维护端口和 MAC 地址的对应表。通过 MAC 地址表,实现下联设备之间的数据转发,从而保证下联设备的正常通信。

交换机中的 MAC 地址表下联设备的 MAC 地址和端口之间存在一一对应的关系。此地址表在交换机加电启动时是空的,每当一个下联设备要通信时,交换机会自动将该主机的 MAC 地址与端口的关系记录下来,在 MAC 地址表中形成一条记录。一般来说,该 MAC 地址表的大小是固定的。

对交换机进行 ARP 欺骗时,欺骗者利用工具产生欺骗 MAC,并快速填满交换机的 MAC 地址表。当 MAC 地址表被填满后,交换机将以广播方式处理通过交换机的数据帧,即这时的交换机实质上已成为一个集线器。欺骗者此时可以利用各种嗅探工具获取网络信息。

5. ARP 欺骗的防范

可采用如下措施防止 ARP 欺骗：

- 不要把网络的安全信任关系仅建立在 IP 基础上或 MAC 基础上，而应该建立在 IP ＋MAC 基础上（即将 IP 和 MAC 两个地址绑定在一起）。
- 设置静态的 MAC 地址到 IP 地址对应表，不要让主机刷新设定好的转换表。
- 除非很有必要，否则停止使用 ARP，将 ARP 作为永久条目保存在对应表中。
- 使用 ARP 服务器，通过该服务器查找自己的 ARP 转换表，来响应其他机器的 ARP 广播，确保这台 ARP 服务器不被攻击。
- 使用 proxy 代理 IP 的传输。
- 使用硬件屏蔽主机，设置好路由，确保 IP 地址能到达合法的路径。
- 管理员要定期从响应的 IP 包中获得一个 RARP 请求，然后检查 ARP 响应的真实性。
- 管理员要定期轮询，检查主机上的 ARP 缓存。
- 使用防火墙连续监控网络。

5.4.2　DNS 欺骗

DNS 是 TCP/IP 协议体系中的应用程序，其主要功能是进行域名和 IP 地址的转换，这种转换也叫解析。当攻击者危害 DNS 服务器并明确地更改主机名与 IP 地址映射表时，DNS 欺骗（DNS spoofing）就会发生。这些更改被写入 DNS 服务器上的转换表，因此当一个客户机请求查询时，用户只能得到这个更改后的地址。该地址是一个完全处于攻击者控制下的机器的 IP 地址。因为网络上的主机都信任 DNS 服务器，所以一个被破坏的 DNS 服务器可以将客户引导到非法服务器上，也可以欺骗服务器相信一个 IP 地址确实属于一个被信任的客户。

1. DNS 欺骗原理

在域名解析的整个过程中，客户端首先以特定的 ID 向 DNS 服务器发送域名查询数据报，DNS 服务器查询之后以相同的 ID 号给客户端发送域名响应数据报。这时，客户端会将收到的 DNS 响应数据报的 ID 和自己发送的查询数据报的 ID 相比较，如果匹配则表明接收到的正是自己等待的数据报，如果不匹配，则丢弃之。

假如入侵者伪装成 DNS 服务器提前向客户端发送响应数据报，那么客户端的 DNS 缓存里的域名所对应的 IP 就是它们自己定义的 IP，同时客户端也就被带入入侵者希望的地方。入侵者的欺骗条件只有一个，那就是发送的与 IP 匹配的 DNS 响应数据报在 DNS 服务器发送响应数据报之前到达客户端。这就是著名的 DNS ID 欺骗。

DNS 欺骗有以下两种情况：

- 本地主机与 DNS 服务器，以及本地主机与客户端主机均不在同一个局域网内。这时，黑客入侵可能的方法有两种：一是向客户端主机堆积发送大量的 DNS 响应数据报；二是向 DNS 服务器发起拒绝服务攻击和 BIND 漏洞。
- 本地主机至少与 DNS 服务器或客户端主机中的某一台处于同一个局域网内，可以通过 ARP 欺骗来实现可靠而稳定的 DNS ID 欺骗。

2. DNS 欺骗的防范

可采用如下措施防止 DNS 欺骗：

- 直接使用 IP 地址访问重要服务器，可以避开 DNS 对域名的解析过程，因此也就避开了 DNS 欺骗攻击。但最根本的解决方法还是加密所有对外的数据流，服务器应使用 SSH(Secure Shell)等具有加密功能的协议，一般用户则可使用 PGP 类软件加密所有发送到网络的数据。
- 如果遇到 DNS 欺骗，先断开本地连接，然后再启动本地连接，这样就可以清除 DNS 缓存。
- 用转化得到的 IP 地址或域名再次做反向转换验证。

有一些例外情况不存在 DNS 欺骗：如果 IE 中使用代理服务器，那么 DNS 欺骗就不能进行，因为此时客户端并不会在本地进行域名请求；如果访问的不是本地网站主页，而是相关子目录文件，那么在自定义网站上找不到相关的文件，DNS 欺骗也会以失败而告终。

5.4.3　IP 地址欺骗

IP 地址欺骗(IP spoof)攻击是指利用 TCP/IP 本身的缺陷进行的入侵，即用一台主机设备冒充另外一台主机的 IP 地址，与其他设备通信，从而达到某种目的的过程。它不是进攻的结果，而是进攻的手段，实际上是对两台主机之间信任关系的破坏。即使主机系统本身没有任何的漏洞，入侵者仍然可以使用 IP 地址欺骗来达到攻击目的。

IP 地址欺骗是攻击者攻克 Internet 防火墙系统最常用的方法，也是许多其他攻击方法的基础。IP 地址欺骗就是通过伪造某台主机的 IP 地址，使得某台主机能够伪装成另外一台主机，而这台主机往往具有某种特权或被另外的主机所信任。对于来自网络外部的 IP 地址欺骗，只要配置一下防火墙就可以了，但对同一网络内的机器实施攻击则不易防范。

1. IP 地址欺骗原理

IP 是网络层无连接的协议，IP 数据包的主要内容由源 IP 地址、目的 IP 地址和所传数据构成。IP 的任务就是根据每个数据报文的目的地址和路由，完成报文从源地址到目的地址的传送。IP 不会考虑报文在传送过程中是否丢失或出现差错。IP 数据包只是根据报文中的目的地址发送，因此借助于高层协议的应用程序来伪造 IP 地址是比较容易实现的。

IP 地址欺骗是利用了主机之间的正常信任关系来实现的。假定信任关系已经被发现。为了进行 IP 地址欺骗，首先要使被信任关系的主机失去工作能力，同时利用目标主机发出的 TCP 序列号，猜测出它的数据序列号；然后伪装成被信任的主机，同时建立起与目标主机基于地址验证的应用连接。连接成功后，欺骗者就可以设置后门以便日后使用。

为了伪装成被信任主机而不露馅，需要使其完全失去工作能力。由于攻击者将要代替真正的被信任主机，他必须确保真正的被信任主机不能收到任何有效的网络数据，否则他就会被揭穿。有许多方法可以达到这个目的(如 SYN 洪泛攻击等)。

对目标主机进行攻击，必须知道目标主机的数据包序列号。通常是先与被攻击主机的一个端口(如 25)建立起正常连接。往往这个过程被反复 N 次，并将目标主机最后所发送的初始序列号(ISN)存储起来；然后还需要估计他的主机与被信任主机之间的往返时间，这个时间是通过多次统计平均计算出来的。

一旦估计出 ISN 的大小，就开始着手进行攻击。当然，攻击者的虚假 TCP 数据包进入目标主机时,如果刚才估计的序列号是准确的,进入的数据将被放置在目标主机的缓冲区中。但是在实际攻击过程中往往不能这么容易得逞,如果估计的序列号小于正确值,那么将被放弃;如果估计的序列号大于正确值,并且在缓冲区的大小之内,那么该数据被认为是一个未来的数据,TCP 模块将等待其他的数据;如果估计的序列号大于期待的数字且不在缓冲区之内,TCP 将会放弃它并返回一个期望获得的数据序列号。

入侵者可伪装成被信任的主机 IP,然后向目标主机的 513 端口发送连接请求。目标主机立刻对连接请求做出反应,发送更新 SYN/ACK 确认包给被信任主机。因为此时被信任主机仍然处于瘫痪状态,它当然无法收到这个包。紧接着攻击者向目标主机发送 ACK 数据包,该包使用前面估计的序列号加 1,如果攻击者估计正确,目标主机将会接收该 ACK,连接就正式建立,可开始数据传输。如果到达这一步,一次完整的 IP 地址欺骗就算完成了。入侵者已经在目标主机上得到了一个 Shell,接下来就是利用系统的溢出或错误配置扩大权限。

IP 地址欺骗攻击的整个过程可简要概括如下:

(1) 使被信任主机的网络暂时瘫痪,以免对攻击造成干扰。

(2) 连接到目标主机的某个端口,来猜测 ISN 基值和增加规律。

(3) 把源地址伪装成被信任主机,发送带有 SYN 标志的数据段请求连接。

(4) 等待目标机发送 SNY/ACK 包给已经瘫痪的主机。

(5) 再次伪装成被信任的主机向目标机发送 ACK,此时发送的数据段带有预测的目标机的 ISN+1。

(6) 连接建立,发送命令请求。

2. IP 地址欺骗的预防

- 抛弃基于地址的信任策略。阻止 IP 地址欺骗的简单方法是放弃以 IP 地址为基础的验证。
- 进行包过滤。如果用户的网络是通过路由器接入 Internet 的,则可利用路由器进行包过滤。应保证只有用户网络内部的主机之间可以定义信任关系,而内部主机与网外主机通信时要慎重处理。另外,使用路由器还可以过滤掉所有来自外部的与内部主机建立连接的请求,至少要对这些请求进行监视和验证。
- 使用加密方法。在通信时要求加密传输和验证,也是一种预防 IP 地址欺骗的可行性方法。在有多种手段并存时,这种方法是最为合适的。
- 使用随机的初始序列号。随机地选取初始序列号可以防止 IP 地址欺骗攻击。每一个连接都建立独立的序列号空间,这些序列号仍按以前的方式增加,但应使这些序列号空间中没有明显的规律,从而不容易被入侵者利用。

5.4.4　Web 欺骗

1. Web 欺骗

Web 欺骗就是一种网络欺骗,攻击者构建的虚拟网站与真实的站点一样,有同样的连接和页面。攻击者切断从被攻击者主机到目标服务器之间的正常连接,建立一条从被攻击者主机到攻击者主机,再到目标服务器的连接。实际上,被欺骗的所有浏览器用户与这些伪装页面的交互过程都受到攻击者的控制。虽然这种攻击不会直接造成计算机的软、硬件损坏,但它所带来的损失也是不可忽视的。通过攻击者计算机,被攻击者的一切信息都会被一览无余。攻击者可以轻而易举地得到合法用户输入的用户名、密码等敏感资料,且不会出现用户主机死机、重启等现象,用户不易觉察。这也是 Web 欺骗最危险的地方。

用户如果仔细观察,也会发现一些迹象。例如在浏览这个网站时,如果速度明显过慢并出现一些其他异常现象,就要留心是否潜藏着危险。可以将鼠标移到网页中的一条超级链接上,看看状态行中的地址是否与要访问的地址一致,或者直接查看地址栏中的地址是否正确;还可以查看网页的源代码,如果发现代码的地址被改动了,即可初步判定是受到了攻击。

Web 欺骗允许攻击者创建整个 WWW 的副本。映像 Web 的入口在攻击者的 Web 服务器,经过攻击者主机的过滤后,攻击者可以监控合法用户的任何活动,窥视用户的所有信息。攻击者也能以合法用户的身份将错误的数据发送到真正的 Web 服务器上,还能以 Web 服务器的身份发送数据给被攻击者。总之,一旦攻击成功,攻击者就能观察和控制合法用户在 Web 上做的每一件事。

Web 站点提供给用户的是丰富多彩的各类信息,人们通过浏览器随意翻阅网页,Web 网页上的文字、图像和声音可以给人们留下深刻的印象。也正是在这种背景下,人们往往能够判断出该网页的地址。

2. Web 欺骗原理

Web 欺骗是一种电子信息欺骗,攻击者创建了一个完全错误的,但却似令人信服的 Web 副本,这个错误的 Web 看起来十分逼真,它拥有大家熟悉的网页和链接。然而攻击者控制着虚假的 Web 站点,造成被攻击者浏览器和 Web 之间的所有网络信息都被攻击者所截获。

攻击者可以观察或修改任何从被攻击者到 Web 服务器的信息,也能控制从 Web 服务器返回用户主机的数据,这样,攻击者就能自由地选择发起攻击的方式。

由于攻击者可监视合法用户的网络信息,记录他们访问的网页和内容,因此,当用户填写完一个表单并提交后,这些应被传送到服务器的数据,先被攻击者得到并处理。Web 服务器返回给用户的信息,也先由攻击者经手。绝大部分在线企业都使用表单来处理业务,这意味着攻击者可以轻易地获取用户的账号和密码。在得到必要的数据后,攻击者可以通过修改被攻击者和 Web 服务器间传输的数据,来进行破坏活动。攻击者可修改用户的确认数据,例如用户在线订购某个产品时,攻击者可以修改产品代码、数量及邮购地址等。攻击者也能修改 Web 服务器返回的数据,插入易于出错的资料,破坏用户与在线企业的关系等。

攻击者进行 Web 欺骗时,不必存取整个 Web 上的内容,只需伪造出一条通向整个 Web 的链路即可。在攻击者伪造某个 Web 站点时,只需要在自己的服务器上建立一个该站点的副本,等待受害者自投罗网即可。

Web 欺骗成功的关键在于用户与其他 Web 服务器之间建立 Web 欺骗服务器。攻击者在进行 Web 欺骗时,一般会采取如下方法:

- 改写 URL。
- 表单陷阱。
- 不安全的"安全链接"。
- 诱骗。

攻击者的这些 Web 欺骗之所以能够成功,是因为攻击者在某些 Web 网页上改写所有与目标 Web 站点有关的链接,使得不能指向真正的 Web 服务器,而是指向攻击者设置的伪服务器。攻击者的伪服务器设置于受骗用户与目标 Web 服务的必经之路上。当用户单击这些链接时,首先指向了伪服务器。攻击者向真正的服务器索取用户所需界面,当获得 Web 送来的页面后,伪服务器改写连接并加入伪装代码,送给被欺骗的浏览器用户。

3. Web 欺骗的预防

Web 欺骗攻击是 Internet 上相当危险且不易被觉察的欺骗手法,其危害性很大,受骗用户可能会不知不觉地泄漏机密信息,还可能受到经济损失。采用如下措施可防范 Web 欺骗:

- 在欺骗页面上,用户通过使用收藏夹功能,或使用浏览器中的 Open Location 变换到其他 Web 页面下,就能远离攻击者设下的陷阱。
- 禁止浏览器中的 JavaScript 功能,使攻击者试图改写页面上的信息时难度加大;同时确保浏览器的连接状态栏是可见的,并时刻观察状态栏显示的位置信息有无异常。
- 改变浏览器的设置,使之具有反映真实 URL 信息的功能。
- 通过真正安全的链接建立从 Web 到浏览器的会话进程,而不只是表示一种安全链接状态。

思 考 题

1. IPSec 提供哪些服务?
2. 什么是 SA? SA 由哪些参数来表示?
3. 传输模式与隧道模式有何区别?
4. AH 协议和 ESP 协议各自提供哪些安全服务?
5. 简述 IKE 定义两阶段的 ISAKMP 交换。
6. SSL 由哪些协议组成? 各自完成什么功能?
7. 描述 SSL 协议的基本流程。
8. 发送时,SSL 记录协议都执行了哪些操作? 分别完成什么功能?
9. 简述 SSL 握手协议的流程。
10. PGP 提供的 5 种主要服务是什么?
11. 简述 PGP 的密钥保存机制。
12. 假设应对消息进行签名和加密,则发送方 PGP 实体应当执行哪些操作?

第6章 恶意代码

在 Internet 安全事件中,恶意代码造成的经济损失占有最大的比例。而且,恶意代码还有可能使得国家的安全面临重大威胁。据报道,1991 年海湾战争,美国在伊拉克从第三方国家购买的打印机中植入了可远程控制的恶意代码,在战争打响前,使得伊拉克整个计算机网络管理的雷达预警系统全部瘫痪。这是美国第一次在公开实战中使用恶意代码攻击技术取得重大军事利益。

恶意代码攻击已经成为信息战、网络战最重要的手段之一。恶意代码无论在经济上、政治上,还是军事上,都成为安全领域面临的主要问题之一。国际上一些发达国家,如德国、日本等,在恶意代码的研究上投入大量的资金和人力,并取得了阶段性的研究成果。恶意代码的机理研究成为解决恶意代码问题的必要途径,只有掌握当前恶意代码的基本实现机理,加强对未来恶意代码趋势的研究,才能在恶意代码领域取得先决之机。

6.1 恶意代码的概念及关键技术

6.1.1 恶意代码的概念

早期恶意代码的主要形式是计算机病毒。20 世纪 90 年代末,恶意代码的定义随着计算机网络技术的发展而逐渐丰富。Grimes 将恶意代码定义为:经过存储介质和计算机网络进行传播,从一台计算机系统到另外一台计算机系统,未经授权而破坏计算机系统安全性和完整性的程序或代码。由此定义,恶意代码最显著的两个特点是:非授权性和破坏性。

恶意代码包括传统的计算机病毒、木马、蠕虫、逻辑炸弹、脚本病毒、用户级 RootKit、核心级 RootKit 等。几种主要恶意代码类型如表 6-1 所示。

表 6-1 常见恶意代码

恶意代码类型	定　义	特　点
计算机病毒	人为编制的、能够对计算机正常程序的执行或数据文件造成破坏,并且能够自我复制的一组指令程序代码	潜伏、寄宿、传染
木马	有隐藏性的、可与远程计算机建立连接,使远程计算机能够通过网络控制本地计算机的恶意程序	隐藏、信息窃取、控制
蠕虫	通过计算机网络自我复制、消耗系统资源和网络资源的程序	独立、复制、扩散
逻辑炸弹	嵌入计算机系统的、有特定触发条件,试图进行破坏的计算机程序	潜伏、破坏、条件触发
脚本病毒	能够从主机传送到客户计算机上执行破坏功能的代码	移动、漏洞
用户级 RootKit	通过替代或者修改应用程序进入系统,从而实现隐藏和创建后门的程序	隐蔽、潜伏
核心级 RootKit	嵌入操作系统内核进行隐藏和创建后门的程序	隐蔽、潜伏

恶意代码大致可以分为两类：依赖于宿主程序的和独立于宿主程序的。前者从本质上来说是不能独立于应用程序或系统程序的程序段，如病毒、逻辑炸弹和后门。后者是可以被操作系统调度和执行的自包含程序，如蠕虫和僵尸(Zombie)程序。

也可以按其是否进行复制而将其分成两类：不进行复制的和进行复制的。前者是在宿主程序被调用来执行某一特定功能时被激活的程序段，如逻辑炸弹、后门和僵尸程序；后者是指一个程序段或一个独立的程序，当它被执行时，可能会对自身进行复制，而且这些复制品将会在该系统或其他系统中被激活，如病毒和蠕虫。

恶意代码发展至今，体现出 3 个主要特征：

(1) 恶意代码日趋复杂和完善。从非常简单的病毒发展到复杂的操作系统内核病毒和主动式传播和破坏性极强的蠕虫。恶意代码的快速传播机制和生存性技术得到了极大的发展和提高。

(2) 恶意代码编制方法和发布速度更快。恶意代码刚出现时发展缓慢，但随着计算机网络的迅猛发展和普及，Internet 成为恶意代码发布并快速蔓延的平台。

(3) 从病毒到电子邮件蠕虫，再到利用系统漏洞主动攻击的恶意代码。恶意代码早期的攻击行为是由病毒和受感染的可执行文件引起的。然而，最近几年，利用系统和网络漏洞及脆弱性进行传播和感染的恶意代码急剧增加，开创了恶意代码发展的新时期。

6.1.2　恶意代码生存技术

功能强大的恶意代码，首先必须具有良好的隐蔽性和生存性，不能轻易被安全软件或用户发现。恶意代码生存技术主要包括四个方面：反跟踪技术、加密技术、模糊变换技术和自动生产技术。

1. 反跟踪技术

反跟踪技术可以提高恶意代码的伪装能力和防破译能力，增加检测与清除的难度。当前常用的反跟踪技术有两类：反动态跟踪技术和反静态跟踪技术。

反动态跟踪技术主要包括四个方面内容：

(1) 禁止跟踪中断。针对调试分析工具运行系统的单步中断和断点中断服务程序，恶意代码通过修改中断服务程序的入口地址阻止调试工具对其代码进行跟踪，达到反跟踪的目的。

(2) 封锁键盘输入和屏幕显示，破坏各种跟踪调试工具运行的环境。

(3) 检测跟踪法。检测跟踪调试和正常运行的环境、中断入口和时间上的差异，根据这些差异采取必要措施，实现反跟踪目的。例如，通过检查操作系统的 API 函数试图打开调试器的驱动程序句柄，检测调试器是否激活，确定其代码是否继续运行。

(4) 其他反跟踪技术，如指令流队列法和逆指令流法等。

反静态跟踪技术主要包括以下两个方面的内容：

(1) 对程序代码分块加密执行。为了防止程序代码通过反汇编被静态分析，恶意程序代码以分块密文的形式装入内存，执行时由解密程序译码，某一段代码执行完毕后立刻清除，保证任何时刻分析工具都不能从内存中得到完整的执行代码。

(2) 伪指令法。伪指令法指在恶意程序的指令流中插入"废指令"，既达到变形的效果，又使得静态反汇编无法得到全部正常的指令，不能有效地进行静态分析。伪指令法广泛应用于宏病毒和脚本恶意代码中。

2. 加密技术

加密技术是恶意代码保护自身的重要手段。加密技术和反跟踪技术的配合使用，使得分析者无法正常调用和阅读恶意代码，从而无法抽取恶意代码的特征串，也无法知道恶意代码的工作机理。从加密的内容上划分，分为信息加密、数据加密和程序代码加密三种手段。绝大多数恶意代码对程序体自身加密，另有少数恶意代码还对被感染文件加密。

3. 模糊变换技术

利用模糊变换技术，恶意代码每次感染一个对象时，嵌入宿主的代码都不相同。这使得同一种恶意代码具有多个不同版本，几乎没有稳定版本，增加了基于特征扫描的检测工具识别的难度。

当前，模糊变换技术主要包括 5 种：

(1) 指令替换技术。模糊变换器对恶意程序的二级制代码进行反汇编，解码每一条指令，计算指令长度，并对指令进行同义替换。例如，利用 JMP 指令和 CALL 指令进行变换。

(2) 指令压缩技术。模糊变换器检测恶意代码反汇编后的全部指令，对可进行压缩的一段指令进行同义压缩。压缩技术通过对跳转指令重定位而改变病毒体代码的长度。

(3) 指令扩展技术。扩展技术把每一条汇编指令进行同义扩展。扩展变换的空间远比压缩变换大得多，有的指令甚至有几十种、上百种扩展变换。扩展技术同样通过对跳转指令重定位而改变病毒体代码的长度。

(4) 伪指令技术。伪指令技术主要是通过在恶意代码中插入无效指令（如空指令）来增加分析和跟踪的难度。

(5) 重编译技术。恶意代码中携带源码和编译器，或者使用操作系统提供的编译器进行重编译。这种技术既实现了变形的目的，又为跨平台打下了基础。尤其是各种 UNIX/Linux 系统，系统默认配置有 C 编译器，为恶意代码的重编译提供了便利。宏病毒和脚本恶意代码是典型的采用重编译技术的恶意代码。

4. 自动生产技术

恶意代码的自动生产技术是针对人工分析技术的。"计算机病毒生产器"的发明，使得对计算机病毒一无所知的普通用户，也能组合出功能各异的计算机病毒。"多态发生器"可以将普通病毒编译成复杂多变的多态性病毒。多态变换引擎可以使程序代码本身发生变换，并保持原有功能。

6.1.3　恶意代码隐藏技术

隐藏通常包括本地隐藏和网络隐藏。本地隐藏主要有文件隐藏、进程隐藏、网络连接隐藏、内核模块隐藏、编译器隐藏等；网络隐藏包括通信内容隐藏和传输通道隐藏。

1. 本地隐藏

本地隐藏是指为了防止本地系统管理员的察觉而采取的隐藏手段。本地系统管理员通常通过查看进程列表、查看目录、查看内核模块、查看网络连接状态等管理命令来判断是否被恶意代码所侵害。本地隐藏主要有 5 种手段：

（1）文件隐藏。最简单的方法就是将恶意代码文件名更改为系统合法程序的文件名，或者将恶意代码文件附着在合法程序文件中。稍复杂的方法是修改与文件系统操作相关的命令，使得显示文件系统信息时将恶意代码的信息隐藏起来。更进一步，可以对磁盘进行低级操作，将一些扇区标记为坏块，将恶意代码隐藏与此。恶意代码还可以将文件存储在引导区中，避免被用户发现。

（2）进程隐藏。通过附着或替换系统进程，恶意代码以合法服务的身份运行，得到隐藏的目的。

（3）网络连接隐藏。恶意代码可以借用现有熟知服务的端口来隐藏网络连接。例如使用 HTTP 的 80 端口，将自己的数据包设置特殊标记，未标记的 WWW 服务数据包仍然交给 HTTP。这种技术可以在通信时隐藏恶意代码的网络连接。

（4）编译器隐藏。使用该方法可以实施原始分发攻击，恶意代码的植入者是编译器开发人员。首先修改编译器的源代码，植入恶意代码，包括针对特定程序的恶意代码和针对编译器的恶意代码。然后用干净的编译器对植入恶意代码的编译器代码进行编译，得到了被感染的编译器。最后用被感染的编译器编译用户的源程序，无论用户如何修改源程序，编译后的目标代码都包含恶意代码。

（5）RootKit 隐蔽。Windows 操作系统中的 RootKit 分为两类：用户模式和内核模式。用户模式下的 RootKit 最显著的特点是驻留在用户模式下，需要的特权小，用途多样，它通过修改可能发现自己的进程而达到隐藏自身的目的。内核模式下的 RootKit 比用户模式下的 RootKit 隐藏性更好。它直接修改更底层的系统功能，如系统服务调用表，用自己的系统服务函数代替原来的函数，或者修改一些系统内部的数据结构（如活动进程链表），从而可以更加可靠地隐藏自己。

2. 网络隐藏

当前，人们的网络安全意识有了较大的增强，网络中普遍采用了防火墙、入侵检测层安全机制，恶意代码需要更加隐蔽的通信模式，以逃避这些安全措施的检测。

对传输的内容进行加密可以隐藏通信的内容，但是这种方法不能隐藏通信状态，因此传输信道的隐藏具有更大的意义。对传输信道的隐藏主要采用隐蔽通道技术，即违反系统安全策略传输信息的通道。

隐蔽通道分成两种类型：存储隐蔽通道和时间隐蔽通道。存储隐蔽通道是一个进程能够直接或间接访问某存储空间，而该存储空间又能被另一进程所访问，这两个进程间形成的通道称为存储隐蔽通道。时间隐蔽通道是一个进程对系统性能产生的影响可以被另外一个进程观察到并且可以利用一个时间基准进行测量，这样形成的信息传递通道称为时间隐蔽通道。

研究表明，隐蔽通道既可以定义在操作系统内部，又可以适用于网络。发送进程和接收进程共享一个客体：网络数据包。发送进程可以对客体进行形式变换，以便进行信息隐藏。接收进程能够检测到客体的变化，将隐藏的信息读出。对数据内容的修改对应于存储隐蔽通道，对数据包顺序进行变换或者改变数据包的发送响应时间则可以对应于时间隐蔽通道。TCP/IP 协议族中，许多冗余信息可以用于建立隐蔽通道，攻击者可以利用这些隐蔽通道绕过一些安全机制来秘密地传输数据。

6.2　计算机病毒

　　计算机病毒一直是计算机用户和安全专家的心腹大患。几乎所有的人都听说过"计算机病毒"这个名词,使用过计算机的人大多数也都"领教"过计算机病毒的危害。随着Internet的普及应用和各种计算机网络及相关技术的发展,计算机病毒越来越高级,种类也越来越多,对计算机网络系统的安全构成严重的威胁。对网络管理员来说,防御计算机病毒有时是比其他管理更困难的任务。对人们来说,了解和预防计算机病毒的威胁显得格外重要,任何对网络系统安全的讨论都要考虑到计算机病毒的因素。

　　虽然计算机反病毒技术不断更新和发展,但是仍然不能改变被动滞后的局面,计算机用户必须不断应付计算机病毒的出现。

　　随着网络的日益普及,计算机病毒具有了如下发展趋势:

- 不再以存储介质为主要的传播载体,网络成为计算机病毒传播的主要载体。
- 传统病毒日益减少,网络蠕虫成为最主要和破坏力最大的病毒类型。
- 病毒与木马技术相结合,出现带有明显病毒特征的木马或者带木马特征的病毒。

　　可以看出,网络的发展在一定程度上促使了病毒的发展,而日新月异的技术,给病毒提供了更大的存在空间。计算机病毒的传播和攻击方式的变化,也促使我们不断调整防范计算机病毒的策略,提升和完善计算机反病毒技术,以对抗计算机病毒的危害。

　　本节介绍传统的计算机病毒。

6.2.1　计算机病毒概述

1. 病毒的概念与特征

　　计算机病毒是一种人为编制的、能够对计算机正常程序的执行或数据文件造成破坏,并且能够自我复制的一组指令程序代码。

　　生物病毒是一种微小的基因代码段(DNA 或 RNA),它能掌管活细胞机构,并采用欺骗性手段生成成千上万的原病毒的复制品。和生物病毒一样,计算机病毒执行使自身能完美复制的程序代码。通过寄居在宿主程序上,计算机病毒可以暂时控制该计算机的操作系统盘。没有感染病毒的软件一经在受染机器上使用,就会在新程序中产生病毒的新副本。因此,通过可信任用户在不同计算机间使用磁盘或借助于网络向他人发送文件,病毒是可能从一台计算机传到另一台计算机的。在网络环境下,访问其他计算机的某个应用或系统服务的功能,给病毒的传播提供了一个完美的条件。

　　病毒程序可以执行其他程序所能执行的一切功能,唯一不同的是,它必须将自身附着在其他程序(宿主程序)上,当运行该宿主程序时,病毒也跟着悄悄地执行了。

　　计算机病毒具有以下特征。

　　(1) 破坏性

　　病毒一旦被触发而发作就会对系统和应用程序产生不同的影响,造成系统或数据的损伤甚至毁灭。病毒都是可执行程序,而且又必然要运行,因此所有的病毒都会降低计算机系统的工作效率,占用系统资源,其侵占程度取决于病毒程序自身。病毒的破坏程度主要取决于病毒设计者的目的,如果病毒设计者的目的在于彻底破坏系统及其数据,那么这种病毒对于计算机系统进行攻击造成的后果是难以想象的,它可以毁掉系统的部分或全部数据,并使之无法恢复。虽然不是所有的病毒都对系统产生及其恶劣的破坏作用,但有时几种本没有多大破坏作用的病毒交叉感染,也会导致系统崩溃等重大恶果。

(2) 传染性

计算机病毒的传染性也叫做自我复制或传播性。病毒通过各种渠道从已被感染的计算机扩散到未被感染的计算机。病毒程序一旦进入计算机并得以执行,就会寻找符合感染条件的目标,将其感染,达到自我繁殖的目的。所谓"感染",就是病毒将自身嵌入到合法程序的指令序列中,致使执行合法程序的操作会招致病毒程序的共同执行或以病毒程序的执行取而代之。因此,只要一台计算机染上病毒,如果不及时处理,那么病毒就会在这台计算机上迅速扩散,其中的大量文件(一般是可执行文件)就会被感染。而被感染的文件又成了新的传染源,再与其他机器进行数据交换或通过网络接触,病毒会继续传染。病毒通过各种可能的渠道,如可移动存储介质(如软盘)、计算机网络去传染其他计算机。往往曾在一台染毒的计算机上使用过的软盘已感染上了病毒,与这台机器连网的其他计算机也许也被染上病毒了。传染性是病毒的基本特征。

(3) 隐蔽性

病毒一般是具有很高编程技巧的、短小精悍的一段代码,通常附着在正常程序代码中。如果不经过代码分析,病毒程序与正常程序是不容易区别开来的。这是病毒程序的隐蔽性。在没有防护措施的情况下,病毒程序取得系统控制权后,可以在很短的时间里传染大量其他程序,而且计算机系统通常仍能正常运行,用户不会感到任何异常,好像计算机内不曾发生过什么。这是病毒传染的隐蔽性。正是由于这种隐蔽性,才使得计算机病毒在用户没有察觉的情况下扩散到众多计算机中。大部分病毒代码之所以设计得如此短小精致,也正是为了便于隐藏。

(4) 潜伏性

病毒进入系统之后一般不会马上发作,可以在几周或者几个月甚至几年内隐藏在合法程序中,默默地进行传染扩散而不被人发现,潜伏性越好,在系统中存在的时间就会越长,传染范围也就会越大。病毒的内部有一种触发机制,不满足触发条件时,病毒除了传染外不做什么破坏。一旦触发条件得到满足,病毒便开始表现,有的只是在屏幕上显示信息、图形或特殊标志,有的则执行破坏系统的操作,如格式化磁盘、删除文件、加密数据、封锁键盘、毁坏系统等。触发条件可能是预定时间或日期、特定数据出现、特定事件发生等。

(5) 多态性

病毒试图在每一次感染时改变它的形态,使对它的检测变得更困难。一个多态病毒仍是原来的病毒,但不能通过扫描特征字符串来发现它。病毒代码的主要部分相同,但表达方式发生了变化,也就是同一程序由不同的字节序列表示。

(6) 不可预见性

计算机病毒制作技术不断提高,种类不断翻新,而相比之下,反病毒技术通常落后于病毒制作技术。新型操作系统、工具软件的应用,为病毒制作者提供了便利。对未来病毒的类型、特点及其破坏性,很难预测。

在其生命周期中,病毒一般会经历如下 4 个阶段:

(1) 潜伏阶段

这一阶段的病毒处于休眠状态,这些病毒最终会被某些条件(如日期、某特定程序或特定文件的出现或内存的容量超过一定范围)所激活。并不是所有的病毒都会经历此阶段。

(2) 传染阶段

病毒程序将自身复制到其他程序或磁盘的某个区域上,每个被感染的程序又因此包含了病毒的复制品,从而也就进入了传染阶段。

(3) 触发阶段

病毒在被激活后,会执行某一特定功能,从而达到某种既定的目的。和处于潜伏期的病毒一样,触发阶段病毒的触发条件是一些系统事件,包括病毒复制自身的次数。

(4) 发作阶段

病毒在触发条件成熟时,即可在系统中发作。由病毒发作体现出来的破坏程度是不同的:有些是无害的,如在屏幕上显示一些干扰信息;有些则会给系统带来巨大的危害,如破坏程序以及文件中的数据。

2. 病毒的种类

(1) 按破坏程度强弱的不同,计算机病毒可以分为良性病毒和恶性病毒。

良性病毒是指那些只是为了表现自身,并不彻底破坏系统和数据,但会占用大量 CPU 时间,增加系统开销,降低系统工作效率的一类计算机病毒。该类病毒制作者的目的不是为了破坏系统和数据,而是为了让使用染有病毒的计算机用户通过显示器看到或体会到病毒设计者的编程技术。

恶性病毒是指那些一旦发作,就会破坏系统或数据,造成计算机系统瘫痪的一类计算机病毒。该类病毒危害极大,有些病毒发作后可能会给用户造成不可挽回的损失。该类病毒表现为封锁、干扰、中断输入输出、删除数据、破坏系统。使用户无法正常工作,严重时还会使计算机系统瘫痪。

(2) 按传染方式的不同,计算机病毒可分为文件型病毒和引导性病毒。

文件型病毒一般只传染磁盘上的可执行文件(如.com、.exe 文件)。在用户运行染毒的可执行文件时,病毒首先被执行,然后病毒驻留内存伺机传染其他文件或直接传染其他文件。这类病毒的特点是附着于正常程序文件中,成为程序文件的一个外壳或附件。这是一种较为常见的传染方式。当该病毒完成了它的工作后,其正常程序才被运行,看起来仿佛一切都很正常。

引导型病毒是寄生在磁盘引导区或主引导区的计算机病毒。该类病毒感染的主要方式就是发生在计算机通过已被感染的引导盘(常见的如一个软盘)引导时。引导型病毒利用系统引导时不对主引导区内容的正确性进行判别的缺点,在引导系统时侵入系统,驻留内存,监视系统运行。此时,如果计算机从被感染的软盘引导,病毒就会感染到硬盘,并把病毒代码调入内存。软盘并不需要一定是可引导的才能传播病毒,病毒可驻留在内存并可感染被访问的软盘。触发引导型病毒的典型事件是系统日期和时间。

(3) 按连接方式的不同,计算机病毒可分为源码性病毒、嵌入型病毒、操作系统型病毒和外壳性病毒。

源码型病毒较为少见,亦难以编写。它主要攻击高级语言编写的源程序,在源程序编译之前插入其中,并随源程序一起编译、连接成可执行的文件,这样刚刚生成的可执行文件便已经带毒了。

嵌入型病毒可用自身替代正常程序中的部分模块,因此,它只攻击某些特定程序,针对性强。一般情况下难以被发现,清除起来也较困难。

操作系统型病毒可用其自身部分加入或替代或操作系统的部分功能。由于其直接感染操作系统,因此病毒的危害性也较大,有可能导致整个系统瘫痪。

外壳型病毒将自身附着在正常程序的开头或结尾,相当于给正常程序加了一个外壳。大部分的文件型病毒都属于这一类。

除了上述几种基本分类方法,还有隐蔽性病毒、多态性病毒、变形病毒等概念。隐蔽性病毒目的就是为了躲避反病毒软件的检测;多态性病毒每次感染时,放入宿主程序的代码互不相同,不断变化,因此采用特征代码法的检测工具是不能识别它们的;变形病毒像多态性病毒一样,它在每次感染时都会发生变异,但不同之处在于,它在每次感染的时候会将自己的代码完全重写一遍,增加了检测的困难,并且其行为也有可能发生变化。

3. 病毒的传播

病毒传播侵入系统并继续进行传播的途径主要有网络、可移动存储设备和通信系统三种。

(1) 网络

计算机网络的发展和普及一方面为现代信息的传输和共享提供了极大的方便,另一方面也成了计算机病毒迅速扩散的"高速公路"。在网络上,带有病毒的文件、邮件被下载或接收后被打开或运行,病毒就会扩散到系统中相关的计算机上。鉴于服务器在网络中的核心地位,如果服务器的关键文件被感染,通过服务器的病毒扩散将极为迅速,病毒将会对系统造成巨大的破坏。在信息国际化的同时,病毒也在国际化,计算机网络将是今后计算机病毒传播的主要途径。

(2) 可移动的存储设备

计算机病毒可通过可移动的存储设备(如软盘、磁带、光盘、优盘等)进行传播。在这些可移动的存储设备中,优盘是应用最广泛且移动最频繁的存储介质,将带有病毒的优盘在网络中的计算机进行使用,其所携带的病毒就很容易扩散到网络上。大量的计算机病毒都是通过这类途径传播的。

(3) 通信系统

通过点对点通信系统和无线通信信道也可以传播计算机病毒。目前出现的手机病毒就是利用无线通信道传播的。虽然目前这种传播途径还不是十分广泛,但以后很可能成为仅次于计算机网络的第二大病毒扩散渠道。

6.2.2 计算机病毒防治技术

病毒的防治技术分为"防"和"治"两部分。"防"毒技术包括预防技术和免疫技术;"治"毒技术包括检测技术和清除技术。

1. 病毒预防技术

病毒预防是指在病毒尚未入侵或刚刚入侵还未发作时,就进行拦截阻击或立即报警。要做到这一点,首先要清楚病毒的传播途径和寄生场所,然后对可能的传播途径严加防守,对可能的寄生场所实时监控,达到封锁病毒入口,杜绝病毒载体的目的。不管是传播途径的防守还是寄生场所的监控,都需要一定的检测技术手段来识别病毒。

(1) 病毒的传播途径及其预防措施

第一,不可移动的计算机硬件设备,包括 ROM 芯片、专用 ASIC 芯片和硬盘等。目前的个人计算机主板上分离元器件和小芯片很少,主要靠几块大芯片,除 CPU 外其余的大芯片都是 ASIC 芯片。这种芯片带有加密功能,除了知道密码的设计者外,写在芯片中的指令代码没人能够知道。如果将隐藏有病毒代码的芯片安装在敌对方的计算机中,通过某种控制信号激活病毒,就可以对敌手实施出乎意料的、措手不及的打击。这种新一代的电子战、信息战的手段已经不是幻想。在 1991 年的海湾战争中,美军对伊拉克部队的电脑防御系统实施病毒攻击,成功地使该系统一半以上的计算机染上病毒,遭受破坏。这种传播途径的病毒很难遇到,目前尚没有较好的手段对付。

具体预防措施包括:

- 对于新购置的计算机系统用检测病毒软件或其他病毒检测手段(包括人工检测方法)检查已知病毒和未知病毒,并经过实验,证实没有病毒感染和破坏迹象后再实际使用。
- 对于新购置的硬盘可以进行病毒检测,为了保险起见也可以进行低级格式化。

第二,可移动的存储介质设备,包括软盘、磁带、光盘以及可移动式硬盘。移动存储设备已经成为计算机病毒寄生的"温床",大多数计算机都是从这类途径感染病毒的。

具体预防措施包括以下几项:

- 在保证硬盘无病毒的情况下,尽量用硬盘而不要用软盘启动计算机。启动前,要保证软盘驱动器中无任何软盘。
- 建立封闭的使用环境,即做到专机、专人、专盘和专用。如果通过移动存储设备与外界交互,不管是自己的设备在别人的机器上用过,还是别人的设备在自己的机器上使用,都要进行病毒检测。
- 任何情况下,保留一张写保护的、无病毒的并带有各种基本系统命令的系统启动盘。一旦系统出现故障,不管是因为染毒还是其他原因,均可用于恢复系统。

第三,计算机网络,包括局域网、城域网、广域网,特别是 Internet。各种网络应用(如 E-mail、FTP、Web 等)使得网络途径更为多样和便捷。计算机网络是病毒目前传播最快、最广的途径,由此造成的危害蔓延最快、范围最广。

具体预防措施包括以下几项:

- 采取各种措施保证网络服务器上的系统、应用程序和用户数据没有染毒,如坚持用硬盘引导启动系统,经常对服务器进行病毒检查等。
- 将网络服务器的整个文件系统划分成多卷文件系统,各卷分别为系统、应用程序和用户数据所独占,即划分为系统卷、应用程序卷和用户数据卷。这样各卷的损伤和恢复是相互独立的,十分有利于网络服务器的稳定运行和用户数据的安全保障。
- 除网络系统管理员外,系统卷和应用程序卷对其他用户设置的权限不要大于只读,以防止一般用户的写操作带进病毒。
- 系统管理员要对网络内的共享区域,如电子邮件系统、共享存储区和用户数据卷进行病毒扫描监控,发现异常及时处理,防止在网上扩散。

- 在应用程序卷中提供最新的病毒防治软件,为用户下载使用。
- 严格管理系统管理员的口令,为了防止泄漏,应定期或不定期地进行更换,以防非法入侵带来病毒感染。
- 由于不能保证网络,特别是 Internet 上的在线计算机百分之百地不受病毒感染,因此,一旦某台计算机出现染毒迹象,应立即隔离并进行排毒处理,防止它通过网络传染给其他计算机。同时,密切观察网络及网络上的计算机状况,以确定是否已被病毒感染。如果网络已被感染,应马上采取进一步的隔离和排毒措施,尽可能地阻止传播,减小传播范围。

第四,点对点通信系统,指两台计算机之间通过串行/并行接口,或者使用调制解调器经过电话网进行数据交换。具体预防措施为,通信之前对两台计算机进行病毒检查,确保没有病毒感染。

第五,无线通信网,作为未来网络的发展方向,无线通信网会越来越普及,同时也将会成为与计算机网络并驾齐驱的病毒传播途径。具体预防措施可参照计算机网络的预防措施。

(2) 病毒的寄生场所及其预防措施

第一,引导扇区,即软盘的第一物理扇区或硬盘的第一逻辑扇区,是引导型病毒寄生的地方。

具体预防措施为:用 Bootsafe 等使用工具或 DEBUG 编程等方法对干净的引导扇区进行备份。备份既可用于监控,又可用于系统恢复。监控是比较当前引导扇区的内容和干净的备份,如果发现不同,则很可能是感染了病毒。

第二,计算机文件,包括可执行的程序文件、含有宏命令的数据文件,是文件型病毒寄生的地方。

具体预防措施包括以下几项:

- 检查.COM 和.EXE 可执行文件的内容、长度、属性等,判断是否感染了病毒。重点检查可执行文件的头部(前 20 个字节左右),因为病毒主要改写文件的起始部分。
- 对于新购置的计算机软件要进行病毒检测。
- 定期与不定期地进行文件的备份。备份既可通过比较发现病毒,又可用做灾难恢复。
- 为了预防宏病毒,将含有宏命令的模板文件(如常用的 Word 模板文件)改为只读属性,可预防 Word 系统被感染。将自动执行宏功能禁止掉,这样即使有宏病毒存在,也无法激活,能起到防止病毒发作的效果。

第三,内存空间,病毒在传染或执行时,必然要占用一定的内存空间,并驻留在内存中,等待时机再进行传染或攻击。

具体预防措施为:采用一些内存检测工具,检查内存的大小和内存中的数据来判断是否有病毒进入。

第四,文件分配表(FAT),病毒隐藏在磁盘上时,一般要对存放的位置做出"坏簇"标识,反映在 FAT 表中。

具体预防措施为:通过检查 FAT 表有无意外坏簇,来判断是否感染了病毒。

第五,中断向量,病毒程序一般采用中断的方式来执行,即修改中断变量,使系统在适当的时候转向执行病毒程序,在病毒程序完成传染或破坏目的后,再转回执行原来的中断处理程序。

　　具体的预防措施为：通过检查中断向量有无变化，来确定是否感染了病毒。

　　2. 病毒免疫技术

　　病毒具有传染性。一般情况下，病毒程序在传染完一个对象后，都要给被传染对象加上感染标记。传染条件的判断就是检测被攻击对象是否存在这种标记，若存在这种标记，则病毒程序不对该对象进行传染；若不存在这种标记，病毒程序就对该对象实施传染。

　　最初的病毒免疫技术就是利用病毒传染这一机理，给正常对象加上这种标记后，使之具有免疫力，从而不受病毒的传染。因此，当感染标记用做免疫时，也叫做免疫标记。

　　然而，有些病毒在传染时不判断是否存在感染标记，病毒只要找到一个可传染对象就进行一次传染。就像"黑色星期五"病毒那样，一个文件可能被该病毒反复传染多次，像滚雪球一样越滚越大。

　　目前，常用的病毒免疫方法有两种：

　　(1) 针对某一种病毒进行的免疫方法

　　这种方法为受保护对象加上特定病毒的免疫标记，特定病毒发现了自己的免疫标记，就不再对它进行感染。

　　这种方法对防止某种特定病毒的传染行之有效，但也存在一些缺点：

- 对于不设有感染标记的病毒不能达到免疫的目的。
- 当病毒的变种不再使用感染标记时，或出现新病毒时，现有免疫标记就会失效。
- 一些病毒的感染标记不容易仿制。
- 由于病毒的种类较多，又由于技术上的原因，不可能对一个对象加上各种病毒的免疫标记，这就使得该对象不能对所有的病毒具有免疫作用。
- 这种方法能阻止传染，却不能阻止病毒的破坏行为，仍然放任病毒驻留在内存中。

目前使用这种免疫方法的商业防治病毒软件中已不多见了。

　　(2) 基于自我完整性检查的免疫方法

　　这种方法的工作原理是，为可执行程序增加一个免疫外壳，同时在免疫外壳中记录有关用于恢复自身的信息。执行具有这种免疫功能的程序时，免疫外壳首先得到运行，检查自身的程序大小、校验和、生成日期和时间等情况，没有发现异常后，再转去执行受保护的程序。若不论什么原因使这些程序本身的特性受到改变或破坏，免疫外壳都可以检查出来，并发生告警，由用户选择应采取的措施，包括自毁、重新引导启动计算机、自我恢复后继续运行。这种免疫方法是一种通用的自我完整性检验方法，它不只是针对病毒，由于其他原因造成的文件变化同样能够检查出来，在大多数情况下，免疫外壳程序都能使文件自身得到复原。但是，这种方法适用于文件而不适用于引导扇区。

　　这种免疫方法也有其缺点和不足，归纳如下：

- 给受保护的文件增加免疫外壳需要额外的存储空间。
- 现在使用的一些校验码算法不能满足检测病毒的需要，被某些种类的病毒感染的文件不能被检查出来。
- 无法对付覆盖式的文件型病毒。
- 有些类型的文件不能使用外加免疫外壳的防护方法，这样会使那些文件无法正常执行。

- 当某些尚不能被病毒检测软件检查出来的病毒感染了一个文件,而该文件又被免疫外壳包在里面时,这个病毒就像穿了"保护盔甲",使查毒软件查不到它,而它却能在得到运行机会时跑出来继续传染扩散。

3. 病毒检测技术

解决病毒攻击的理想方法是对病毒进行预防,即在第一时间阻止病毒进入系统。尽管预防可以降低病毒攻击成功的概率,但一般说来,上面的目标是不可能实现的。因此,实际应用中主要采取检测、鉴别和清除的方法。

- 检测:一旦系统被感染,就立即断定病毒的存在并对其进行定位。
- 鉴别:对病毒进行检测后,辨别该病毒的类型。
- 清除:在确定病毒的类型后,从受染文件中删除所有的病毒,并恢复程序的正常状态。

病毒检测就是采用各种检测方法将病毒识别出来。识别病毒包括对已知病毒的识别和对未知病毒的识别。目前,对已知病毒的识别主要采用特征判定技术,即静态判定技术;对未知病毒的识别除了特征判定技术外,还有行为判定技术,即动态判定技术。

(1) 特征判定技术

特征判定技术是根据病毒程序的特征,如感染标记、特征程序段内容、文件长度变化、文件校验和变化等,对病毒进行分类处理,而后在程序运行过程中凡有类似的特征点出现,则认定是病毒。

特征判定技术主要有以下几种方法:

① 比较法。比较法的工作原理是,将有可能的感染对象(引导扇区或计算机文件)与其原始备份进行比较,如果发现不一致则说明有染毒的可能性。这种比较法不需要专门的查毒程序,不仅能够发现已知病毒,还能够发现未知病毒。保留好干净的原始备份对于比较法而言非常重要;否则比较就失去了意义,比较法也就不起作用了。

比较法的优点是简单易行,不需要专用查毒软件,但缺点是无法确认发现的异常是否真是病毒,即使是病毒也不能识别病毒的种类和名称。

② 扫描法。扫描法的工作原理是,用每一种病毒代码中含有的特定字符或字符串对被检测的对象进行扫描,如果在被检测对象内部发现某一种特定字符或字符串,则表明发现了包含改字符或字符串的病毒。感染标记本质上就是一种识别病毒的特定字符。

实现这种扫描的软件叫做特征扫描器。根据扫描法的工作原理,特征扫描器由病毒特征码库和扫描引擎两部分组成。病毒特征码库包含了经过特别选定的各种病毒的反映其特征的字符或字符串。扫描引擎利用病毒特征码库对检测对象进行匹配性扫描,一旦匹配便发出告警。显然,病毒特征码库中的病毒特征码越多,扫描引擎能识别的病毒也就也多。病毒特征码的选择非常重要,一定要具有代表性,也就是说,在不同环境下,使用所选的特征码都能够正确地检查出它所代表的病毒。如果病毒特征码选择得不准确,就会带来误报(发现的不是病毒)或漏报(真正的病毒没有发现)。

特征扫描器的优点是能够准确地查出病毒并确定病毒的种类和名称,为消除病毒提供了确切的信息,但其缺点是只能查出载入病毒特征码库中已知的病毒。特征扫描器是目前最流行的病毒防治软件。随着新病毒的不断发现,病毒特征码库必须不断丰富和更新。现在绝大多数的商业病毒防治软件商,提供每周甚至每天一次的病毒特征码库的在线更新。

③ 校验和法。校验和法的工作原理是,计算正常文件的校验和,将该校验和写入文件中或写入别的文件中保存。在文件使用过程中,定期地或每次使用文件前,检查文件当前内容算出的校验和与原来保存的校验和是否一致,如果不一致便发出染毒报警。

这种方法既能发现已知病毒,也能发现未知病毒,但是,它不能识别病毒种类,不能报出病毒名称。而且文件内容的改变有可能是正常程序引起的,如软件版本更新、变更口令以及修改运行参数等,所以,校验和法常常有虚假报警;此方法还会影响文件的运行速度。另外,校验和法对某些隐蔽性极好的病毒无效。这种病毒进驻内存后,会自动剥去染毒程序中的病毒代码,使校验和法受骗,对一个有毒文件算出正常校验和。因此,校验和法的优点是方法简单、能发现未知病毒、对被查文件的细微变化也能发现;其缺点是必须预先记录正常态的校验和、会有虚假报警、不能识别病毒名称、不能对付某些隐蔽性极好的病毒。

④ 分析法。分析法是针对未知的新病毒采用的技术。其工作过程如下:

- 确认被检查的磁盘引导扇区或计算机文件中是否含有病毒。
- 确认病毒的类型和种类,判断它是否是一种新病毒。
- 分析病毒程序的大致结构,提取识别用的特征字符或字符串,用于添加到病毒特征码库中。
- 分析病毒程序的详细结构,为制定相应的反病毒措施提供方案。

分析法对使用者的要求很高,不但要具有较全面的计算机及操作系统的知识,还要具备专业的病毒方面的知识。一般使用分析法的人不是普通用户,而是反病毒技术人员。使用分析法需要专门的分析工具程序和专门的试验用计算机。即使是很熟练的反病毒技术人员,使用功能完善的分析软件,也不能保证在短时间内将病毒程序完全分析清楚,病毒有可能在分析阶段继续传染甚至发作,毁坏整个软盘或硬盘内的数据,因此,分析工作一定要在专用的试验机上进行。很多病毒采用了自加密和抗跟踪等技术,使得分析病毒的工作经常是冗长和枯燥的,特别是某些文件型病毒的程序代码长达 10KB 以上,并与系统牵扯的层次很深,使详细的剖析工作变得十分复杂。

(2) 行为判定技术

识别病毒要以病毒的机理为基础,不仅识别现有病毒,而且要以现有病毒的机理设计出对一类病毒(包括基于已知病毒机理的未来新病毒或变种病毒)的识别方法,其关键是对病毒行为的判断。行为判定技术就是要解决如何有效辨别病毒行为与正常程序行为,其难点在于如何快速、准确、有效地判断病毒行为。如果处理不当,就会造成虚假报警。

行为监测法是常用的行为判定技术,其工作原理是利用病毒的特有行为特征进行检测,一旦发现病毒行为则立即警报。经过对病毒多年的观察和研究,人们发现病毒的一些行为是病毒的共同行为,而且比较特殊。在正常程序中,这些行为比较罕见。

病毒的典型行为特征列举如下:

① 占用 INT 13H。引导型病毒攻击引导扇区后,一般都会占用 INT 13H 功能,在其中放置病毒所需的代码,因为其他系统功能还未设置好,无法利用。

② 向.COM 和.EXE 可执行文件做写入动作。写入.COM 和.EXE 文件是文件型病毒的主要感染途径之一。

③ 病毒程序与宿主程序的切换。染毒程序运行时,先运行病毒,而后执行宿主程序。在两者切换时,有许多特征行为。

行为监测法的长处在于可以相当准确地预报未知的多数病毒;但也有其短处,即可能导致虚假报警和不能识别病毒名称,而且实现起来有一定难度。

不管采用哪种判定技术,一旦病毒被识别出来,就可以采取相应措施,阻止病毒的下列行为:进入系统内存、对磁盘操作尤其是写操作、进行网络通信与外界交换信息。一方面防止外界病毒向机内传染,另一方面抑制机内病毒向外传播。

4. 反病毒软件

病毒和反病毒技术都在不断发展。早期的病毒是一些相对简单的代码段,可以用相应较简单的反病毒软件来检测和清除。随着病毒技术的发展,病毒和反病毒软件都变得越来越复杂化和经验化。

大体来说,反病毒软件的发展分为四代:

- 第一代:简单的扫描。
- 第二代:启发式的扫描。
- 第三代:主动设置陷阱。
- 第四代:全面的预防措施。

第一代扫描软件要求知道病毒的特征以鉴别之。病毒虽然可能含有"通配符",但就其本质而言,所有的副本都具有相同的结构和排列方式。那些基于病毒具体特征的扫描软件只能检测已知的病毒。另一种类型的第一代扫描软件包含文件长度的记录,通过比较文件长度的变化来确定病毒的种类。

第二代扫描软件不依赖于病毒的具体特征,而是利用自行发现的规律来寻找可能存在的病毒感染。例如,一种扫描软件可以用来寻找多态性病毒中用到的加密圈的起点,并发现加密密钥。一旦该密钥被发现,扫描软件就能对病毒进行解密,从而鉴别该病毒的种类,然后就可以清除这种病毒并将该程序送回到服务器。

第二代扫描软件的另一种方法是进行完整的检查。校验和(checksum)可以附加在文件上。如果文件感染了某种病毒,但校验和没有改变,则可以用完整性检查的方法来找出变化。为了对付一种在感染文件时能改变校验和的病毒,必须使用散列函数来进行加密。还必须将加密密钥和程序代码分开存储以防止病毒产生新的散列代码并进行加密。通过使用散列函数(而不是一个简单的校验和),可以防止病毒调整程序产生同前面一样的散列代码。

第三代反病毒软件是存储器驻留型的,它可以通过受染文件中的病毒的行为(而非其特征)来鉴别病毒。这种程序的优点是不需要知道大量的病毒的特征以及启发式的论据,它只需要鉴别一小部分的行为,该行为表明了某一正试图进入系统的传染行为。

第四代产品是一组含有许多和反病毒技术联系在一起的包,它包括扫描软件和主动设置陷阱。此外,该包还包括一种访问控制功能,这就限制了病毒入侵系统的能力和病毒为了进行传播而更新文件的能力。

反病毒的技术还在不断发展。利用第四代检测包,我们可以运用一些综合的防御策略,拓宽防御范围,以适应多功能计算机上的安全需要。

6.3　木　　马

6.3.1　木马概述

1. 木马的概念

木马的全称是"特洛伊木马"。在神话传说中,希腊士兵藏在木马中进入了特洛伊城,从内部攻破并占领了该城。在计算机领域中,木马是有隐藏性的,可与远程计算机建立连接,使远程计算机能够通过网络控制本地计算机的恶意程序。因此,木马是可被用来进行恶意行为的程序,但这些恶意行为一般不是直接对计算机系统的软硬件产生危害的行为,而是以控制为主的行为。某种意义上,木马就是增加了恶意功能,而且具有隐蔽性的远程控制软件,通常悄悄地在寄宿主机上运行,在用户毫无察觉的情况下让攻击者获得了远程访问和控制系统的权限。

谈到木马,人们就会想到病毒,但它又与传统病毒不同。首先,木马通常不像传统病毒那样感染文件。木马一般是以寻找后门、窃取密码和重要文件为主,还可以对计算机进行跟踪监视、控制、查看、修改资料等操作,具有很强的隐蔽性、突发性和攻击性。其次,木马也不像病毒那样重视复制自身。

2. 木马的危害

大多数网络用户对木马也并不陌生。木马主要以网络为依托进行传播,偷取用户隐私资料是其主要目的,而且这些木马多具有引诱性与欺骗性。

木马也是一种后门程序,它会在用户的计算机系统里打开一个"后门",黑客就会从这个被打开的特定"后门"进入系统,然后就可以随心所欲地操控用户的计算机了。如果要问黑客通过木马进入到计算机里以后能够做什么,可以这样回答:用户能够在自己的计算机上做什么,它就同样能做什么。它可以读、写、存、删除文件,可以得到用户的隐私、密码,甚至用户在计算机上鼠标的每一下移动,它都能尽收眼底。而且还能够控制用户的鼠标和键盘去做他想做的任何事,比如打开用户珍藏的好友照片,然后当面将它永久删除。也就是说,用户的一台计算机一旦感染上了木马,它就变成了一台傀儡机,对方可以在用户的计算机上上传下载文件,偷窥私人文件,偷取各种密码和口令信息等。感染了木马的系统,用户的一切秘密都将暴露在别人面前,隐私将不复存在。

木马控制者既可以随心所欲地查看已被入侵的机器,也可以用广播方式发布命令,指示所有在它控制下的木马一起行动,或者向更广泛的范围传播,或者做其他危险的事情。实际上,只要用一个预先定义好的关键词,就可以让所有被入侵的机器格式化自己的硬盘,或者向另一台主机发起攻击。攻击者经常会用木马侵占大量的机器,然后针对某一要害主机发起分布式拒绝服务(DDoS)攻击。

6.3.2　木马的工作原理

与传统的文件型病毒寄生于正常可执行程序体内,通过寄主程序的执行而执行的方式不同,大多数木马的程序都有一个独立的可执行文件。木马通常不容易被发现,因为它一般是以一个正常应用的身份在系统中运行的。

1. 木马的工作模式

木马程序一般采用客户机/服务器工作模式,包括客户端(Client)部分和服务器端(Server)部分。客户端也叫控制端,运行在木马控制者的计算机中;服务器端运行在被入侵计算机中,打开一个端口以监听并响应客户端的请求。

典型地,攻击者利用一种称为绑定程序的工具,将木马服务器端绑定到某个合法软件或者邮件上,诱使用户运行合法软件。只要用户一运行该软件,特洛伊木马的服务器端部分就在用户毫无知觉的情况下完成了安装过程。通常,特洛伊木马的服务器端部分都是可以定制的,攻击者可以定制的项目一般包括:服务器端运行的 IP 端口号、程序启动时机、如何发出调用、如何隐身、是否加密等。另外,攻击者还可以设置登录服务器端的密码,确定通信方式。木马控制者通过客户端与被入侵计算机的服务器端建立远程连接。一旦连接建立,木马控制者就可以通过对被入侵计算机发送指令来控制它。

不管特洛伊木马的服务器端和控制端如何建立联系,有一点是不变的,即攻击者总是利用控制端向服务器端发送命令,达到操控用户机器的目的。

2. 木马的攻击步骤

用木马这种工具控制其他计算机系统,从过程上看大致可分为六步:

第一步,配置木马。一般来说,一个设计成熟的木马都有木马配置程序,从具体的配置内容看,主要是为了实现以下两方面功能:①木马伪装:为了让服务端在侵入的主机上尽可能好地隐藏,木马配置程序会采用多种手段对服务器端进行伪装,如修改图标、捆绑文件、定制端口、自我销毁等。②信息反馈:木马配置程序将就信息反馈的方式或地址进行设置,如设置信息反馈的邮件地址、IRC 号、ICQ 号等。

第二步,传播木马。当前,木马的传播途径主要有两种:一种是通过电子邮件,木马服务器端以附件形式附着在邮件上发送出去,收件人只要打开附件就会感染木马。为了安全起见,现在很多公司或用户通过电子邮件给用户发送安全公告时,都不携带附件。第二种是软件下载,一些非正式的网站以提供软件下载的名义,将木马捆绑在软件安装程序上,下载后只要一运行这些程序,木马就会自动安装。因此用户从互联网上下载了免费软件以后,在运行之前一定要进行安全检查。对于安全要求较高的计算机,则应禁止安装从互联网上下载的软件。

鉴于木马的危害性,很多人对木马知识还是有一定了解的,这对木马的传播起了一定的抑制作用,因此木马设计者们开发了多种功能来伪装木马,以达到降低用户警觉,欺骗用户的目的。典型的方法有:

(1)修改图标。已经有木马可以将木马服务端程序的图标改成 TXT、HTML、ZIP 等各种文件的图标,以达到迷惑用户的目的。

(2)捆绑文件。这种伪装手段是将木马捆绑到一个安装程序上,当安装程序运行时,木马在用户毫无察觉的情况下,偷偷地进入了系统。被捆绑的文件一般是可执行文件,如EXE、COM 等文件。

(3)出错显示。如果打开一个文件,没有任何反应,这很可能就是个木马程序,木马的设计者也意识到了这个缺陷,所以已经有木马提供了一个叫做"出错显示"的功能:当服务端用户打开木马程序时,会弹出一个错误提示框,显示一些诸如"文件已破坏,无法打开的!"

之类的信息,当服务端用户信以为真时,木马却悄悄侵入了系统。

(4) 定制端口。很多老式的木马端口都是固定的,这给判断是否感染了木马带来了方便,只要查一下特定的端口就知道感染了什么木马。因此,现在很多新式的木马都加入了定制端口的功能,控制端用户可以在 1024~65535 之间任选一个端口作为木马端口,这样就给判断所感染的木马的类型带来了麻烦。

(5) 自我销毁。这项功能是为了弥补木马的一个缺陷。例如在 Windows 系统中,服务端用户打开含有木马的文件后,木马会将自己复制到 Windows 的系统文件夹中(C:\WINDOWS 或 C:\WINDOWS\SYSTEM 目录下)。一般来说,原木马文件和系统文件夹中的木马文件的大小是一样的,那么只要找到原木马文件,然后根据原木马的大小去系统文件夹找相同大小的文件,就能够比较容易地发现木马。木马的自我销毁功能是指安装完木马后,原木马文件将自动销毁,这样服务端用户就很难找到木马的来源,在没有木马查杀工具的帮助下,就很难删除木马了。

(6) 木马更名。老式木马的文件名一般是固定的,那么只要根据文件名查找特定的文件,就可以断定中了什么木马。所以现在有很多木马都允许控制端用户自由定制安装后的木马文件名,这样很难判断所感染的木马类型了。

第三步,运行木马。服务端用户运行木马或捆绑木马的程序后,木马就会自动进行安装,并设置好木马的触发条件,条件满足时将自动运行木马的服务器端。木马被激活后,进入内存,并开启事先定义的木马端口,准备与控制端建立连接。

第四步,信息收集与反馈。一般来说,设计成熟的木马都有一个信息反馈机制。所谓信息反馈机制是指木马成功安装后会收集一些服务端所在计算机系统的软硬件信息,并通过 E-mail,IRC 或 ICQ 的方式告知控制端。

从反馈信息中控制端可以知道服务端的一些软硬件信息,包括使用的操作系统、系统目录、硬盘分区况、系统口令等。在这些信息中,最重要的是服务端 IP,因为只有得到这个参数,控制端才能与服务端建立连接。

第五步,建立连接。一个木马连接的建立首先必须满足两个条件:一是服务端已运行在被入侵的计算机中;二是控制端要在线。在此基础上控制端可以通过木马端口与服务端建立连接。

对于控制端来说,要与服务器端建立连接,必须知道服务器端所在计算机的木马端口和 IP 地址。由于木马端口是控制端事先设定的,为已知项,因此最重要的是如何获得服务器端的 IP 地址,方法主要有两种:信息反馈和 IP 扫描。信息反馈不再赘述,而对于 IP 扫描,因为服务器端的木马端口是处于开放状态的,所以现在服务器端只需要扫描此端口开放的主机,并将此主机的 IP 添加到列表中即可。这时控制端就可以向服务器端发出连接信号,服务器端收到信号后立即做出响应。当控制端收到响应的信号后,开启一个随机端口与服务器端的木马端口建立连接。至此,一个木马连接真正建立起来。扫描整个 IP 地址段比较费时费力,一般来说,控制端都是先通过信息反馈获得服务端的 IP 地址。

第六步,远程控制。木马连接建立后,控制端端口和木马端口之间将会出现一条通道。控制端程序可通过这条通道与服务器端取得联系,并通过服务器端对被入侵主机进行远程控制,例如通过击键记录来窃取密码、对服务端上的文件进行操作、修改服务器端配置、断开服务端网络连接、控制服务端的鼠标与键盘、监视服务端桌面操作、查看服务端进程等。

3. 木马常用技术

现代木马采用了很多先进的技术,以提高自身的隐藏能力和生存能力。这些技术包括进程注入技术、三线程技术、端口复用技术、超级管理技术、端口反向连接技术等。

(1) 进程注入技术

当前操作系统中都有系统服务和网络服务,它们都在系统启动时自动加载。进程注入技术就是将这些与服务相关的可执行代码作为载体,木马将自身嵌入到这些可执行代码中,实现自动隐藏和启动的目的。

这种形式的木马只需安装一次,以后就会被自动加载到可执行文件的进程中,并且会被多个服务加载。只有系统关闭,服务才会结束,因此木马在系统运行时始终保持激活状态。

(2) 三线程技术

三线程技术就是一个木马进程同时开启了三个线程,其中一个为主线程,负责接收控制端的命令,完成远程控制功能。另外两个是监视线程和守护线程,监视线程负责检查木马是否被删除或被停止自动运行。守护线程则注入其他可执行文件内,与木马进程同步,一旦进程被终止,它就会重新启动木马进程,并向主线程提供必要的数据,这样就可以保持木马运行的可持续性。

(3) 端口复用技术

端口复用技术是指重复利用系统网络打开的端口,如 25、80、135 等常用端口,来进行数据传送,这样可以达到欺骗防火墙的目的。端口复用是在保证端口默认服务正常工作的条件下复用,具有很强的隐蔽性和欺骗性。例如,木马 Executor 利用 80 端口来传送控制信息和数据,实现远程控制的目的。

(4) 超级管理技术

一些木马还具有攻击反恶意代码软件的能力。为了对抗反恶意代码软件,一些木马采用超级管理技术对反恶意代码软件进行拒绝服务攻击,使反恶意代码软件无法正常工作。比如,国产木马“广外女生”就采用超级管理技术对金山毒霸和天网防火墙进行拒绝服务攻击,使其无法正常工作。

(5) 端口反向连接技术

一般来说,防火墙对外部网络进入内部网络的数据流有严格的过滤策略,但是对内部网到外部网的数据流控制力度相对小一些。端口反向连接技术就是利用了防火墙的这个特点。端口反向连接,指的是木马的服务器端主动连接控制端,从而使得数据流的流向从被侵入方来看是从内到外。国外的 Boint 是最早实现端口反向连接的木马,国内的“灰鸽子”木马则是这项技术的“集大成者”。

6.3.3　木马防治技术

1. 木马的预防

目前木马已对计算机用户信息安全构成了极大的隐患,做好对木马的防范已经刻不容缓。用户要提高对木马的警惕,尤其是网络游戏玩家、电子商务参与者更应该加强对木马的关注。

网络中比较流行的木马程序,传播速度比较快,影响也比较严重,因此尽管人们掌握了很多木马的检测和清除方法及软件工具,但这些也只是在木马出现后的被动应对措施。这

就要求我们平时要有对木马的预防意识和措施,做到防患于未然。以下是几种简单实用的木马预防方法和措施:

- 不随意打开来历不明的邮件,阻塞可疑邮件。
- 不随意下载来历不明的软件。
- 及时修补漏洞和关闭可疑的端口。
- 尽量少用共享文件夹。
- 运行实时监控程序。
- 经常升级系统和更新病毒库。
- 限制使用不必要的具有传输能力的文件。

2. 木马的检测和清除

鉴于 Windows 操作系统的普及性,以 Windows 系统为例,一般来说,可以通过查看系统端口开放的情况、系统服务的情况、系统任务运行情况、网卡的工作情况、系统日志及运行速度有无异常等对木马进行检测。查看是否有可疑的启动程序、可疑的进程存在,是否修改了 win.ini、system.ini 系统配置文件和注册表。如果存在可疑的程序和进程,就按照特定的方法进行清除。检测到计算机感染木马后,就要根据木马的特征来进行删除。

(1) 查看开放端口

当前最为常见的木马通常基本上都是基于 TCP/UDP 协议进行客户端与服务器端之间的通信。因此,可以通过查看本机上开放的端口,看是否有可疑的程序打开了某个可疑的端口。例如,"冰河"木马使用的监听端口是 7626,Back Orifice2000 使用的监听端口是 54320,等等。假如查看到有可疑的程序在利用可疑端口进行连接,则很有可能就是感染了木马。

查看端口的方法通常有以下几种:

- 使用 Windows 本身自带的 netstat 命令。
- 使用 Windows 下的命令工具,如 fport。
- 使用图形化界面工具,如 Active Ports。

(2) 查看和恢复 win.ini 和 system.ini 系统配置文件

查看 win.ini 和 system.ini 是否有被修改的地方。例如,有的木马通过修改 win.ini 文件中 Windows 节的 load=file.exe,run=file.exe 语句进行自动加载,还可能修改 system.ini 中的 boot 节,实现木马加载。比如,木马"妖之吻"将 Shell=Explorer.exe(Windows 系统的图形界面命令解释器)修改成 Shell=yzw.exe,在计算机每次启动后就自动运行程序 yzw.exe。为了清除这种木马,可以把 system.ini 恢复为原始配置,即将 Shell=yzw.exe 修改回 Shell=Explorer.exe,再删除掉木马文件即可。

(3) 查看启动程序并删除可疑的启动程序

如果木马自动加载的文件是直接通过 Windows 菜单上自定义添加的,一般都会放在主菜单的"开始"|"程序"|"启动"处。通过这种方式使文件自动加载时,一般都会将其存放在注册表中下述 4 个位置上:

- HKEY_CURRENT_USER \ software \ microsoft \ Windows \ CurrentVersion \ Explorer\Shellfolders
- HKEY_CURRENT_USER \ software \ microsoft \ Windows \ CurrentVersion \

Explorer\UserShellfolders

- HKEY_LOCAL_MACHINE \ software \ microsoft \ Windows \ CurrentVersion \ Explorer\ UserShellfolders
- HKEY_LOCAL_ MACHINE \ software \ microsoft \ Windows \ CurrentVersion \ Explorer\ Shellfolders

检查这几个位置是否有可疑的启动程序,便很容易查到是否感染了木马。如果查出有木马存在,则除了要查出木马文件并删除外,还要将木马自动启动程序一并删除。

(4) 查看系统进程并停止可疑的系统进程

即使木马隐蔽技术再好,它的本质仍然是一个应用程序,需要进程来执行。可以通过查看系统进程来推断木马是否存在。在 Windows NT/XP 键系统下,按 Ctrl+Alt+Del 键进入任务管理器,就可看到系统正在运行的全部进程。在查看进程中,如果对系统非常熟悉,知道每个系统运行的进程是做什么的,那么在木马运行时,就能很容易地看出哪个是木马程序的活动进程了。

在对木马进行清除时,首先要停止木马程序的系统进程。例如,Hack. Rbot 除了将自身复制到一些固定的 Windows 自动启动项中外,还在进程中运行 wuamgrd. exe 程序,修改了注册表,以便自己可随时自启动。在看到有木马程序运行时,需要马上停止系统进程,并进行下一步操作,修改注册表和清除木马文件。

(5) 查看和还原注册表

木马一旦被加载,一般都会对注册表进行修改。通常,木马在注册表中的以下地方实现加载文件:

- HKEY_LOCAL_ MACHINE \software\microsoft\Windows\CurrentVersion\Run
- HKEY_ LOCAL_ MACHINE \ software \ microsoft \ Windows \ CurrentVersion \RunOnce
- HKEY_ LOCAL_ MACHINE \ software \ microsoft \ Windows \ CurrentVersion \RunServices
- HKEY_ LOCAL_ MACHINE \ software \ microsoft \ Windows \ CurrentVersion \RunServicesOnce
- HKEY_CURRENT_USER\ software\microsoft\Windows\CurrentVersion\Run \RunOnce
- HKEY_ CURRENT_ USER \ software \ microsoft \ Windows \ CurrentVersion \RunServices

此外,在注册表中的 HKEY_ CLASSES_ ROOT \ exefile/shell/open/command = "%1"% * 处,如果其中的"%1"被修改为木马,那么每启动一次该可执行文件时,木马就会启动一次。

查看注册表,将注册表中木马修改的部分还原。例如,Hack. Rbot 病毒会向注册表的有关目录中添加键值"MicrosoftUpdate" = "wuamgrd. exe",以便自己可以随机自启动。这就需要先进入注册表,将键值"Microsoft Update" = "wuamgrd. exe"删除掉。可能有些木马会不允许执行. exe 文件,这样就要先将 regedit. exe 改成系统能够运行的形式,例如可以改成 regedit. com。

（6）使用杀毒软件和木马查杀工具检测和清除木马

最简单的检测和删除木马的方法是安装木马查杀软件。常用的木马查杀工具，如KV3000、瑞星、TheCleaner、木马克星、木马终结者等，都可以进行木马的检测和查杀。此外，用户还可使用其他木马查杀工具对木马进行查杀。

多数情况下，由于杀毒软件和查杀工具的升级慢于木马的出现，因此学会手工查杀木马非常有必要。手工查杀木马的方法如下：

（1）检查注册表。看 HKEY_LOCAL_MACHINE\SOFTWARE\MICROSOFT\WINDOWS\CurrenVersion 和 HKEY_CURRENTT_USER\Software\Microsoft\Windows\Current Version 下所有以 Run 开头的键值名下有没有可疑的文件名。如果有，就需要删除相应的键值，再删除相应的应用程序。

（2）检查启动组。虽然启动组不是十分隐蔽，但这里的确是自动加载运行的好场所，因此可能有木马在这里隐藏。启动组对应的文件夹为 C：/windows/startmenu/programs/startup，要注意经常对其进行检查，发现木马，及时清除。

（3）Win.ini 以及 System.ini 也是木马喜欢隐蔽的场所，要注意这些地方。例如，在正常情况下 Win.ini 的 Windows 小节下的 load 和 run 后面没有跟什么程序，如果在这里发现了程序，那么很可能就是木马的服务器端，需要尽快对其进行检查并清除。

（4）对于文件 C：/windows/winstart.bat 和 C：/windows/wininit.ini 也要多加检查，木马也很有可能隐藏在这里。

（5）如果是由.exe 文件启动，那么运行该程序，看木马是否被装入内存，端口是否打开。如果是，则说明要么是该文件启动了木马程序，要么是该文件捆绑了木马程序。只能将其删除，再重新安装一个这样的程序。

6.4　蠕　虫

6.4.1　蠕虫概述

蠕虫是一种结合黑客技术和计算机病毒技术，利用系统漏洞和应用软件的漏洞，通过复制自身进行传播的、完全独立的程序代码。蠕虫的传播不需要借助被感染主机中的其他程序。蠕虫的自我复制可以自动创建与自身功能完全相同的副本，并在无人干涉的情况下自动运行。蠕虫是通过系统中存在的漏洞和设置的不安全性进行侵入的。它的自身特性可以使其以极快的速度传播。蠕虫的恶意行为主要体现在消耗系统资源和网络资源上。

"蠕虫"这一生物学名词是在 1982 年第一次被 John F. Shoch 等人引入到计算机领域中的。他们给出了蠕虫的最基本特征：可以自我复制，并且可以从一台计算机移动到另一台计算机。1988 年，一个由美国 CORNELL 大学研究生莫里斯编写的蠕虫病毒蔓延，造成了数千台计算机停机，蠕虫开始现身网络。1998 年爆发的 HaPpy99 蠕虫病毒成为了第一个世界性的大规模蠕虫病毒。它是通过电子邮件传播的，一旦该蠕虫代码被执行，用户的屏幕上就会出现一副彩色的烟花画面。随后出现的 CodeRed、Nimda、Slammer 等大规模的蠕虫病毒给网络用户造成了前所未有的损失。2003 年 1 月 26 日，一种名为"2003 蠕虫王"的计算机病毒迅速传播并袭击了全球,致使互联网严重堵塞,许多域名服务器(DNS)瘫痪,造成网民浏览互联网网页及收发电子邮件的速度大幅减缓,同时,银行自动提款机的运作中断,机票等网络预订系统的运作中断,信用卡等收付款系统出现故障。专家估计,此病毒造成的直接经济损失至少在 26 亿美元以上。2004 年 5 月出现的"震荡波"蠕虫,破坏性超过2003 年 8 月的"冲击波"病毒,全球各地上百万用户遭到攻击,并造成重大损失。蠕虫病毒已经成为互联网最主要的威胁之一,未来能够给网络带来重大灾难的也必定是网络蠕虫。

蠕虫是一种通过网络传播的恶意代码,它具有普通病毒的传播性、隐蔽性和破坏性,但与普通病毒也有很大差别,如表 6-2 所示。

表 6-2　蠕虫与病毒的比较

比 较 对 象	蠕　　虫	普 通 病 毒
存在形式	独立程序	寄生
触发机制	自动执行	用户激活
复制方式	复制自身	插入宿主程序
搜索机制	扫描网络 IP	扫描本地文件系统
破坏对象	网络	本地文件系统
用户参与	不需要	需要

就存在形式而言,蠕虫不需要寄生到宿主文件中,它是一个独立的程序;而普通病毒需要宿主文件的介入。传统病毒是需要寄生的,它可以通过自己指令的执行,将自己的指令代码写到其他程序的体内,而被感染的文件就被称为"宿主"。宿主程序执行的时候,就可以先执行病毒程序,病毒程序运行完之后,再把控制权交给宿主原来的程序指令。可见,病毒的主要目的就是破坏文件系统。而蠕虫一般不采用插入文件的方法,而是复制自身,在互联网环境下进行传播,病毒的传染主要是针对计算机内的文件系统而言的,而蠕虫病毒的传染目标是互联网内的所有计算机。

就触发机制而言,蠕虫代码不需要计算机用户的干预就能自动执行。一旦蠕虫程序成功入侵一台主机,它就会按预先设定好的程序自动执行。而传统病毒代码的运行,一般需要用户的激活。只有用户进行了某个操作,才会触发病毒的执行。

就复制方式而言,蠕虫完全依靠自身来传播,它通过自身的复制将蠕虫代码传播给扫描到的目标对象。而普通病毒需要将自身嵌入到宿主程序中,等待用户的激活。

就搜索机制而言,蠕虫搜索的是网络中存在某种漏洞的主机。普通病毒则只会针对本地的文件进行搜索并传染,其破坏力相当有限。也正是由于蠕虫的这种搜索机制导致了蠕虫的破坏范围远远大于普通病毒。

就破坏对象而言,蠕虫的破坏对象主要是整个网络。蠕虫造成的最显著的破坏就是网络的拥塞。而普通病毒的攻击对象则是主机的文件系统,删除或修改攻击对象的文件信息,其破坏力是局部的、个体的。

最后,蠕虫的可怕之处在于它不需要计算机用户的参与就能悄无声息地传播,直至造成了严重的影响甚至是网络拥塞才会被人们所意识到,而此时,蠕虫的传播范围已非常广泛了。

根据使用者情况的不同,可将蠕虫分为面向企业用户的蠕虫和面向个人用户的蠕虫两类。面向企业用户的蠕虫利用系统漏洞,主动进行攻击,可能对整个网络造成瘫痪性的后果,这一类蠕虫以"红色代码"、"尼姆达"、Slmmar 为代表;面向个人用户的蠕虫通过网络(主要是电子邮件、恶意网页形式等)迅速传播,以"爱虫"、"求职信"蠕虫为代表。在这两类中,第一类具有很强的主动攻击性,而且爆发也有一定的突然性,但由于这一类蠕虫主要利用系统漏洞对网络进行破坏,查杀这一类蠕虫并不是很困难。第二类的传播方式比较复杂和多样,少数利用操作系统或应用程序的漏洞,更多的是利用社会工程学对用户进行欺骗和诱导,这样的病毒造成的损失是非常大的,同时也是很难根除的。例如求职信蠕虫病毒,在2001 年就已经被各大杀毒厂商发现,但直到 2002 年底依然排在病毒危害排行榜的首位。

根据传播途径的不同,又可以将蠕虫分成漏洞蠕虫和电子邮件蠕虫。漏洞蠕虫可利用微软的几个系统漏洞进行传播,如 SQL 漏洞、PRC 漏洞、RPC 漏洞和 LSASS 漏洞,其中PRC 漏洞和 LSASS 漏洞最为严重。漏洞蠕虫极具危害性,大量的攻击数据堵塞网络,并可造成被攻击系统不断重启、系统速度变慢等现象。漏洞蠕虫的特性与黑客特性集成到一起,造成的危害就更大了。蠕虫多以系统漏洞进行攻击与破坏,在网络中通过攻击系统漏洞从而再次复制与传播自己。据反病毒专家介绍,每当企业感染了蠕虫后都非常难以清除,需要拔掉网线后将每台机器都查杀干净。如果网络中有一台机器受到漏洞蠕虫病毒攻击,那么整个网络将陷入蠕虫"泥潭"中。冲击波、震荡波蠕虫就是典型的例子。

电子邮件蠕虫主要通过邮件进行传播。邮件蠕虫使用自己的 SMTP 引擎,将病毒邮件发送给搜索到的邮件地址。有时候我们会发现同事或好友重复不断地发来各种英文主题的邮件,这就是感染了邮件蠕虫。邮件蠕虫还能利用 IE 漏洞,使用户在没有打开附件的情况下感染病毒。MYDOOM 蠕虫变种 AH 能利用 IE 漏洞,使病毒邮件不再需要附件就可以感染用户。

蠕虫病毒具有如下技术特性:

- **跨平台**:蠕虫并不仅仅局限于 Windows 平台,它也攻击其他的一些平台,诸如流行的 UNIX 平台的各种版本。
- **多种攻击手段**:新的蠕虫病毒有多种手段来渗入系统,例如利用 Web 服务器、浏览器、电子邮件、文件共享和其他基于网络的应用。
- **极快的传播速度**:一种加快蠕虫传播速度的手段是,先对网络上有漏洞的主机进行扫描,并获得其 IP 地址。
- **多态性**:为了躲避检测、过滤和实时分析,蠕虫采取了多态技术。每个蠕虫的病毒都可以产生新的功能相近的代码并使用密码技术。
- **可变形性**:除了改变其表象,可变形性病毒在其复制的过程中通过其自身的一套行为模式指令系统,从而表现出不同的行为。
- **传输载体**:由于蠕虫病毒可以在短时间内感染大量的系统,因此它是传播分布式攻击工具的一个良好的载体,如分布式拒绝服务攻击中的僵尸程序。
- **零时间探测利用**:为了达到最大的突然性和分布性,蠕虫在其进入到网络上时就应立即探测仅由特定组织所掌握的漏洞。

6.4.2 蠕虫的传播过程

任何蠕虫在传播过程中都要经历如下三个过程:首先,探测存在漏洞的主机;其次,攻击探测到的脆弱主机；最后，获取蠕虫副本，并在本机上激活它。因此，蠕虫代码的功能模块至少需包含扫描模块、攻击模块和复制模块三个部分。

蠕虫的扫描功能模块负责探测网络中存在漏洞的主机。当程序向某个主机发送探测漏洞的信息并收到成功的反馈信息后，就得到一个可传播的对象。对于不同的漏洞需要发送不同的探测包进行扫描探测。例如，针对 Web 的 cgi 漏洞可以发送一个特殊的 HTTP 请求来探测，针对远程缓冲区溢出漏洞就需要发送溢出代码来探测。缓冲区溢出是一种最常见的系统漏洞，通过向缓冲区中写入超出其范围的内容，使得缓冲区发生溢出，破坏程序的堆栈，迫使程序转而执行其他指令，从而达到攻击的目的。

攻击模块针对扫描到的目标主机的漏洞或缺陷，采取相应的技术攻击主机，直到获得主机的管理员权限，并获得一个 shell。利用获得的权限在主机上安装后门、跳板、监视器、控制端等，最后清除日志。

攻击成功后，复制模块就负责将蠕虫代码自身复制并传输给目标主机。复制的过程实际上就是一个网络文件的传输过程。复制过程也有很多种方法，既可以利用系统本身的程序实现，也可以用蠕虫自带的程序实现。从技术上看，由于蠕虫已经取得了目标主机的控制权限，所以很多蠕虫都倾向于利用系统本身提供的程序来完成自我复制，这样可以有效地减少蠕虫程序本身的大小。

经过上述三个步骤之后，感染蠕虫病毒的主机就成功地将蠕虫代码传播给网络中其他存在漏洞的主机了。由此可见，实际上蠕虫传播的过程就是自动入侵的过程，蠕虫采用的是自动入侵技术。由于受程序大小的限制，自动入侵程序不可能有太强的智能性，所以自动入侵一般都采用某种特定的模式。目前蠕虫使用的入侵模式就是：扫描漏洞→攻击并获得shell→利用 shell。这种入侵模式也就是现在蠕虫常用的传播模式。

6.4.3　蠕虫的分析和防范

蠕虫与传统病毒不同的一个特征就是蠕虫能利用漏洞进行传播和攻击。这里所说的漏洞主要是软件缺陷和人为缺陷。软件缺陷，如远程溢出、微软 IE 和 OUTLOOK 的自动执行漏洞等，需要软件厂商和用户共同配合，不断地升级软件来解决。人为缺陷主要是指计算机用户的疏忽。这就是所谓的社会工程学，当收到一封带着病毒的求职信邮件时，大多数人都会去点击。对于企业用户来说，威胁主要集中在服务器和大型应用软件上；而对于个人用户来说，主要是防范人为缺陷。

1. 企业类蠕虫的防范

当前，企业网络主要应用于文件和打印服务共享、办公自动化系统、企业管理系信息系统（MIS）、Internet 应用等领域。网络具有便利的信息交换特性，蠕虫就有可能充分利用网络快速传播，达到其阻塞网络的目的。企业在充分利用网络进行业务处理时，也要考虑病毒防范问题，以保证关系企业命运的业务数据的完整性和可用性。

企业防治蠕虫需要考虑对蠕虫的查杀能力、病毒的监控能力和对新病毒的反应能力等问题。而企业防毒的一个重要方面就是管理策略。企业防范蠕虫的常见策略如下：

- 加强网络管理员安全管理水平，提高安全意识。由于蠕虫利用的是系统漏洞，因此需要在第一时间保持系统和应用软件的安全性，保持各种操作系统和应用软件的更新。由于各种漏洞的出现，使得安全问题不再是一劳永逸的事，而对于企业用户而言,所经受攻击的危险也是越来越大,要求企业的管理水平和安全意识也越来越好。

- 建立对蠕虫的检测系统。能够在第一时间内检测到网络的异常和蠕虫攻击。
- 建立应急响应系统。将风险降到最低。由于蠕虫爆发的突然性,可能在发现的时候已经蔓延到整个网络,因此,建立一个紧急响应系统是很有必要的,在蠕虫爆发的第一时间即能提供解决方案。
- 建立备份和容灾系统。对于数据库和数据系统,必须采用定期备份、多机备份和容灾等措施,防止意外灾难下的数据丢失。

2. 个人用户蠕虫的分析和防范

对于个人用户而言,威胁大的蠕虫一般采取电子邮件和恶意网页传播方式。这些蠕虫对个人用户的威胁最大,同时也最难以根除,造成的损失也很大。利用电子邮件传播的蠕虫通常是利用社会工程学进行欺骗,即通过以各种各样的欺骗手段诱惑用户点击的方式进行传播。

该类蠕虫对个人用户的攻击主要还是通过社会工程学,而不是利用系统漏洞,所以防范此类蠕虫需要从以下几点入手:

- 提高防杀恶意代码的意识。
- 购买正版的防病毒(蠕虫)软件。
- 经常升级病毒库。
- 不随意查看陌生邮件,尤其是带有附件的邮件。

6.5　其他常见恶意代码

1. 脚本病毒

脚本病毒又称为移动代码,是指能够从主机传输到客户端计算机上并执行的代码,它通常是作为病毒、蠕虫或木马的一部分被传送到客户计算机上的。另外,脚本病毒可以利用系统的漏洞进行入侵,例如非法的数据访问和盗取 root 账号。通常用于编写脚本病毒的工具有 Java Applets、Active X、Java Script 和 VB Script 等。

脚本病毒具有如下几个特点:

(1) 编写简单,一个对病毒一无所知的病毒爱好者可以在很短的时间里编出一个新型病毒来。

(2) 破坏力大。其破坏力不仅表现为对用户系统文件及性能的破坏,还表现为使邮件服务器崩溃,网络发生严重阻塞。

(3) 感染力强。由于脚本是直接解释执行,因此这类病毒可以直接通过自我复制的方式感染其他同类文件,并且自我的异常处理变得非常容易。

(4) 传播范围大。这类病毒通过 HTML 文档、E-mail 附件或其他方式,可以在很短的时间内传遍世界各地。

(5) 病毒源码容易被获取,变种多。由于脚本病毒解释执行,其源代码可读性非常强,即使病毒源码经过加密处理后,其源代码的获取还是比较简单的。因此,这类病毒变种比较多,稍微改变一下病毒的结构,或者修改一下特征值,很多杀毒软件可能就无能为力。

（6）欺骗性强。脚本病毒为了得到运行机会,往往会采用各种让用户不大注意的手段,譬如,邮件的附件名采用双后缀,如.jpg.vbs,这样,用户看到这个文件的时候,就会认为它是一个 jpg 图片文件。

（7）使得病毒生产机实现起来非常容易。所谓病毒生产机,就是可以按照用户的意愿,生产病毒的软件。目前的病毒生产机,大多数都是脚本病毒生产机,其中最重要的原因就是脚本是解释执行的,实现起来非常容易。

正因为具有以上几个特点,脚本病毒发展异常迅猛,特别是病毒生产机的出现,使得生成新型脚本病毒变得非常容易。

2. 逻辑炸弹

计算机中的"逻辑炸弹"是指在特定逻辑条件满足时被激活,实施破坏的计算机程序;该程序激活后造成计算机数据丢失、计算机不能从硬盘或者软盘引导,甚至会使整个系统瘫痪,并出现物理损坏的虚假现象。

逻辑炸弹一般是由黑客或组织内部的员工编制,并在特定时间内对特定程序或数据目标进行破坏的恶意代码。最常见的激活条件是一个日期,逻辑炸弹检查系统日期,直到预先编程的日期和当前日期一致,在这一时间点上,逻辑炸弹被激活并执行它的代码。逻辑炸弹也可以被编程为等待某一个信息,当逻辑炸弹看到该信息时,将激活并执行它的代码。最危险的逻辑炸弹是因为某事件未发生而触发的逻辑炸弹。例如,一名不道德的系统管理员,制造了一个逻辑炸弹用来删除服务器上的所有数据,触发条件是他在一个月内没有登录。这个逻辑炸弹可以在系统管理员被解雇以后一个月后触发,以报复原雇主。

自我复制是传统病毒的基本特征,与病毒相比,逻辑炸弹强调破坏作用本身,而实施破坏的程序不会传播。与典型木马程序相比,逻辑炸弹一般隐含在具有正常功能的软件中,而典型木马程序一般可能仅仅是模仿程序的外表,而没有真正的实际功能。

3. 后门程序

后门程序一般是指那些绕过系统安全控制而获取对程序或系统的特殊访问权的程序。在软件开发阶段,程序员常常会在软件内留下一些"后门",以方便修改程序设计中的问题。但如果这些后门被其他人获知,或是在发布软件之前没有被删除掉,那么它就成了安全风险,容易被黑客侵入。后门程序一般带有 backdoor 字样,它与计算机病毒最大的差别在于:后门程序不一定有自我复制的动作,即它不一定会"感染"其他计算机。

本质上,木马和后门都提供网络后门的功能,但是木马的功能稍微强大一些,一般还有远程控制的功能,后门程序的功能则比较单一,仅仅提供绕过系统安全控制而进入系统的途径。

思　考　题

1. 什么是恶意代码? 主要包括哪些类型?
2. 恶意代码生存技术主要包括哪几个方面? 分别简述其原理。
3. 计算机病毒的概念及特征是什么?

4．简述常见的病毒检测技术原理。

5．什么是木马？木马和普通病毒有哪些主要区别？

6．简述木马的三线程技术原理。

7．什么是蠕虫？蠕虫具有哪些技术特性？

8．蠕虫代码主要包括哪些模块？分别具有什么功能？

第 7 章 防 火 墙

随着计算机网络的发展和普及,绝大多数机构都建立了自己的网络,并接入到
Internet。Internet 上大量有用的信息和服务对于人们而言是必需的。但是,另一方面,
Internet 在提供便利的同时,也使得外面的世界能够接触到本地网络并对其产生影响。这
便对机构产生了威胁。虽然给每个工作站和本地网络都配置强大的安全特性是可能的,但
却并不是一个实际可行的办法。一种越来越为人们所接受的替代方法是防火墙。防火墙被
嵌入在本地网络和 Internet 之间,从而建立受控制的连接并形成外部安全墙或者说是边界。
这个边界的目的在于防止本地网络受到来自 Internet 的攻击,并在安全性将受到影响的地
方形成阻塞点。防火墙可以是一台计算机系统,也可以由两台或更多的系统协同工作起到
防火墙的作用。

防火墙是一种有效的防御工具,一方面它使得本地系统和网络免于受到网络安全方面
的威胁,另一方面提供了通过广域网和 Internet 对外界进行访问的有效方式。客观地讲,防
火墙并不是解决网络安全问题的万能药方,只是网络安全政策和策略中的一个组成部分。
但了解防火墙技术并学会在实际操作中应用防火墙技术,相信会在"网络经济"社会的工作
和生活中使每一位网络用户都受益匪浅。

7.1 防火墙的概念

防火墙的本义是指古代人们房屋之间修建的一道墙,这道墙可以防止火灾发生时蔓延
到别的房屋。在计算机网络安全领域,防火墙是一个由软件和硬件组合而成的、起过滤和封
锁作用的计算机或者网络系统,它一般部署在本地网络(内部网)和外部网(通常是
Internet)之间,内部网络被认为是安全和可信赖的,外部网络则是不安全和不可信赖的。防
火墙的作用是隔离风险区域(外部网络)与安全区域(内部网)的连接,阻止不希望的或者未
授权的通信进出内部网络,通过边界控制强化内部网络的安全,同时不会妨碍内部网对外部
网络的访问。

网络防火墙隔离了内部网络和外部网络,在企业内部网和外部网(Internet)之间执行访
问控制策略,以防止发生不可预测的、外界对内部网资源的非法访问或潜在破坏性侵入。防
火墙被设计成只运行专门用于访问控制软件的设备,而没有其他服务,具有相对较少的缺陷
和安全漏洞。此外,防火墙改进了登录和监测功能,可以进行专用的管理。如果采用了防火
墙,内部网中的计算机就不再直接暴露给来自 Internet 的攻击。因此,对整个内部网的主机
的安全管理就变成了对防火墙的安全管理,使得安全管理更方便、易于控制。它是目前实现
网络安全策略最有效的工具之一,也是控制外部用户访问内部网的第一道关口。但需要指
出的是,防火墙虽然可以在一定程度上保护内部网的安全,但内部网还应该有其他的安全保
护措施,这是防火墙所不能代替的。

防火墙放置于网络拓扑结构的合适结点上,使所有进出内部网络的通信都必须经过防火墙,从而隔离内部和外部网络。所有通过防火墙的通信必须根据安全策略制定的过滤规则(访问控制规则)进行监控和审查,过滤掉任何不符合安全规则的信息,以保护内部网络不受外界的非法访问和攻击。防火墙本身应该是不可侵入的。防火墙是一种建立在被认为是安全可信的内部网络和被认为是不太安全可信的外部网络(Internet)之间的访问控制机制,是安全策略的具体体现。

7.2　防火墙的特性

一般而言,防火墙的设计目标有以下几个:

(1) 所有的通信,无论是从内部到外部还是从外部到内部的,都必须经过防火墙。这一点可以通过阻塞所有未通过防火墙的对于本地网络的访问来实现。

(2) 只有被授权的通信才能通过防火墙,这些授权将在本地安全策略中规定。不同类型的防火墙实现不同的安全策略。

(3) 防火墙本身对于渗透必须是免疫的。这意味着必须使用运行安全操作系统的可信系统。

为了控制访问和加强站点安全策略,防火墙采用了 4 项常用技术:

- **服务控制**:决定哪些 Internet 服务可以被访问,无论这些服务是从内而外还是从外而内。防火墙可以以 IP 地址和 TCP 端口为基础过滤通信;也可以提供代理软件,在服务请求通过防火墙时接收并解释它们;或者执行服务器软件的功能,如邮件服务。

- **方向控制**:决定在哪些特定的方向上服务请求可以被发起并通过防火墙。

- **用户控制**:根据用户正在试图访问的服务器,来控制其访问。这个技术特性主要应用于防火墙网络内部的用户(本地用户)。它也可以应用到来自外部用户的通信;后者要求某种形式的安全认证技术,如 IPSec。

- **行为控制**:控制一个具体的服务怎样被实现。举例来说,防火墙可以通过过滤邮件来清除垃圾邮件。它也可能只允许外部用户访问本地服务器的部分信息。

防火墙具有以下几个典型的功能:

(1) 访问控制功能。这是防火墙最基本和最重要的功能,通过禁止或允许特定用户访问特定资源,保护内部网络的资源和数据。防火墙定义了单一阻塞点,它使得未授权的用户无法进入网络,禁止了潜在的、易受攻击的服务进入或是离开网络。

(2) 内容控制功能。根据数据内容进行控制,如过滤垃圾邮件、限制外部只能访问本地 Web 服务器的部分功能,等等。

(3) 日志功能。防火墙需要完整地记录网络访问的情况,包括进出内部网的访问。一旦网络发生了入侵或者遭到破坏,可以对日志进行审计和查询,查明事实。

(4) 集中管理功能。针对不同的网络情况和安全需要,指定不同的安全策略,在防火墙上集中实施,使用过程中还可以根据情况改变安全策略。防火墙应该是易于集中管理的,便于管理员方便地实施安全策略。

（5）自身安全和可用性。防火墙要保证自己的安全，不被非法侵入，保证正常的工作。如果防火墙被侵入，安全策略被破坏，则内部网络就变得不安全。防火墙要保证可用性，否则网络就会中断，内部网的计算机无法访问外部网的资源。

另外，防火墙可能还具有流量控制、网络地址转换（NAT）、虚拟专用网（VPN）等功能。

防火墙正在成为控制对网络系统访问的非常流行的方法。事实上，在 Internet 上的 Web 网站中，超过三分之一的 Web 网站都是由某种形式的防火墙加以保护的，这是对黑客防范较严、安全性较强的一种方式。任何关键性的服务器，都建议放在防火墙之后。

防火墙并不能做到绝对的安全，它也有局限性：

（1）防火墙不能防御不经由防火墙的攻击。例如，如果允许从内部网络向外拨号，网络内部可能会有用户通过拨号连入 Internet，形成与 Internet 的直接连接，从而绕过防火墙，成为一个潜在的后门攻击渠道。

（2）防火墙不能防范来自内部的威胁。例如某个心怀不满的员工或者某个私下里与网络外部攻击者联手的雇员，从内部网进行破坏活动，因为该通信没经过防火墙，则防火墙无法阻止。

（3）防火墙不能防止病毒感染的程序和文件进出内部网。事实上，安装了防火墙的网络系统内部，运行着多种多样的操作系统和应用程序，想通过扫描所有进出网络的文件、电子邮件以及信息来检测病毒的方法是不实际的，也是不大可能实现的。要解决这个问题，只能在每台主机上安装反病毒软件。

（4）防火墙不能防止数据驱动式的攻击。一些表面正常的数据通过电子邮件或者其他方式复制到内部主机上，一旦被执行就形成攻击。

防火墙技术发展主要经历了四个阶段：第一代防火墙是基于路由器的，即防火墙与路由器一体，采用的主要是包过滤技术。它利用路由器本身对分组解析。第二代防火墙由一系列具有防火墙功能的工具集组成。这一代的防火墙将过滤功能从路由器中独立出来，并在其中加入告警和审计的功能。此时，用户可针对自己的需求构造防火墙。这一代的防火墙是纯软件产品，而且对系统管理员提出了相当复杂的要求，因为管理员必须掌握足够的知识，才能让防火墙运转良好。第三代防火墙为应用层防火墙。它建立在通用操作系统之上。它包括分组过滤功能，装有专用的代理系统，监控所有协议的数据和指令，保护用户编程和用户可配置内核参数的配置，安全性和速度大为提高。防火墙技术和产品随着网络攻击和安全防护手段的发展而演变，第四代防火墙为动态包过滤技术，也称做状态检测技术。该技术能够对网络中多种通信协议的数据包做出通信状态的动态响应。

7.3　防火墙的技术

根据不同的分类标准，可将防火墙分为不同的类型。

从工作原理的角度看，防火墙技术主要可分为网络层防火墙技术和应用层防火墙技术。这两个层次的防火墙技术的具体实现有包过滤防火墙、代理服务器防火墙、状态检测防火墙和自适应代理防火墙。

根据实现防火墙的硬件环境的不同，可将防火墙分为基于路由器的防火墙和基于主机系统的防火墙。包过滤防火墙和状态检测防火墙可以基于路由器,也可基于主机系统实现;而代理服务器防火墙只能基于主机系统实现。

根据防火墙功能的不同,可将防火墙分为 FTP 防火墙、Telnet 防火墙、E-mail 防火墙、病毒防火墙、个人防火墙等各种专用防火墙。通常也将几种防火墙技术结合在一起使用,以弥补各自的缺陷,增强系统的安全性能。

7.3.1　包过滤技术

网络层防火墙技术根据网络层和传输层的原则对传输的信息进行过滤。网络层技术的一个范例就是包过滤(Packet Filtering)技术。因此,利用包过滤技术在网络层实现的防火墙也叫包过滤防火墙。

1. 包过滤原理

在基于 TCP/IP 协议的网络上,所有往来的信息都被分割成许许多多一定长度的数据包,即 IP 分组,包中包含发送方 IP 地址和接收方的 IP 地址等信息。当这些数据包被送上互联网时,路由器会读取接收方的 IP 地址信息并选择一条合适的物理线路发送数据包。数据包可能经由不同的路线到达目的地,当所有的包到达目的地后会重新组装还原。

包过滤技术是最早的防火墙技术,工作在网络层。这种防火墙的原理是将 IP 数据报的各种包头信息与防火墙内建规则进行比较,然后根据过滤规则有选择地阻止或允许数据包通过防火墙。这些过滤规则也称做访问控制表(Access Control Table)。流入数据流到达防火墙后,防火墙就检查数据流中每个 IP 数据报的各种包头信息,如源地址、目的地址、源端口、目的端口、协议类型,以确定是否允许该数据包通过。一旦该包的信息匹配了某些特征,则防火墙根据其内建规则对包进行相应的操作。例如,基于特定 Internet 服务的服务器驻留在特定端口的事实,如 TCP 端口 23 提供 Telnet 服务,包过滤技术可以通过规定适当的端口号来达到允许或阻止到特定服务连接的目的。再如,如果防火墙中设定某一 IP 地址的站点为不适宜访问的站点,则从该站点地址来的所有信息都会被防火墙过滤掉。这样可以有效地防止恶意用户利用不安全的服务对内部网进行攻击。

包过滤防火墙要遵循的一条基本原则就是"最小特权原则",即明确允许管理员希望通过的那些数据包,禁止其他的数据包。包过滤的核心技术是安全策略及过滤规则的设计。包过滤防火墙一般由路由器充当,要求路由器除完成路由选择和数据转发之外,还具有包过滤功能。

包过滤防火墙的主要工作原理如图 7-1 所示。

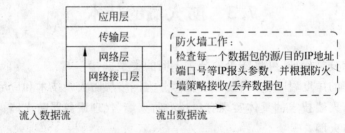

图 7-1　包过滤防火墙

由图 7-1 可见,包过滤防火墙的数据流向在 TCP/IP 协议栈内最多只经过下面的网络接口层、网络层和传输层三层,数据报不会上传到应用层。

包过滤防火墙的具体实现是基于过滤规则的。建立这类防火墙包括如下步骤:建立安全策略,写出所允许的和禁止的任务,将安全策略转化为一个包过滤规则表。过滤规则的设计主要依赖于数据包所提供的包头信息:源地址、目的地址、TCP/UDP 源端口号、TCP/UDP 目的端口号、标志位、用来传送数据包的协议等。由规则表和数据头内容的匹配情况来执行过滤操作。如果有一条规则和数据包的状态匹配,就按照这条规则来执行过滤操作。如果没有一条规则匹配,就执行默认操作。默认的策略可能如下:

- **默认值=丢弃**:那么所有没有被规定允许转发的数据包都将被丢弃。
- **默认值=转发**:那么所有没有被规定需要丢弃的数据包都将被转发。

表 7-1 给出了包过滤规则表的一些例子。在每个例子中,规则被从上到下依次应用。"＊"号是一个通配符,用来表示符合要求的每一种可能。这里假设使用默认丢弃策略。

表 7-1 包过滤的实例

	处理	内部主机	端口	外部主机	端口		说　明
A	阻塞	＊	＊	SPIGOT	＊		这些人不被信任
	通过	OUR-GW	25	＊	＊		与内部主机的 SMTP 端口有连接
	处理	**内部主机**	**端口**	**外部主机**	**端口**		**说　明**
B	阻塞	＊	＊	＊	＊		默认
	处理	**内部主机**	**端口**	**外部主机**	**端口**		**说　明**
C	通过	＊	＊	＊	25		与外部主机的 SMTP 端口有连接
	处理	**内部主机**	**端口**	**目的地**	**端口**	**标识**	**说　明**
D	通过	本地主机	＊	＊	25		发往外部 SMTP 端口的包
	通过	＊	25	＊	＊	ACK	外部主机的回复
	处理	**内部主机**	**端口**	**目的地**	**端口**	**标识**	**说　明**
E	通过	本地主机	＊	＊	＊		本地主机的输出的请求
	通过	＊	＊	＊	＊	ACK	对本地请求的回复
	通过	＊	＊	＊	＞1024		到非服务器的通信

A:允许进入防火墙内部的邮件通过(端口 25 专门供 SMTP 进入内部使用),但是只能发往一台特定的网关主机,从特定的外部主机 SPIGOT 发来的邮件将被阻塞。

B:默认策略。实际应用中,所有的规则表都把默认策略当做最后的规则。

C:这个规则表规定内部的每一台主机都可以向外部发送邮件。一个目的端口为 25 的 TCP 包将被路由到目的机器上的 SMTP 服务器。这条规则的问题在于把端口 25 用来作为 SMTP 接收只是一个默认设置;而外部机器的端口 25 可能被设置用来完成其他的应用。从这条规则可以看出,一个攻击者可以通过发送一个 TCP 源端口为 25 的数据包来获得对内部机器的访问权。

D:这个规则表达到了表 C 所没有达到的效果。它利用了 TCP 连接的优点,一旦建立一个连接,那么 TCP 段被设置一个 ACK 标志,表示是另一方发来的数据段。因此,这个规则表就允许那些源 IP 地址是给定的某些主机,而目标 TCP 端口数是 25 的数据分组通过。并同时允许那些源端口数为 25 并且包含一个 ACK 标志的数据分组通过。当然,必须清楚地指定源系统和目的系统,才能有效地定义这些规则。

E：这个规则表是　种处理 FTP 连接的方法。为实现 FTP,需要建立两个 TCP 连接：控制连接负责建立文件传输,数据连接负责实际文件的传输过程。数据连接使用与控制连接不同的端口,这个端口是在传输时动态分配的。大多数服务器使用低端口,它们往往是攻击者的目标；大多数对外部系统的呼叫则倾向于使用高端口,特别是大于 1023 的。因此,这个规则表在下列情况允许通过：

- 从内部发出的数据包。
- 对一个内部机器所建立的连接进行响应的数据包。
- 内部机器上发向高端口的数据包。

这个方案要求系统设置为只有某些适当的端口可用。

规则表 E 表明了在包过滤层上处理应用程序存在着困难。

2. 包过滤防火墙的优点

包过滤技术是一种简单、有效的访问控制技术,它通过在网络间相互连接的设备下加载允许、禁止来自某些特定的源地址、目的地址、TCP 端口号等规则,对通过的数据包进行检查,限制数据包进出内部网络。

包过滤防火墙技术有如下优点：

- 一个过滤路由器能协助保护整个网络。数据包过滤的主要优点之一就是一个恰当防止的包过滤路由器有助于保护整个网络。如果仅有一个路由器连接内部与外部网路,不论内部网络的大小和内部拓扑结构如何,通过该路由器进行数据包过滤,就可以在网络安全保护上取得较好的效果。
- 包过滤用户对用户透明。数据包过滤不要求任何自定义软件或客户机配置,也不要求用户任何特殊的训练或操作。当包过滤路由器决定让数据包通过时,它与普通路由器没什么区别。比较理想的情况是用户没有感觉到它的存在,除非他们试图做过滤规则所禁止的事。较强的"透明度"是包过滤的一大优势。
- 过滤路由器速度快、效率高。过滤路由器只检查报头相应的字段,一般不查看数据包的内容,而且某些核心部分是由专用硬件实现的,故其转发速度快、效率较高。
- 技术通用、廉价、有效。包过滤技术不是针对各个具体的网络服务采取特殊的处理方式,而是对各种网络服务都通用,大多数路由器都提供包过滤功能,不用再增加更多的硬件和软件,因此其价格低廉,能很大程度地满足企业的安全要求,其应用行之有效。

此外,包过滤技术还易于安装、使用和维护。

3. 包过滤防火墙的缺点

包过滤技术也有明显的缺点：

- 安全性较差。防火墙过滤的只有网络层和传输层的有限消息,因而各种安全要求不可能得到充分满足；在许多过滤器中,过滤规则的数目有限,且随着规则数目的增加,性能也将受到影响。过滤路由器只检测 TCP/IP 报头,检查特定的几个域,而不检查数据包的内容,不按特定的应用协议进行审查和扫描,不做详细分析和记录。非法访问一旦突破防火墙,即可对主机上的软件和配置漏洞进行攻击。因为与其他技术相比,包过滤技术的安全性较差。
- 由于防火墙可用的信息有限,它所提供的日志功能也十分有限。包过滤器日志一般只记载那些曾经做出过访问控制决定的信息(源地址、目的地址和通信类型)。

- 无法执行某些安全策略。包过滤路由器上的信息不能完全满足人们对安全策略的需求。例如,数据包仅仅表明它们来自什么主机,而不是什么用户,因此多数包过滤防火墙不支持高级用户认证方案,这导致了防火墙缺少上层功能。同样,数据包表明它到什么端口,而不是到什么应用程序。当我们通过端口号对高级协议强行限制时,不希望在端口上有指定协议之外的协议,恶意的知情者能够很容易地破坏这种控制。

- 这种防火墙通常容易受到利用 TCP/IP 规定和协议栈漏洞的攻击,例如网络层地址欺骗。大多数包过滤路由器都是基于源 IP 地址、目的 IP 地址而进行过滤的。而 IP 地址的伪造是很容易、很普遍的。如果攻击者将自己主机的 IP 地址设置成一个合法主机的 IP 地址,就可以轻易通过路由器。因此,过滤路由器在 IP 地址欺骗方面大都无能为力,即使按 MAC 地址进行绑定,也是不可信的。因此对于一些安全要求较高的网络,过滤路由器是不能胜任的。

- 由于在这种防火墙做出安全控制决定时,起作用的只是少数几个因素,包过滤器防火墙对那种由于不恰当的设置而导致的安全威胁显得十分脆弱。换句话说,偶然性的改动可能会导致防火墙允许某些传输类型、源地址和目的地址的数据包通过,而事实上按照该系统的安全策略,这些数据包是应该被阻塞的。

从以上分析可以看出,包过滤技术虽然能确定一定的安全保护,而且也有许多优点,但它毕竟是早期的防火墙技术,本身存在较多缺陷,不能提供较强的安全性。在实际应用中,很少把这种技术作为单独的解决方案,而是把它与其他防火墙技术组合在一起使用。

7.3.2　代理服务技术

1. 代理服务技术原理

代理服务器防火墙又称应用层网关、应用层防火墙,它工作在 OSI 模型的应用层,掌握着应用系统中可用做安全决策的全部信息。代理服务技术的核心是运行于防火墙主机上的代理服务器程序,这些代理服务器程序直接对特定的应用层进行服务。

代理服务器防火墙完全阻隔了网络通信流,通过对每种应用服务编制专门的代理服务程序,实现监视和控制应用层通信流的作用。从内部网用户发出的数据包经过这样的防火墙处理后,就像是源于防火墙外部网卡一样,从而可以达到隐藏内部网结构的作用。其技术原理如图 7-2 所示。

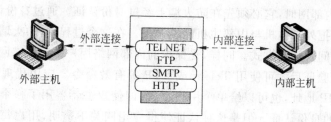

图 7-2　代理服务技术

　　代理服务器通常运行在两个网络之间,在某种意义上,可以把这种防火墙看做一个翻译器,由它负责外部网络和内部网络之间的通信,当防火墙两端的用户使用 TELNET 和 FTP 之类的 TCP/IP 应用程序时,两端的通信终端不会直接联系,而是由应用层的代理来负责转发。代理会截获所有的通信内容,如果连接符合预定的访问控制规则,则代理将数据转发给目标系统,目标系统回应给代理,然后代理再将传回的数据送回客户机。对于客户来说,代理服务器像是一台真正的服务器,而对于客户想要访问的真正服务器来说,它又似一台客户机。如果网关无法执行某个应用程序的代理码,服务就无法执行,也不能通过防火墙发送。而且,网关可以被设置成为只能支持网络管理员所愿意接受的某些应用程序,而拒绝所用其他的服务。

　　代理服务器像一堵墙一样挡在内部用户和外界之间,彻底隔断内网与外网的直接通信,起着监视和隔绝应用层通信流的作用。内网用户对外网的访问变成防火墙对外网的访问,然后再由防火墙转发给内网用户。所有通信都必须经应用层代理软件转发,访问者任何时候都不能与服务器建立直接的 TCP 连接,应用层的协议会话过程必须符合代理的安全策略要求。在这种特性中,由于网络连接都是通过中介来实现的,因此恶意的侵害几乎无法伤害到被保护的真实的网络设备。

　　代理服务技术能够记录通过它的一些信息,如什么用户在什么时间访问过什么站点等。这些信息可以帮助网络管理员识别网络间谍。代理服务器通常都拥有一个高速 cache,该 cache 存储用户频繁访问的站点内容(页面),在下一个用户要访问该站点的这些内容时,代理服务器就不用连接到 Internet 上的服务器重复地获取相同的内容,而是直接将本身 cache 存储中的内容发出警报,并保留攻击痕迹。

　　代理服务可以实现用户认证、详细日志、审计跟踪和数据加密等功能,并实现对具体协议及应用的过滤,如阻塞 JavaScript。代理服务技术能完全控制网络信息的交换,控制回话过程,具有灵活性和安全性,但有可能影响网络的性能,对用户不透明,而且对每一种服务器都要设计一个代理模块,建立对应的网关层,实现起来比较复杂。

　　2. 代理服务器的实现

　　代理服务技术控制对应用程序的访问,它能够代替网络用户完成特定的 TCP/IP 功能。代理服务器适用于特定的互联网服务,对每种不同的服务都应用一个相应的代理,如代理 HTTP、FTP、E-mail、Telent、WWW、DNS、POP3 等。

　　代理服务器的实现方式有以下几种。

　　(1) 应用代理服务器

　　应用代理服务器可以在网络应用层提供授权检查及代理服务功能。当外部某台主机试图访问受保护的内部网时,它必须先在防火墙上经过身份认证。通过身份认证后,防火墙运行一个专门程序,把外部主机与内部主机连接起来。在这个过程中,防火墙可以限制用户访问的主机、访问时间及访问方式。同样,受保护的内部网络用户访问外部网时也需要先登录到防火墙上,通过验证后才可使用 Telent 或 FTP 等有效命令。应用代理服务器的优点是既可以隐藏内部 IP 地址,也可以给单个用户授权,即使攻击者盗用了一个合法的 IP 地址,他也要通过严格的身份认证。但是这种认证使得应用网关不透明,用户每次连接都要受到"盘问",这会给用户带来许多不便。而且这种代理技术需要为每个应用网关编写专门的程序。

（2）回路级代理服务器

回路级代理服务器也称一般代理服务器，它适用于多个协议，但不解释应用协议中的命令就建立了连接回路。回路级代理服务器通常要求修改过的用户程序。套接字服务器（Sockets Server）就是回路级代理服务器。套接字（Sockets）是一种网络应用层的国际标准。当受保护的网络客户机需要与外部网交互信息时，在防火墙上的套接字服务器检查客户的 UserID、IP 源地址和 IP 目的地址，经过确认后，套接字服务器才与外部服务器建立连接。对用户来说，受保护的内部网与外部网的信息交换透明的，感觉不到防火墙的存在，那是因为因特网用户不需要登录到防火墙。

回路级代理服务器可为不同的协议提供服务。大多数回路级代理服务器也是公共服务器，它们会支持任何协议，但不是每个协议都能由回路级代理服务器轻易实现。

（3）智能代理服务器

如果一个代理服务器不仅能处理转发请求，同时还能做其他许多事情，那么这种代理服务器称为智能代理服务器。智能代理服务器可提供比其他方式更好的日志和访问控制能力。一个专用的应用代理服务器很容易升级到智能代理服务器，而回路级代理服务器则比较困难。

（4）邮件转发服务器

当防火墙采用相应技术使得外部网络只知道防火墙的 IP 地址和域名时，从外部网络发来的邮件就只能发送到防火墙上。这时防火墙对邮件进行检查，只有当发送邮件的源主机是被允许的，防火墙对邮件的目的地址进行转换，送到内部的邮件服务器，由其进行转发。

3. 代理服务器防火墙的特点

代理服务器技术的优点：

- 安全性好。由于每一个内、外网络之间的连接都要通过代理服务技术的接入和转换，通过专门为特定的服务（如 HTTP）编写的安全化应用程序进行处理，然后由防火墙本身分别向外部服务器提交请求和向内部用户发应回答，没有给内、外网络计算机以任何直接会话的机会，从而避免了入侵者使用数据驱动类型的攻击方式入侵内部网。另外，代理服务技术还按特定的应用协议对数据包的内容进行审查和扫描，因此增强了防火墙的安全性。安全性好是代理服务技术突出的特点。
- 易于配置。代理服务因为是一个软件，所以它较过滤路由器更易配置，配置界面十分友好。如果代理服务实现得好，可以对配置协议要求较低，从而避免配置错误。
- 能生成各项记录。代理服务技术在应用层，可以检查各项数据，所以可以按一定准则，让代理生成各项日志和记录。这些日志和记录对于流量分析、安全检验是十分重要的。
- 能完全控制进出的流量和内容。通过采取一定的措施，按照一定的规则，借助于代理技术实现一整套安全策略，例如控制"谁"和"做什么"，在什么"时间"和"地点"控制等。
- 能过滤数据内容。可以应用与代理一些过滤规则，让它在高层实现过滤功能，例如文本过滤、图像过滤、预防病毒和扫描病毒等。
- 能为用户提供透明的加密机制。用户通过代理服务收发数据，可以让代理服务完成加/解密功能，从而方便用户，确保数据的保密性。这一点在虚拟专用网（VPN）中特别重要。代理服务可以广泛地用于企业内部网中,提供较高安全性的数据通信。

- 可以方便地与其他安全技术合成。目前安全问题解决方案很多,如验证、授权、账号数据加密、安全协议等。如果把代理与这些技术联合使用,将大大增强网络的安全性。

代理服务技术也有它的缺点:

- 速度较慢。因为对于内网的每个访问请求,应用代理都需要开一个单独的代理进程,它要保护内网的 Web 服务器、数据库服务器、文件服务器、邮件服务器及业务程序等,就需要建立一个个的服务代理,以处理客户端的访问请求。这样,应用代理的处理延迟会很大。
- 对用户不透明。许多代理要求客户端做相应改动或安装制定客户软件,这给用户增加了不透明度。
- 难于配置。对于不同服务器代理可能要求不同的服务器。可能需要为每项协议设置一个不同的代理服务器,因为代理服务器不得不理解协议,以便判断什么是允许的和不允许的,并且还要装扮成一个对真实服务器来说它就是客户,对客户来说它就是服务器的角色。选择、安装和配置所有这些不同的服务器是一项较繁重的工作。
- 通常要求对客户或者过程进行限制。除了一些为代理而设置的服务以外,代理服务器要求对客户或过程进行限制,每一种限制都有不足之处,人们无法经常按他们自己的步骤使用快捷可用的方式。由于这些限制,代理应用就不能像非代理应用运行得那样好,它们往往会曲解协议的说明。
- 代理不能改进底层协议的安全性。因为代理工作于 TCP/IP 的应用层,所以它不能改善底层通信协议的能力,如 IP 欺骗、SYN 泛滥、伪造 ICMP 消息和一些拒绝服务的攻击。

7.3.3　状态检测技术

1. 状态检测技术的工作原理

状态检测(Stateful Inspection)技术由 Check Point 率先提出,又称动态包过滤技术。状态检测技术是一项新的防火墙技术。这种技术具有非常好的安全特性,它使用了一个在网关上实行的网络安全策略的软件模块,称为检测引擎。检测引擎在不影响网络正常运行的前提下,采取抽取有关数据的方法对网络通信各层实时监测。检测引擎将抽取的状态信息动态地保存起来,作为以后执行安全策略的参考。检测引擎维护一个动态的状态信息表,并对后续的数据包进行检查,一旦发现任何连接的参数有意外的变化,连接就被终止。

状态检测技术监视和跟踪每一个有效连接的状态,并根据这些信息决定网络数据包是否能通过防火墙。它在协议底层截取数据包,然后分析这些数据包,并将当前数据包和状态信息与前一时刻的数据包和状态信息进行比较,从而得到该数据包的控制信息,达到保护网络安全的目的。

检测引擎支持多种协议和应用程序,并可以很容易地实现应用和服务的扩充。与前两种防火墙不同,当用户访问请求达到网关的操作系统前,状态监视器要收集有关数据进行分析,结合网络配置和安全规定做出接纳或拒绝、身份认证、警报处理等动作。一旦某个访问违反了安全规定,该访问就会被拒绝,并报告有关状态,做日志记录。

状态检测技术试图跟踪通过防火墙的网络连接和包,这样它就可以使用一组附加的标准,以确定是否允许和拒绝通信。状态检测防火墙是在使用了基本包防火墙的通信上应用一些技术来实现这一点的。为了跟踪包的状态,状态检测防火墙不仅跟踪包中包含的信息,还记录有用的信息以帮助识别包。

状态检测技术可检测无连接状态的远程过程调用(RPC)用户数据报(UDP)之类的端口信息,而包过滤和代理服务技术都不支持此类应用。准柜台检测防火墙无疑是非常坚固的,但它会降低网络的速度,而且配置也比较复杂。好在有关防火墙厂商已经注意到这一问题,如 Check Point 公司的防火墙产品 Firewall-1,所有的安全策略规则都是通过面向对象的图形用户界面(GUI)定义的,因此可以简化配置过程。

表 7-2 所示为一个连接状态表的例子。

表 7-2　状态检查防火墙状态表的一个实例

源 地 址	源 端 口	目 的 地 址	目 的 端 口	连 接 状 态
192.168.1.100	1030	210.9.88.29	80	已建立
192.168.1.102	1031	216.32.42.123	80	已建立
192.168.1.101	1033	173.66.32.122	25	已建立
192.168.1.106	1035	177.231.32.12	79	已建立
223.43.21.231	1990	192.168.1.6	80	已建立
219.22.123.32	2112	192.168.1.6	80	已建立
210.99.212.18	3321	192.168.1.6	80	已建立
24.102.32.23	1025	192.168.1.6	80	已建立
223.212.212	1046	192.168.1.6	80	已建立

2. 通过状态检测防火墙数据包的类型

状态检测防火墙在跟踪连接状态方式下通过数据包的类型有 TCP 包和 UDP 包。

- TCP 包。当建立起一个 TCP 连接时,通过的第一个包被标有包的 SYN 标志。通常,防火墙丢弃所有外部的链接企图,除非已经建立起某条特定规则来处理它们。对内部到外部的主机连接,防火墙注明连接包,允许影响两个系统之间的包,直接到连接结束为止。在这种方式下,传入的包只有在它响应一个已建立的连接时,才会允许通过。

- UDP 包。UDP 包比 TCP 包简单,因为它们不包含任何连接或序列信息,只包含源地址、目的地址、检验和携带的数据。这些简单的信息使得防火墙很难确定包的合法性,因为没有打开的连接可利用,以测试传入的包是否应被允许通过。但如果防火墙跟踪包的状态,就可以确定。其合法性对传入的包,若它使用的地址和 UDP 包携带的协议与传出的连接请求匹配,该包就被允许通过。

3. 状态检测技术的特点和应用

状态检测技术结合了包过滤技术和代理服务技术的特点。与包过滤技术一样,它对用户透明,能够在 OSI 网络层上通过 IP 地址和端口号过滤进出的数据包;与代理服务技术一样的是,可以在 OSI 应用层上检查数据包内容,查看这些内容是否符合安全规则。

状态检测技术克服了包过滤技术和代理服务技术的局限性,能根据协议、端口及源地址、目的地址的具体情况决定数据包是否通过。对于每个安全策略允许的请求,状态检测技术启动相应的进程,可快速地确认符合授权标准的数据包,使得运行速度加快。

状态检测技术的缺点是,状态检测有可能造成网络连接的某种迟滞,不过运行速度越快,这个问题就越不易被察觉。

状态检测防火墙已经在国内外得到广泛应用,目前市场上流行的防火墙大多属于状态检测防火墙,因为该防火墙对于用户透明,在 OSI 最高层上加密数据,不需要再去修改客户端程序,也不需对每个需要在防火墙上运行的服务额外增加一个代理。

7.3.4　自适应代理技术

新近推出的自适应用代理(Adaptive Proxy)防火墙技术,本质上也属于代理服务技术,但它也结合了动态包过滤(状态检测)技术。

自适应代理技术是最近在商业应用防火墙中实现的一种革命性的技术。组成这类防火墙的基本要素有两个,即自适应代理服务器和动态包过滤器。自适应代理防火墙结合了代理服务防火墙的安全性和包过滤防火墙的高速等优点,在保证安全性的基础上,将代理服务器防火墙的性能提高了十倍以上。

在自适应代理服务与动态包过滤器之间存在一个控制通道。在对防火墙进行配置时,用户仅仅将需要的服务类型、安全级别等信息通过相应代理的管理界面进行设置就可以了。然后,自适应代理就可以根据用户的配置信息,决定是使用相应代理服务从应用层代理请求,还是使用动态包过滤器从网络层转发包。如果是后者,它将动态地通知包过滤器增减过滤规则,满足用户对速度和安全的双重要求。

7.4　防火墙的体系结构

除了使用简单的系统,如单一的包过滤路由器或网关这样的防火墙之外,还有着配置更为复杂的防火墙,事实上这类防火墙更为常用。图 7-3 给出了三种常见的防火墙配置。

1. 屏蔽主机防火墙(单宿堡垒主机)

堡垒主机是由防火墙的管理人员所指定的某个系统,它是网络安全的一个关键点。在防火墙体系中,堡垒主机有一个到公用网络的直接连接,是一个可公开访问的设备,也是网络上最容易遭受入侵的设备。堡垒主机必须检查所有出入的流量,并强制实施安全策略定义的规则。内部网络的主机通过堡垒主机访问外部网络,内部网也需要通过堡垒主机向外部网络提供服务。堡垒主机通常作为应用层网关和电路层网关的服务平台。单宿堡垒主机指只有一个网络接口的设备,以应用层网关的方式运作。

在单宿堡垒主机结构中,防火墙包含两个系统:一个包过滤路由器和一台堡垒主机。堡垒主机是外部网主机能连接到的唯一的内部网上系统,任何外部系统要访问内部网的资源都必须先连接到这台主机。路由器按照如下方式配置:

(1) 对来自 Internet 的通信,只允许发往堡垒主机的 IP 包通过。

(2) 对来自网络内部的通信,只允许经过了堡垒主机的 IP 包通过。

这样,所有外部连接均只能到达堡垒主机,所有内部网的主机也把所有出站包发往堡垒

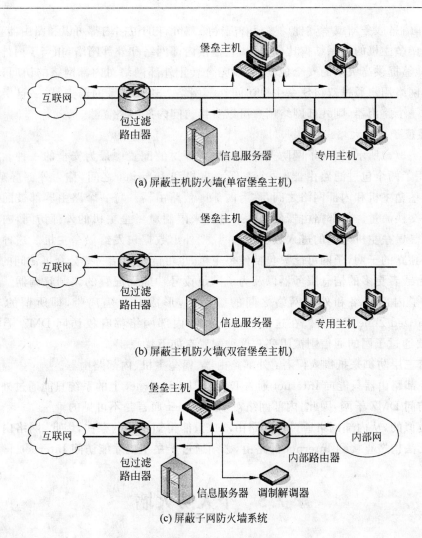

(a) 屏蔽主机防火墙(单宿堡垒主机)

(b) 屏蔽主机防火墙(双宿堡垒主机)

(c) 屏蔽子网防火墙系统

图 7-3 常见的防火墙配置

主机。堡垒主机执行着验证和代理的功能。这种配置比单一包过滤路由器或者单一的应用层网关更为安全。理由有二：第一，这种配置实现了网络层和应用层的过滤，在系统安全策略允许的范畴内又有着相当的灵活性；第二，入侵者必须攻破两个独立的系统才有可能威胁到内部网络的安全。

这种配置较为灵活，可以提供直接的 Internet 访问。一个例子是，内部网络可能有一个如 Web 服务器之类的公共信息服务器，在这个服务器上，高级的安全不是必需的，这样，就可以将路由器配置为允许信息服务器与 Internet 之间的直接通信。

2. 屏蔽主机防火墙(双宿堡垒主机)

在单宿堡垒主机体系中，如果包过滤路由器被攻破，那么通信就可以越过路由器在 Internet 和内部网络的其他主机之间直接进行。屏蔽主机防火墙双堡垒主机结构在物理上防止了这种安全漏洞的产生，参见图 7-3(b)。双宿堡垒主机具有至少两个网络接口。外部网络和内部网络都能与堡垒主机通信，但是不能直接通信，它们之间的通信必须经过双宿堡垒主机的过滤和控制。单宿堡垒主机体系所带来的双重安全性的好处在这种配置里依然存在。而且，信息服务器或者其他的主机在安全策略允许的范围内都可以和路由器直接通信。

双宿堡垒主机的体系结构比较简单，它连接内部网络和外部网络，相当于内外网络之间的跳板，能够提供高级别的安全控制，可以完全禁止外部网络对内部网络的访问，同时可以允许内部网络用户通过双宿堡垒主机访问外部网络。这种体系的弱点是，一旦堡垒主机被攻破成为一个路由器，则外部网络用户可以直接访问内部网络资源。

3. 屏蔽子网防火墙

如图 7-3(c)所示，屏蔽子网防火墙是这里所探讨的配置中最为安全的一种。在这种配置中，使用了两个包过滤路由器，一个在堡垒主机和 Internet 之间，称为外部屏蔽路由器；另一个在堡垒主机和内部网络之间，称为内部屏蔽路由器。每一个路由器都被配置为只和堡垒主机交换流量。外部路由器使用标准过滤来限制对堡垒主机的外部访问，内部路由器则拒绝不是堡垒主机发起的进入数据包，并只把外出数据包发给堡垒主机。这种配置创造出了一个独立的子网，子网可能只包括堡垒主机，也可能还包括一些公众可访问的设备和服务，如一台或者更多的信息服务器以及为了满足拨号功能而配置的调制解调器。这个独立子网充当了内部网络和外部网络之间的缓冲区，形成一个隔离带，即所谓的非军事区（DeMilitarized Zone，DMZ）。在这里，Internet 和内部网络都有权访问 DMZ 子网里的主机，但是要通过子网的通信则被阻塞。这种配置有如下优点：

- 有三层防御来抵御入侵者：外部路由器、堡垒主机、内部路由器。
- 外部路由器只能向 Internet 通告 DMZ 子网，Internet 上的系统只能通过外部路由器访问 DMZ 子网，因此，内部网络对于 Internet 而言是不可见的。
- 类似的，从内部网络通过内部路由器也只能得知子网的存在，因此，网络内部的系统无法构造直接到 Internet 的路由，必须通过堡垒主机才能访问 Internet。

7.5 个人防火墙

现在网上流行很多个人防火墙软件，它是应用程序级的。个人防火墙是一种能够保护个人计算机系统安全的软件，是可以直接在用户计算机操作系统上运行的软件服务。通常，这些防火墙是安装在计算机网络接口的较低级别上，使它们可以监视通过网卡的所有网络通信。

一旦安装上个人防火墙，就可以把它设置成"学习模式"，这样，对遇到的每一种新的网络通信，个人防火墙都会向用户提示一次，询问如何处理这种通信。然后，个人防火墙便记住了其响应方式，并应用于以后遇到的同种网络通信。例如，如果用户已经安装了一台个人 Web 服务器，个人防火墙可能对第一个传入的 Web 连接做一个标记，并询问用户是否允许它通过。用户可能允许所有的 Web 连接、来自某些特定 IP 地址范围的连接等，个人防火墙就将这些规则应用于此后所有传入的 Web 连接。

可以将个人防火墙想象成在用户计算机上建立的一个虚拟网络接口，不再是计算机操作系统直接通过网卡进行的通信，而是操作系统与个人防火墙的对话，仔细检查网络通信，然后再通过网卡通信。

1. 个人防火墙的优点

优点如下：

- 增加了保护功能。个人防火墙具有安全保护功能，既可以抵挡外来攻击，还可以抵挡内部的攻击。例如，家庭用户使用 Modem 或 ISDN/ADSL 上网，个人防火墙就能够为用户隐藏暴露在网络上的信息（如 IP 地址）。
- 易于配置。个人防火墙产品通常可以使用直接的配置选项获得基本可使用的配置。
- 廉价。个人防火墙不需要额外的硬件资源就为内部网的个人用户和公共网络中的单个系统提供安全保护。它已被集成到 Windows XP 版本中，使用 Windows 的其他系统或其他产品也可以免费获得或者按有限的成本价获得。

2. 个人防火墙的缺点

缺点如下：

- 接口通信受限。个人防火墙对公共网络只有一个物理接口，而真正的防火墙应当监视并控制两个或更多的网络接口之间的通信。因此，其个人防火墙本身可能会容易受到威胁，或者说是具有网络通信可以绕过防火墙的规则这样的弱点。
- 集中管理比较困难。个人防火墙需要在每个客户端进行配置，这将增加管理开销。
- 性能受限。个人防火墙是为了保护单个计算机系统而设计的，但是如果安装它的计算机是与内部网络上的其他计算机共享到 Internet 的连接，则它也可以保护小型网络。个人防火墙在充当小型网络路由器时将导致性能下降。这种保护机制通常不如专用防火墙方案有效，因为它们通常只限于 IP 和端口地址。

7.6　防火墙的应用与发展

7.6.1　防火墙的应用

选用防火墙首先要明确哪些数据是必须保护的，这些数据侵入会导致什么样的后果，以及网络不同区域需要什么等级的安全级别。不管采用原始设计还是使用现成的防火墙产品，对于防火墙的安全标准，首先需根据安全级别确定；其次，选用防火墙必须与网络接口匹配，要防止可以预料到的各种威胁。防火墙可以是软件或硬件模块，并能集成于网桥、网关或路由器等设备之中。

（1）选用防火墙时要注意防火墙自身的安全性。大多数人在选用防火墙时都将注意力放在防火墙如何控制连接以及防火墙支持多少种服务上，但往往忽略了一点，防火墙也是网络上的设备，也可能存在安全问题。防火墙如果不能确保自身安全，即使其控制功能再强，也不能安全保护内部网络。

（2）要考虑用户安全策略中的特殊需求，比如：

- IP 地址转换。进行 IP 地址转换有两个好处：一是隐藏内部网络真正的 IP 地址，这可以使黑客无法直接攻击内部网络，也是强调防火墙自身安全性的主要原因；二是可以让内部用户使用保留的 IP 地址，这对许多 IP 不足的企业是有益的。
- 双重 DNS。当内部网络使用没有注册的 IP 地址或防火墙进行 IP 转换时，DNS 也必须经过转换。因为同样一个主机的内部 IP 与给予外界的 IP 将会不同,有的防火墙会提供双重 DNS,有的则必须在不同主机上各安装一个 DNS。

- 虚拟专用网络(VPN)。VPN 可以在防火墙与防火墙或移动的客户机间对所有网络传输的内容加密,建立一个虚拟通道,让两者间感觉是在同一个网络上,可以安全且不受拘束地相互存取。
- 病毒扫描功能。大部分防火墙都可以与防病毒系统搭配,以实现病毒扫描功能。有的防火墙则可以直接集成病毒扫描功能,差别只是病毒扫描工作是由防火墙完成,还是由另一台专用的计算机完成。
- 特殊控制需求。有时候企业会有特别的控制需求,如限制特定使用者发送 E-mail,FPT 只能下载文档而不能上传文档,限制同时上网的人数、使用时间等,依不同需求而定。

(3) 如何选用最符合需求的产品,这是消费者最关心的事。所以,在选用防火墙软件时,明确防火墙应是一个整体网络的保护者,必须能弥补其他操作系统的不足,应为使用者提供不同平台的选择,应能向使用者提供完善的售后服务等。

7.6.2 防火墙技术的发展

网络安全通常是通信技术与管理两者结合来实现的,良好的网络管理加上优秀的防火墙技术是提高网络安全性能的最好选择。虽然网络防火墙技术已经发展了几代,防火墙的研究和开发人员也已尽了很大努力,但用户的需求永远是推动技术前进的源动力。

随着网上的攻击手段不断出现,以及防火墙在用户的核心业务系统中占据的地位越来越重要,用户对防火墙的要求越来越高。例如,用户可能会要求防火墙应能提供更细粒度的访问控制手段,防火墙对新出现的漏洞和攻击方式应能够迅速提供有效的防御方法,防火墙的管理应更加容易和方便,防火墙在紧急情况下可以做到迅速响应,防火墙具有很好的性能和稳定性等。用户的这些要求归纳起来是防火墙技术应具备智能化、高速度、分布式、多功能和专业化的发展趋势。

1. 智能化

防火墙将从目前的静态防御策略向具备人工智能的智能化方向发展。未来智能化的防火墙应能实现以下功能:

- 自动识别并防御各种黑客攻击手法及其相应的变种攻击手法。
- 在网络出口发生异常时自动调整与外网的连接端口。
- 根据信息流量自动分配、调整网络信息流量及协同多台物理设备工作。
- 自动检测防火墙本身的故障并能自动修复。
- 具备自主学习并制定识别与防御方法。

2. 高速度

随着网络传输速率的不断提高,防火墙必须在响应速度和报文转发速度方面做相应的升级,这样才不至于成为网络的瓶颈。

3. 分布式并行结构

分布式并行处理的防火墙是防火墙的另一发展趋势,在这种概念下,将有多台物理防火墙协同工作,共同组成一个强大的、具备并行处理能力和负载均衡能力的逻辑防火墙。

4. 多功能

未来网络防火墙将在现有的基础上继续完善其功能并不断增加新的功能,例如:

- 在保密性方面,将继续发展高保密性的安全协议用于建立 VPN,基于防火墙的 VPN 将在较长一段时间内继续成为用户使用的主流。
- 在过滤方面,将从目前的地址、服务、URL、文本、关键字过滤发展到对 CGI、ActiveX、Java 等 Web 应用的过滤,并将逐渐具备病毒过滤的功能。
- 在服务方面,将在目前透明应用的基础上完善其性能,并将具备针对大多数网络通信协议的代理服务功能。
- 在管理方面,将从子网和内部网络的管理方式向基于专用通道和安全通道的远程集中管理方式发展;管理端口的安全性将是其重点考虑的内容;用户费用统计、多种媒体的远程警报及友好的图形化管理界面将成为防火墙的基本功能版块。
- 在安全方面,对网络攻击的检测、拦截及报警功能将继续是防火墙最重要的性能指标。

5. 专业化

单向防火墙、电子邮件防火墙、FTP 防火墙等针对特定服务的专业化防火墙将作为一种产品门类出现。

未来防火墙的发展思路是:防火墙将从目前对子网或内部网管理的方式向远程上网集中管理方式发展;过滤深度不断加强,从目前的地址、服务过滤,发展到 URL(页面)过滤、关键字过滤和对 ActiveX、Java 等的过滤,并逐渐具有病毒清除功能。利用防火墙建立 VPN 是较长一段时间内用户使用的主流,IP 加密的需求越来越强,安全协议的开发是一大热点;对网络攻击的检测和报警将成为防火墙的重要功能。此外,网络的防火墙产品还将把网络前沿技术,如 Web 页面超高速缓存、虚拟网络和带宽管理等与其自身结合起来。

思 考 题

1. 什么是防火墙?它有哪些功能和局限性?
2. 为了控制访问和加强站点安全策略,防火墙采用了哪些技术?
3. 简述包过滤原理。
4. 状态检测技术具有哪些特点?
5. 简述屏蔽子网防火墙的结构。

第8章 网络攻击与防范

随着 Internet 的迅猛发展和日渐普及,各种网络应用层出不穷,能够使用户完成过去不可想象的工作。另一方面,Internet 面临的安全威胁也日显突出,其中网络攻击成为网络安全中危害最严重的现象之一,所以,研究解决各种攻击的方法显得很有必要。

本章首先介绍网络攻击的概念和各种网络攻击手段,然后介绍入侵检测系统(IDS)。

8.1 网络攻击概述

8.1.1 网络攻击的概念

广义上讲,任何在非授权的情况下,试图存取信息、处理信息或破坏网络系统以使系统不可靠、不可用的故意行为都被称为网络攻击。对计算机和网络安全系统而言,入侵与攻击没有本质的区别,仅仅是在形式和概念描述上有所不同,其实质基本上是相同的。入侵伴随着攻击,攻击成功的结果就是入侵。在入侵者侵入目标网络之前,会采取一些方法或手段对目标网络进行攻击;当攻击者侵入目标网络之后,入侵者利用各种手段窃取和破坏别人的资源。

攻击和网络安全是紧密联系的。研究网络安全而不研究网络攻击等同于纸上谈兵,研究网络攻击而不研究网络安全等同于闭门造车。从某种意义上说,没有攻击就没有安全。同样的手段和技术,攻击者可以用来入侵网络系统,网络管理员则可以用来进行检测并对相关的漏洞采取措施。

攻击者所采用的攻击手段主要有以下 8 种:

(1) 冒充。将自己伪装成为合法用户(如系统管理员),并以合法的形式攻击系统。

(2) 重放。攻击者首先复制合法用户所发出的数据(或部分数据),然后进行重发,以欺骗接收者,进而达到非授权入侵的目的。

(3) 篡改。通过采取秘密方式篡改合法用户所传送数据的内容,实现非授权入侵的目的。

(4) 服务拒绝。中止或干扰服务器为合法用户提供服务或抑制所有流向某一特定目标数据。

(5) 内部攻击。利用其所拥有的权限对系统进行破坏活动。这是最危险的类型,据有关资料统计,80%以上的网络攻击或破坏与内部攻击有关。

(6) 外部攻击。通过搭线窃听、截获辐射信号、冒充系统管理人员或授权用户、设置旁路躲避鉴别和访问控制机制等各种手段入侵系统。

(7) 陷阱门。首先通过某种方式侵入系统,然后安装陷阱门,并通过更改系统功能属性和相关参数,使得侵入者在非授权情况下能对系统进行各种非法操作。

（8）特洛伊木马。这是一种具有双重功能的客户/服务体系结构。特洛伊木马系统不但具有授权功能，而且还具有非授权功能，一旦建立这样的体系，整个系统便被占领。

8.1.2　网络攻击的类型

网络攻击通常可归纳为拒绝服务型攻击、利用型攻击、信息收集型攻击和虚假信息型攻击四大类型。

1. 拒绝服务型攻击

拒绝服务（Denial of Service,DoS）攻击是攻击者通过各种手段来消耗网络带宽或者服务器的系统资源，最终导致被攻击服务器资源耗尽、系统崩溃而无法提供正常的网络服务。这种攻击对服务器来说可能并没有造成损害，但可以使人们对被攻击服务器所提供服务的信任度下降，影响公司声誉以及用户对网络的使用。

TCP 是一个面向连接的协议，在网络中广泛应用。因此，黑客也会利用 TCP 协议自身的漏洞进行攻击，影响网络中运行的绝大多数服务器。

具体的 DoS 攻击方式有 SYN Flood（洪泛）攻击、IP 碎片攻击、Smurf 攻击、死亡之 ping 攻击、泪滴（teardrop）攻击、UDP Flood（UDP 洪泛）攻击、Fraggle 攻击等。

2. 利用型攻击

利用型攻击是一类试图直接对用户机器进行控制的攻击。最常见的利用型攻击有三种：

（1）口令猜测。一旦黑客识别了一台主机而且发现了基于 NetBIOS、Telnet 或 NFS 服务的可利用的用户账号，成功的口令猜测能提供对机器的控制。

（2）特洛伊木马。木马是一种直接由黑客或通过用户秘密安装到目标系统的程序。木马一旦安装成功并取得管理员权限，安装此程序的人就可以直接远程控制目标系统。最常见的一种木马叫做后门程序。采取不下载可疑程序并拒绝执行，运用网络扫描软件定期监视内部主机上的 TCP 服务等措施可预防该攻击。

（3）缓冲区溢出。由于在很多的服务程序中麻痹大意的程序员使用类似 strcpy()、strcat()等不进行有效位检查的函数，最终可能导致恶意用户编写一小段程序来进一步打开安全豁口，然后将该代码缀在缓冲区中的有效载荷末尾。当发生缓冲区溢出时，返回指针指向恶意代码，这样，系统的控制权就会被夺取。

3. 信息收集性攻击

信息收集性攻击是被用来为进一步入侵系统提供有用的信息。这类攻击主要包括扫描技术和利用信息服务技术等，其具体实现为：

（1）地址扫描。运用 ping 程序探测目标地址，若对此做出响应，则表示其存在。在防火墙上过滤掉 ICMP 应答消息即可预防该攻击。

（2）端口扫描。通常使用一些软件，向大范围的主机链接一系列的 TCP 端口。扫描软件可报告它成功地建立了连接的主机开放端口。许多防火墙能检测到系统是否被扫描，并自动阻断扫描企图。

（3）反向映射。黑客向主机发送虚假消息，然后根据返回 hostunreachable 这一消息特征判断出哪些主机在工作。由于正常的扫描活动容易被防火墙侦测到，黑客转而使用不会触发防火墙规则的常见消息类型。NAT 和非路由代理服务器能自动抵制此类攻击，也可在防火墙上过滤 hostunreachable ICMP 应答。

（4）DNS 域转换。DNS 协议不对转换或信息的更新进行身份认证,这使得该协议可被不同方式利用。对于一台公共 DNS 服务器,黑客只需实施一次 DNS 域转换操作就能得到所有主机的名称以及内部 IP 地址。可采用防火墙过滤掉域转换请求来避免这类攻击。

（5）Finger 服务。黑客可使用 Finger 命令来刺探 Finger 服务器以获取该系统的用户信息。采用关闭 Finger 服务并记录尝试连接该服务器的对方 IP 地址的措施,或者在防火墙上进行过滤,即可预防该服务攻击。

4. 虚假信息型攻击

虚假信息型攻击用于攻击目标配置不正确的消息,主要有高速缓存污染和伪造电子邮件两种形式。

（1）DNS 高速缓存污染。由于 DNS 服务器与其他域名服务器交换信息时并不进行身份验证,这就使得黑客可以将一些虚假信息掺入,并把黑客引向自己的主机。可采取更新在防火墙上过滤入站的 DNS,以及外部 DNS 服务器不能更改内部服务器对内部机器的认识等措施预防该攻击。

（2）伪造电子邮件。由于 SMTP 并不对邮件发送者的身份进行鉴定,因此黑客可以对网络内部客户伪造电子邮件,声称是来自某个可以相信的人,并附带上可安装的木马程序,或是一个指向恶意网站的链接。采用 PGP 等安全工具或对电子邮件发送者进行身份鉴别措施可预防该攻击。

8.1.3　网络攻击的过程

一次成功的攻击,可以归纳成以下几个步骤。当然,在实际的操作中,可以根据实际情况进行调整。

1. 隐藏自身

攻击者都会利用某些技术手段隐藏自己真实的 IP 地址。通常有两种方法实现自身 IP 地址的隐藏:第一种方法是首先入侵网络上一台防护手段比较薄弱的主机(俗称“肉鸡”),然后利用这台主机进行攻击。这样,即使攻击行为被发现,暴露的也只是肉鸡的 IP 地址。第二种方法是网络代理跳板,其基本思想是将某一台主机设为代理,通过该代理再入侵其他主机,这样留下的是代理主机的 IP 地址,从而有效地保护了攻击者的安全。一种二级代理的基本结构如图 8-1 所示。

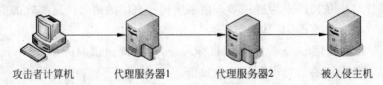

攻击者计算机　　　　代理服务器I　　　　代理服务器2　　　　被入侵主机

图 8-1　二级代理结构

攻击者通过两级代理入侵某一台主机,这样在入侵的主机上就不会留下攻击者的信息。从技术上讲,可以选择更多的代理级别,但是考虑到效率问题,一般选择二级或三级代理比较合适。选择代理主机的一般原则是选择不同地区的主机作为代理,例如要入侵北美的某台主机,则可以选择欧洲的某台主机做一级代理,而选择澳洲的另外一台主机作为二级代理,从而可以很好地隐藏自己。可以选做代理的主机必须先安装相关的代理软件,一般都是首先入侵一些防护手段比较薄弱的主机,再将这些主机作为代理。

2. 踩点与扫描

网络踩点就是通过各种途径对攻击目标进行尽可能多的了解,获取相关信息,如攻击目标的 IP 地址、所在网络的操作系统类型和版本、系统管理人员的邮件地址等,根据这些信息进行分析,可得到有关被攻击方系统中可能存在的漏洞。常见的踩点方法包括:在域名及其注册机构进行查询,对公司性质进行了解,对主页进行分析,邮件地址的搜集和目标 IP 地址范围查询。踩点的目的是探察对方的各方面的情况,确定攻击的时机。网络踩点实质上是一个信息收集的过程,本身并不对目标造成危害,只是为攻击提供有用的信息。

在收集到攻击目标的一些网络信息后,攻击者会利用各种工具探测目标网络上的每台主机,以寻求该系统的安全漏洞或安全弱点,这就是网络扫描。扫描采取模拟攻击的形式对目标可能存在的已知安全漏洞逐项进行检查,目标可能是工作站、服务器、路由器、交换机等。根据扫描结果向攻击者提供周密可靠的分析报告。

有两种常用的扫描策略:一种是主动式策略,另一种是被动式策略。

主动式扫描是基于网络的,通过执行一些脚本文件模拟对系统进行攻击的行为并记录系统的反应,从中发现可能的漏洞。主动式扫描一般可以分成活动主机探测、ICMP 查询、Ping 扫描、端口扫描、指定漏洞扫描、综合扫描等。扫描方式分成两大类:慢速扫描和乱序扫描。慢速扫描是指对非连续端口进行的、源地址不一致的、时间间隔长而没有规律的扫描;乱序扫描是指对连续端口进行的、源地址一致的、时间间隔短的扫描。

被动式扫描策略是基于主机的,对系统中不合理的设置、脆弱的口令以及其他同安全规则相抵触的对象进行检查。被动式扫描不会对系统造成破坏,而主动式扫描会对系统进行模拟攻击,有可能造成破坏。

3. 侵入系统并提升权限

攻击者以前几步所做的工作为基础,再结合自身的水平及经验总结出相应的攻击方法,在进行模拟攻击后,将等待时机,实施真正的网络攻击。

一种常见的攻击方法是首先以一个普通用户身份登录目标主机,然后再利用系统漏洞提升自己的权限。因此,首先要拥有一个该主机的账号和密码,否则连登录都无法进行。这样常迫使攻击者先设法盗窃账户文件,进行破解,从中获取某用户的账户和口令,再寻觅合适的时机以此身份进入主机。常用手段有:①社会工程学攻击,比如冒充公司高层人员给公司打电话,声称自己的账号被意外锁定,说服某位职员根据他的指示修改相关的账号信息,从而可以正常登录目标主机;②暴力攻击,比如字典攻击,因为大多数用户习惯使用标准的单词作为密码,因此可以通过利用包含单词列表的文件去破解截获的用户账号和口令。

当然,通过非正常途径,利用某些工具或系统漏洞登录主机也是攻击者常用的方法。例如,利用 Unicode 漏洞、缓冲区溢出漏洞等获得系统权限,通过管理漏洞获得管理员权限,通过软件漏洞获得系统权限,通过监听获得敏感信息并进一步获得相应权限,通过攻破与目标机有信任关系的另一台主机而获得目标机的控制权,等等。

获得系统管理员权限的目的是连接到目标主机,并对其进行完全控制,达到攻击的目的。

4. 种植后门

为了保持长期对已侵入主机的访问权,攻击者一般会在被侵入的主机上种植一些供自己访问的后门。网络后门是保持对目标主机长久控制的关键策略。

只要能不通过正常登录进入系统的途径都称为网络后门。例如,在攻击者拿到了管理员密码并侵入目标主机以后,可以通过工具开启目标主机的 Telnet 服务,实现对目标主机的长久入侵。

木马是另外一种可以长期驻留在对方主机中的手段。本质上,木马和后门都提供非正常访问的途径,只不过木马的功能强大一些,还能够进行远程控制,而后门则功能较为单一,只是提供攻击者侵入对方主机的途径。

5. 网络隐身

在成功地侵入目标主机并留下网络后门以后,一般侵入的主机会存储相关的登录日志,这样容易被管理员发现。在入侵完毕后需要清除登录日志及其他相关日志。

8.2　常见网络攻击

攻击者在进行一次完整的攻击之前,首先要确定攻击要达到的目的,即要给对方造成怎样的伤害。常见的攻击目的就是破坏和入侵。破坏型攻击就是破坏攻击的目标,使其不能正常工作,而不随意控制目标的系统运行。要达到破坏性攻击的目的,主要的手段是拒绝服务(Denial of Service,DoS)攻击。入侵型攻击就是入侵攻击目标,它以获得一定的权限、控制攻击目标为目的。该类攻击比破坏型攻击更为普遍,威胁也更大。

8.2.1　拒绝服务攻击

拒绝服务攻击是出现较早,且实施较为简单的一种攻击方法。DoS 攻击主要是攻击者利用 TCP/IP 协议本身的漏洞或网络中操作系统的漏洞,让被攻击主机无法响应正常的用户请求而实现的。攻击者通过发送大量无效的请求数据包造成服务器进程无法短期释放,大量积累,耗尽系统资源,使得服务器无法对正常请求进行响应,造成服务器瘫痪。这种攻击主要用来攻击域名服务器、路由器以及其他网络操作服务,攻击之后造成被攻击者无法正常工作和提供服务。

在 DoS 攻击中,攻击者加载过多的服务将系统资源(如 CPU 时间、磁盘空间,打印机,甚至是系统管理员时间)全部或部分占用,使得没有多余资源供其他用户使用。由于 DoS 攻击工具的技术要求不高,效果却比较明显,因此成为当今网络中被黑客广泛使用的一种攻击手段。

拒绝服务攻击的典型代表如下。

1. 死亡之 ping

死亡之 ping(ping of death)是最常使用的拒绝服务攻击手段之一,它利用 ping(Packet Internet Groper)命令发送不合法长度的测试包来使被攻击者无法正常工作。在早期的网络中,路由器对数据包的最大尺寸都有限制,在 TCP/IP 网络中,许多系统对 ICMP 包的大小都规定为 64KB。当 ICMP 包的大小超过该值时就导致内存分配错误,直到 TCP/IP 协议栈崩溃,最终使被攻击主机无法正常工作。

在基于 TCP/IP 协议的 Internet 广泛使用的今天,为了阻止死亡之 ping,现在所使用的网络设备(如交换机,路由器和防火墙等)和操作系统(如 UNIX、Linux、Windows 和 Solaris 等)都能够过滤掉超大的 ICMP 包。对 Windows 操作系统来说,单机版从 Windows 98 之后,Windows NT 从 Service Pack 3 之后都具有抵抗一般 ping of death 攻击的能力。

2. 泪滴

在 TCP/IP 网络中,不同的网络对数据包的大小有不同的规定,例如,以太网的数据包最大为 1500B(将数据包的最大值称为最大数据单元,MTU),令牌总线网络的 MTU 为 8182B,而令牌环网和 FDDI 对数据包没有大小限制。如果令牌总线网络中一个大小为 8000B 的 IP 数据包要发送到以太网中,由于令牌总线网络的数据包要比以太网的大,因此为了能够完成数据的传输,需要根据以太网数据包的大小要求,将令牌总线网络的数据包分成多个部分,这一过程称为分片。

在 IP 报头中有一个偏移字段和一个分片标志(MF)。如果 MF 标志设置为 1,则表明这个 IP 数据包是一个大 IP 数据包的片段,其中偏移字段指出了这个片段在整个 IP 数据包中的位置。例如,对一个 4500B 的 IP 数据包进行分片(MTU 为 1500),则三个片段中偏移字段的值依次为 0、1500、3000。这样,接收端就可以根据这些信息成功地重组该 IP 数据包。

如果一个攻击者打破这种正常的分片和重组 IP 数据包的过程,把偏移字段设置成不正确的值(假如,把上面的偏移设置为 0、1300、3000),在重组 IP 数据包时可能会出现重合或断开的情况,就可能导致目标操作系统崩溃。这就是所谓的泪滴(teardrop)攻击。

防范泪滴攻击的有效方法是给操作系统安装最新的补丁程序,修补操作系统漏洞。同时,对防火墙进行合理的设置,在无法重组 IP 数据包时将其丢弃,而不进行转发。

3. ICMP 泛洪

ICMP 泛洪是利用 ICMP 报文进行攻击的一种方法。在平时的网络连通性测试中,经常使用 ping 命令来诊断网络的连接情况。当输入了一个 ping 命令后,就会发出 ICMP 响应请求报文,即 ICMP ECHO 报文,接收主机在接收到 ICMP ECHO 后,会回应一个 ICMP ECHO Reply 报文。在这个过程中,当接收端收到 ICMP ECHO 报文进行处理时需要占用一定的 CPU 资源。如果攻击者向目标主机发送大量的 ICMP ECHO 报文,将产生 ICMP 泛洪,目标主机会将大量的时间和资源用于处理 ICMP ECHO 报文,而无法处理正常的请求或响应,从而实现对目标主机的攻击。

防范 ICMP 泛洪的有效方法是对防火墙、路由器和交换机进行相应设置,过滤来自同一台主机的、连续的 ICMP 报文。对于网络管理员来说,在网络正常运行时建议关闭 ICMP 报文,即不允许使用 ping 命令。例如,在 Windows XP、2003 系统中启用了 Internet 连接防火墙后,则默认所有的 ICMP 报文选项均被禁用,从而可以阻止来自网络的 ping 试探。

4. Smurf 攻击

在网络连通性诊断中通常使用 ICMP ECHO,当一台主机接收到这样一个报文后,会向报文的源地址回应一个 ICMP ECHO REPLY。在 TCP/IP 网络中,一般情况下主机不会检查该 ICMP ECHO 请求的源地址。利用该"漏洞",攻击者可以把 ICMP ECHO 的源地址设置为一个广播地址或某一子网的 IP 地址,这样目标主机就会以广播形式回复 ICMP ECHO REPLY,导致网络中产生大量的广播报文,形成广播风暴。轻则影响网络的正常运行,重则由于耗用过量的网络带宽的主机（如路由器、交换机等）资源，导致网络瘫痪。这种利用虚假源 IP 地址进行 ICMP 报文传输的攻击方式称为 Smurf 攻击。

为了防止 Smurf 攻击，在路由器，防火墙和交换机等网络硬件设备上可关闭广播、组播等特性。对于位于网络关键部位的防火墙，则可以关闭 ICMP 数据包的通过。

5. TCP SYN 泛洪

众所周知，在 TCP/IP 传输层，TCP 连接的建立要通过三次握手机制来完成。客户端首先发送 SYN 信息（第 1 次握手），服务器发回 SYN/ACK 信息（第 2 次握手），客户端连接再发回 ACK 信息（第 3 次握手），此时连接建立完成。若客户端不发回 ACK，则服务器在超时后处理其他处理连接。在连接建立后，TCP 层实体即可在已建立的连接上开始传输 TCP 数据段。

TCP 的三次握手过程常常被黑客利用进行 DoS 攻击。TCP SYN 泛洪攻击的原理是：客户机先进行第 1 次握手；服务器收到信息进行第 2 次握手；正常情况下客户机应该进行第 3 次握手。但因为被黑客控制的客户端（攻击者）在进行第 1 次握手时修改了自己的地址，即将一个实际上不存在的 IP 地址填充在自己的 IP 数据包的发送者 IP 栏中，这样，由于服务器发送的第 2 次握手信息没人接收，因此服务器不会收到第 3 次握手的确认信号，这样服务器端会一直等待直至超时。当有大量的客户发出请求后，服务器就会有大量的信息在排队等待，直到所有的资源被用光而不能再接收客户机的请求。当正常的用户向服务器发出请求时，由于没有了资源就会被拒绝服务。

SYN Flood（洪泛）攻击是典型的 Dos 攻击。要防止 SYN 数据段攻击，应对系统设定相应的内核参数，使得系统强制对超时的 SYN 请求连接数据包复位，同时通过缩短超时常数和加长等候队列使得系统能迅速处理无效的 SYN 请求数据包。

8.2.2 分布式拒绝服务攻击

分布式拒绝服务攻击（Distributed Denial of Service，DDoS）是一种基于 DoS 攻击，但形式特殊的拒绝服务攻击，采用一种分布、协作的大规模攻击方式，主要瞄准如商业公司、搜索引擎和政府部门网站等比较大的站点。DDoS 攻击是目前黑客经常采用而难以防范的一种攻击手段。DoS 攻击只是单机对单机的攻击，实现方法比较简单。与之不同的是，DDoS 攻击是利用一批受控制的主机向一台主机发起攻击，其攻击的强度和造成的威胁要比 DoS 攻击严重得多，当然其破坏性也要强得多。为了最大限度地阻止 DDoS 攻击，了解 DDoS 的攻击方式和防范手段已成为网络安全人员所必备的要求。

在早期，DoS 攻击主要是针对处理能力较弱的单机，而对拥有高带宽连接、高性能设备的网站影响不大。单一的 DoS 攻击一般采用一对一的方式，其效果是使攻击目标的 CPU 速度、内存和网络带宽等各项性能指标变低。随着计算机处理能力和内存容量的迅速增加，降低了 DoS 攻击的风险和危险，目标主机对恶意攻击包的"消化能力"也增强了。因此，DDoS 攻击手段应运而生，其攻击的思路就是利用更多地被控制机发起进攻，以比以前更大的规模来进攻受害者。

DDoS 攻击的原理如图 8-2 所示。

从图 8-2 中可以看出，在整个 DDoS 攻击过程中，共由 4 部分组成：攻击者、主控端、代理服务器和被攻击者，其中每一个组成在攻击中扮演不同的角色。

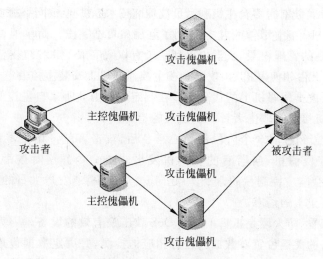

图 8-2　DDoS 攻击原理

（1）攻击者计算机。由攻击者本人使用。攻击者通过它发布实施 DDoS 的指令，是整个 DDoS 攻击中的主控台令。与 DoS 攻击略有不同，DDoS 攻击中的攻击者对计算机的配置和网络带宽的要求并不高，只要能够向主控端正常发送攻击命令即可。

（2）主控傀儡机。不属攻击者所有的计算机，而是攻击者非法侵入并控制的一些主机。攻击者在这些计算机上安装特定的主控软件，通过这些主机再分别控制大量的攻击傀儡机。攻击者首先需要入侵主控傀儡机，获得对主控傀儡机的写入权限后，在主控端主机上安装特定的程序，该程序能够接受攻击者发来的特殊指令，而且可以把这些命令发送到攻击傀儡机上。

（3）攻击傀儡机。同样也是攻击者入侵并控制的一批主机，同时攻击者也需要在入侵这些主机并获得对这些主机的写入权限后，在上面安装并运行攻击程序，接受和运行主控傀儡机发来的命令。攻击傀儡机是攻击的直接执行者，直接向被攻击主机发起攻击。

（4）被攻击者。是 DDoS 攻击的直接受害者，目前多为一些大型企业的网站或数据库系统。

在整个 DDoS 攻击过程中，攻击者发起 DDoS 攻击的第一步就是要寻找在 Internet 上有漏洞的主机，进入系统后安装后门程序，攻击者入侵的主机越多，参与攻击的主机也就越多。第二步是在入侵主机上安装攻击程序，其中一部分主机充当攻击的主控端，一部分主机充当攻击傀儡机。各部分主机各司其职，在攻击者的统一指挥下对被攻击者发起攻击。DDoS 攻击包是从攻击傀儡机上发出的，控制傀儡机只发布命令而不参与实际的攻击。平时攻击傀儡机并没有什么异常，只是一旦被攻击者控制并接收到指令，他们就成为害人者去发起攻击了。因为攻击者在幕后操纵，所以在攻击时不会受到监控系统的跟踪，其身份不容易被发现。

一般来说，攻击者的 DDoS 攻击分为以下几个阶段：

（1）准备阶段。在这个阶段，黑客搜集和了解目标的情况（主要是目标主机数目、地址、配置、性能和带宽）。该阶段对于攻击者来说非常重要，因为只有完全了解目标的情况，才能有效地进行进攻。对于 DDoS 攻击者，要攻击某个站点，首先要确定到底有多少台主机在支持这个站点,一个大的网站可能有很多台主机利用负载均衡技术提供同一个网站的 WWW 服务。

(2) 占领傀儡机。该阶段实际上是使用了利用型攻击手段。简单地说。就是占领和控制傀儡机,取得最高的管理权限,或至少得到一个有权限完成 DDoS 攻击任务的账号。

(3) 植人程序。占领傀儡机后,攻击者在主控傀儡机上安装主控制软件,在攻击傀儡机上安装守护程序。攻击傀儡机上的代理程序在制定端口上监听来自主控傀儡机发送的攻击命令,而主控傀儡机接受从攻击者计算机发送的指令。

(4) 实施攻击。经过前 3 个阶段的精心准备后,攻击者就开始瞄准目标准备攻击了。攻击者登录到主控傀儡机,向所有的攻击机发出攻击命令。这时候潜伏在攻击机中的 DDoS 攻击程序就会响应控制台的命令,一起向受害主机高速发送大量的数据包,导致受害机死机或无法响应正常的请求。

从实际应用来看,防火墙是抵御 DoS/DDoS 攻击最有效的设备。因为防火墙的主要功能之一就是在网络的关键位置对数据包进行相应的检测,并决定数据包是否被放行。在防火墙上可以采取禁止对主机的非开放服务的访问、限制同时打开的 SYN 最大连接数、限制特定 IP 地址的访问、严格限制开放的服务器的对外访问等设置;在网络的路由器上可采取检查每一个经过路由器的数据包、设置 SYN 数据包流量速率、在边界路由器上部署策略、使用 CAR 限制 ICMP 数据包流量速率等设置。

8.2.3　缓冲区溢出攻击

1. 缓冲区溢出攻击

缓冲区是用户为程序运行时在计算机中申请的一段连续的内存,它保存给定类型的数据。缓冲区溢出攻击利用管理目标程序的缓冲区溢出漏洞,通过操作目标程序堆栈并暴力改写其返回地址,从而获得目标控制权。缓冲区溢出的工作原理是:攻击者向一个有限空间的缓冲区中复制过长的字符串,这时可能产生两种结果:一是过长的字符串覆盖了相邻的存储单元而造成程序瘫痪,甚至造成系统崩溃;二是可让攻击者运行恶意代码,执行任意指令,甚至获得管理员用户的权限等。缓冲区溢出攻击是一种常见且危害很大的系统攻击手段,这种攻击可以使一个匿名的 Internet 用户有机会获得一台主机部分或全部的控制权。

缓冲区溢出攻击是最为常见的一种攻击方式,占据远程网络攻击的绝大多数。有资料显示,80％的攻击事件与缓冲区溢出漏洞有关。目前公开的安全漏洞也有相当一部分属于缓冲区溢出漏洞。

1988 年的莫里斯蠕虫就利用 UNIX fingered 程序不限制输入长度的漏洞,输入 512 个字符后使缓冲区溢出。该蠕虫程序以 root(根)身份执行,并感染到其他机器上。Slammer 蠕虫也是利用未及时更新补丁的 MS SQL Server 数据库缓冲区溢出漏洞,采用不正确的方式将数据发到 MS SQL Server 的监听端口,这个错误可以引起缓冲区溢出攻击;攻击代码通过缓冲溢出获得非法权限后,被攻击主机上的 SQL server.exe 进程会尝试向随机的 IP 地址不断发送攻击代码,感染其他机器,最终形成 UDP Flood,造成网络堵塞甚至瘫痪。

缓冲区溢出攻击的目的在于扰乱具有某些特权运行的程序功能,使攻击者取得程序的控制权,如果该程序具有足够的权限,那么整个主机就被控制了。为了达到这个目的,攻击者一是要在程序的地址空间里安排适当的代码,二是要通过适当的初始化寄存器和存储器,让程序跳转到事先安排的地址去执行。因此采用在程序的地址空间里安排适当的代码、控制程序的执行流程使之跳转到攻击代码、综合代码植入和流程控制方法实现缓冲区溢出攻击。

缓冲区溢出攻击屡次得逞主要利用了 C 程序中数组边境条件、函数指针等设计不当的漏洞,大多数 Windows、Linux、UNIX 和数据库系列的开发多依赖于 C 语言,而 C 语言的缺点是缺乏类型安全,所以这种攻击成为操作系统、数据库等大型应用程序最普通的漏洞之一。

2. 缓冲区溢出攻击的防范

缓冲区溢出是一种流行的网络攻击方法,它易于实现且危害严重,给系统安全带来了极大的隐患。值得关注的是,防火墙对这种攻击方式无能为力,因为攻击者传输的数据分组并无异常特征,没有任何欺骗。另外可以用来实施缓冲区溢出攻击的字符串非常多样化,无法与正常数据进行有效区分。缓冲区溢出攻击不是一种窃密和欺骗手段,而是从计算机系统的最底层发起的攻击,因此在它的攻击下,系统的身份验证和访问权限等安全策略形同虚设。

可以采用以下几种级别的方法保护缓冲区免受溢出攻击:

(1) 编写正确的代码。人们开发了一些工具和技术来帮助程序员编写安全正确的程序,如编程人员可以使用具有类型安全的语言 Java 以避免 C 语言的缺陷;在 C 语言开发环境下编程应避免使用 Gets、Sprintf 等未限边界溢出的危险函数;使用检查堆栈溢出的编译器(如 Compaq C 编译器)等。

(2) 非执行缓冲区保护。通过使被攻击程序的数据段堆栈空间不可执行,从而使得攻击者不可能植入缓冲区的代码,这就是非执行缓冲区保护。

(3) 数组边界检查。这种检查可防止缓冲区溢出的产生。为了实现数组边界检查,所以对数组的读写操作多应当被检查以确保在正确的范围内对数组的操作。最直接的方法是检查所有的数组操作,但是通常可以采用一些优化的技术来减少检查的次数。

(4) 程序指针完整性检查。这种检查可在程序指针被引用之前检测到它的改变。因此,即便一个攻击者成功地改变了程序的指针,由于系统事先检测到了指针的改变,这个指针就不会被使用。

此外,在产品发布前仍需要仔细检查程序溢出情况,将威胁降至最低。作为普通用户或系统管理员,应及时为自己的操作系统和应用程序更新补丁,以补修公开的漏洞,减少不必要的开放服务端口,合理配置自己的系统。

8.3　入侵检测

计算机网络特别是 Internet 的迅速发展和大范围的普及,使越来越多的系统遭到网络攻击的威胁。这些威胁大多是通过挖掘操作系统和应用服务程序的弱点或缺陷或漏洞来实现的。而绝大多数人在谈到网络安全时,首先会想到防火墙、杀毒软件、加密软件等。但是,防火墙、杀毒软件、加密软件等关注于被动的"防护",随着攻击者知识的日趋成熟,攻击工具与手法的日趋复杂多样,人们越来越清醒地认识到,仅仅依靠现有的防护措施来维护系统安全是远远不够的。

入侵检测是一种从更深层次上进行"主动"网络安全防御的措施,它不仅可以通过监测网络实现对内部攻击、外部入侵和误操作的实时保护,有效地弥补防火墙的不足,而且能结合其他网络安全产品,对网络安全进行全方位的保护,具有主动性和实时性的特点。目前,入侵检测的相关研究已成为网络安全领域的热点课题。

8.3.1 入侵检测概述

1. 入侵检测的概念

入侵检测是指在计算机网络或计算机系统中的若干关键点收集信息并对收集到的信息进行分析,从而判断网络或系统中是否有违反安全策略的行为和被攻击的迹象。它是对入侵行为的发觉。

很多人认为只要安装一个防火墙就可以保障网络的安全,其实这是个误解,事实上,仅仅使用防火墙保障网络安全是远远不够的。首先,防火墙本身会有各种漏洞和后门,有可能被外部黑客攻破;其次,防火墙不能阻止内部攻击,对内部入侵者来说毫无作用;再次,防火墙通常不能提供实时的入侵检测能力;最后,有些外部访问可以绕开防火墙。

入侵检测作为安全技术,其主要目的在于:第一,识别入侵者;第二,识别入侵行为;第三,检测和监视已成功的某个突破;第四,为对抗入侵及时提供重要信息,阻止事件的发生和事态的扩大。所以说,入侵检测对建立一个安全系统来说是非常有必要的,它可以弥补传统安全保护措施的不足。

因此,入侵检测系统可以弥补防火墙的不足,为网络提高实时的入侵检测并采取相应的防护手段。入侵检测系统可以看做是防火墙之后的第二道安全闸门,是对防火墙的重要补充,它在不影响网络性能的情况下能对网络进行监测,从而提供对内部攻击、外部攻击和误操作的实时检测。

2. 入侵检测过程

入侵检测的典型过程是:信息收集、信息(数据)预处理、数据的检测分析、根据安全策略做出响应。有的还包括检测效果的评估。

信息收集是指从网络或系统的关键点得到原始数据,这里的数据包括原始的网络数据包、系统的审计日志、应用程序日志等原始信息;数据预处理是指对收集到的数据进行预处理,将其转化为检测器所需要的格式,也包括对冗余信息的去除,即数据简约;数据的检测分析是指利用各种算法建立检测器模型,并对输入的数据进行分析,以判断入侵行为的发生与否。入侵检测的效果如何将直接取决于检测算法的好坏。这里所说的响应是指产生检测报告,通知管理员,断开网络连接,或更改防火墙的配置等积极的防御措施。入侵检测被认为是防火墙之后的第二道防线,是动态安全的核心技术之一。

入侵检测的一个基本工具是审计记录。用户活动的记录应作为入侵检测系统的输入。一般采用下面两种方法:

- 原始审计记录:几乎所有的多用户操作系统都有收集用户活动信息的审计软件。使用这些信息的好处是不需要再额外使用收集软件。其缺点是审计记录可能没有包含所需的信息,或者信息没有以方便的形式保存。
- 检测专用的审计记录:使用的收集工具可以只记录入侵检测系统所需要的审计记录。此方法的优点在于提供商的软件可适用于不同的系统。缺点是一台机器要运行两个审计包管理软件,需要额外的开销。

一般地,每个审计记录包含如下几个域:

- **主体**:行为的发起者。主体通常是终端用户,也可以是充当用户或用户组的进程。所有活动来自主体发出的命令。主体分为不同的访问类别,类别之间可以重叠。
- **动作**:主体对一个对象的操作或联合一个对象完成的操作,如登录、读、I/O 操作和执行。
- **客体**:行为的接收者。客体包括文件、程序、消息、记录、终端、打印机、用户或程序创建的结构。当客体是一个活动的接收者时,则主体也可看成是客体,如电子邮件。客体可根据类型分类。客体的粒度可根据客体类型和环境发生变化。例如,数据库行为的审计可以以数据库整体或以记录为粒度进行审计。
- **异常条件**:若返回时有异常,则标识出该异常情况。
- **资源使用**:指大量元素的列表。每个元素都给出某些资源使用的数量(例如打印或显示的行数,读写记录的次数,处理器时钟,使用的 I/O 单元,会话占用的时间)。
- **时间戳**:当动作发生时用来标识的唯一的时间日期戳。

3. 入侵检测系统

入侵检测系统(Intrusion Detection System,IDS)是完成入侵检测功能的软件、硬件的组合。入侵检测系统是对敌对攻击在适当的时间内进行检测并做出响应的一种工具。它能在不影响网络性能的情况下能对网络进行监测,从而提供对内部攻击、外部攻击和误操作的实时保护,在计算机网络和系统受到危害之前进行报警、拦截和响应。入侵检测系统是网络安全防护体系的重要组成部分,是一种主动的网络安全防护措施。IDS 从系统内部和各种网络资源中主动采集信息,从中分析可能的网络入侵或攻击。一般说来,IDS 还应对入侵行为做出紧急响应。

IETF 定义了一个 IDS 的通用模型,如图 8-3 所示。

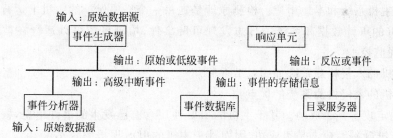

图 8-3　IDS 体系结构

IDS 包括下列几个实体:

- **事件生成器**:它是采集和过滤事件数据的程序或模块,负责收集原始数据。它对数据流、日志文件等进行追踪,然后将搜集到的原始数据转换成事件,并向系统的其他部分提供此事件。
- **事件分析器**:用于分析事件数据和任何 CIDF 组件传送给它的各种数据。例如对输入的事件进行分析,检测是否有入侵的迹象,或描述对入侵响应的响应数据,都可以发送给事件分析器进行分析。
- **事件数据库**:负责存放各种原始数据或已加工过的数据。它从事件产生器或事件分析器接收数据并进行保存,它可以是复杂的数据库,也可以是简单的文本。

- 响应单元：针对分析组件所产生的分析结果，根据响应策略采取相应的行为，发出命令响应攻击。
- 目录服务器：用于各组件定位其他组件，以及控制其他组件传递的数据并认证其他组件的使用，以防止入侵检测系统本身受到攻击。目录服务器组件可以管理和发布密钥，提供组件信息和用户组件的功能接口。

在这一框架中，事件数据库是核心。事件数据库体现了 IDS 的检测能力。

一般来说，入侵检测系统的主要功能有：

- 监测并分析用户和系统的活动；
- 核查系统配置与漏洞；
- 识别已知的攻击行为并报警；
- 统计并分析异常行为；
- 对操作系统进行日志管理，并识别违反安全策略的用户活动。

8.3.2　入侵检测系统分类

对现有的入侵检测系统可以用以下几种方法进行分类：根据检测的对象分为基于主机的入侵检测、基于网络的入侵检测、基于主机和基于网络的混合型入侵检测；根据检测技术原理分为异常检测和误用检测；根据其工作方式分为离线检测系统和在线检测系统；根据体系结构可分为集中式和分布式；还可根据其他一些特征进行分类；等等。

1. 基于检测对象分类

按照检测对象或者数据来源的不同，可分为基于主机的入侵检测系统、基于网络的入侵检测系统和混合入侵检测系统三类。

基于主机的入侵检测系统(Host-based IDS,HIDS)开始并兴盛于 20 世纪 80 年代。其检测对象是主机系统和本地用户。检测原理是在每一个需要保护的主机上运行一个代理程序，根据主机的审计数据和系统的日志发现可疑事件，检测系统可以运行在被检测的主机上，从而实现监控。

基于主机的入侵检测系统如图 8-4 所示。

基于主机的入侵检测系统的优点：

- 能确定攻击是否成功。基于主机的 IDS 使用含有已发生的事件信息，根据该事件信息能准确判断攻击是否成功，因而基于主机的 IDS 误报率较小。
- 监控更为细致。基于主机的 IDS 监控目标明确。它可以很容易地监控一些在网络中无法发现的活动，如敏感文件、目录、程序或端口的存取。例如，基于主机的 IDS 可以监测所有用户的登录及退出登录的情况，以及各用户连网后的行为。
- 配置灵活。用户可根据自己的实际情况对主机进行个性化的配置。
- 适用于加密和交换的环境。由于基于主机的 IDS 安装在监控主机上，因而不会受到加密和交换的影响。
- 对网络流量不敏感。基于主机的 IDS 不会因为网络流量的增加而放弃对网络的监控。

基于主机的入侵检测系统的缺点：

- 由于它通常作为用户进程运行，依赖于操作系统底层的支持，与系统的体系结构有

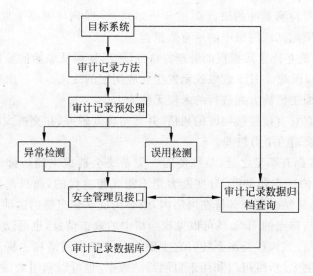

图 8-4　基于主机的入侵检测系统

关,因此它无法了解发生在下层协议的入侵活动。

- 由于 HIDS 要驻留在受控主机中,对整个网络的拓扑结构认识有限,根本监测不到网络上的情况,只能为单机提供安全防护。
- 基于主机的入侵检测系统必须配置在每一台需要保护的主机上,占用一定的主机资源,使服务器产生额外的开销。
- 缺乏对平台的支持,可移植性差。

基于网络的入侵检测系统(Network-based IDS,NIDS)通过监听网络中的分组数据包来获得分析攻击的数据源,分析可疑现象。它通常使用报文的模式匹配或模式匹配序列来定义规则,检测时将监听到的报文与规则进行比较,根据比较的结果来判断是否有非正常的网络行为。通常情况下,是利用混杂模式的网卡来捕获网络数据包。

基于网络的入侵检测系统如图 8-5 所示。

基于网络的入侵检测系统的优点:

- 检测速度快。基于网络的 IDS 能在微秒或秒级发现问题。
- 能够检测到 HIDS 无法检测的入侵。例如,NIDS 能够检查数据包的头部而发现非法的攻击,能够检测那些来自网络的攻击,还能够检测到非授权的非法访问。

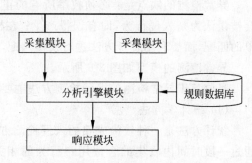

图 8-5　基于网络的入侵检测系统

- 入侵对象不容易销毁证据,被截取的数据不仅包括入侵的方法,还包括入侵对象的信息。
- 检测和响应的实时性强,一旦发现入侵行为就立即中止攻击。
- 与操作系统的无关性。由于基于网络的 IDS 是配置在网络上对资源进行安全监控,因此具有与操作系统无关的特性。

基于网络的入侵检测系统的缺点：

- NIDS 无法采集高速网络中的所有数据包。
- 缺乏终端系统对待定数据报的处理方法等信息,使得从原始的数据包中重构应用层信息很困难,因此,NIDS 难以检测发生在应用层的攻击。
- NIDS 对以加密传输方式进行的入侵无能为力。
- NIDS 只检查它直接连接网段的通信,并且精确度较差,在交换式网络环境下难以配置,防入侵欺骗的能力较差。

NIDS 和 HIDS 都有不足之处,单纯使用一类系统会造成主动防御体系的不全面。由于两者各有其自身的优点和缺陷,有些能力是不能互相替代的,而且两者的优缺点是互补的,如果将这两类系统结合起来部署在网络内,则会构成一套完整的主动防御体系。综合了网络和主机两种结构特点的 IDS,既可以发现网络中的攻击信息,也可以从系统日志中发现异常状况,这就是混合式入侵检测系统。它主要综合了基于网络和主机入侵检测系统两种结构特点的入侵检测系统,既可以利用来自网络的数据,也可以利用来自计算机主机的数据信息;采用混合分布式入侵检测系统可以联合使用基于主机和基于网络这两种不同的检测方式,有很好的操作性,能够达到更好的检测效果。

2. 基于检测技术的分类

根据入侵检测技术的原理,可分为异常检测和误用检测两类。

异常检测也称为基于行为的检测,来源于这样的思想:任何一种入侵行为都能由于其偏离正常或者所期望的系统和用户的活动规律而被检测出来。异常检测通常首先从用户的正常或者合法活动收集一组数据,这一组数据集被视为"正常调用"。若用户偏离了正常调用模式,则会认为是入侵而报警。也就是说,任何不符合以往活动规律的行为都将被视为入侵行为。

异常检测方法的优点是:第一,正常使用行为是被准确定义的,检测的准确率高;第二,能够发现任何企图发掘、试探系统最新和未知漏洞的行为,同时在某种程度上它较少依赖于特定的操作系统环境。

异常检测的缺点是:必须枚举所有的正常使用规则,否则会导致有些正常使用的行为会被误认为是入侵行为,即有误报产生;在检测时,某个行为是否属于正常,通常不能做简单的匹配,而要利用统计方法进行模糊匹配,在实现上有一定的难度。

异常检测的模型如图 8-6 所示。

目前基于异常检测的入侵检测方法主要有以下几种。

（1）统计学方法

统计方法是一种较为成熟的入侵检测方法,通过一段时间内收集的合法用户行为的相关数据来定义正常的或者期待的行为,然后对观测的数据进行统计测试来确定行为的合法性。

该方法由于以成熟的概率统计理论作为基础,因此在应用上很容易被采用,但是也存在着明显的不足:统计方法需要分析大量的审计数据,当入侵行为对审计记录的影响非常小时,即

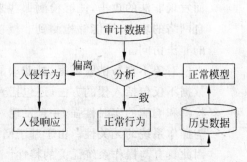

图 8-6　异常检测的模型

使该行为具有明显的特征,也不能被检测出来;检测的阈值难以确定,阈值过低则虚警率就会提高,这样会影响系统的正常工作,阈值过高则漏警率就会升高,不能有效检测到入侵行为,这样对入侵系统的行为就不能适时制止。

(2) 神经网络法

神经网络是比较成熟的理论,而且在很多领域都得到了广泛应用。这种方法对用户行为具有学习和自适应功能,能够根据实际检测到的信息有效地加以处理,并做出入侵可能性的判断。因此,在基于神经网络的入侵检测系统中,只要提供系统的审计数据,它就可以通过自学习从中提取正常的用户或系统活动的特征模式,而不必对大量的数据进行存取。利用神经网络所具有的识别分类和归纳能力,可以使入侵检测系统适应用户行为特征的可变性。从模式识别的角度来看,入侵检测系统可以使用神经网络来提取用户行为的模式特征,并以此创建用户的行为特征轮廓。总之,把神经网络引入入侵检测系统,能很好地解决用户行为的动态特征,以及搜索数据的不完整性、不确定性所造成的难以精确检测的问题。神经网络适用于不精确模型,但其描述的精确度很重要,不然会引起大量的误报。

(3) 数据挖掘法

基于数据挖掘的入侵检测系统基本构成有几个部分:数据收集、数据清理、数据选择和转换、发现模块,以及结果显示。由于入侵检测的本质特点是分类,因此数据挖掘的技术优势在入侵检测领域也得到了充分的发挥。可用于入侵检测领域的有关算法有:关联规则、序列模式发现、粗糙集、聚类等算法,但是数据挖掘在入侵检测中的应用还不是很成熟,还需要进一步的研究。

(4) 免疫学

由于免疫系统的独特性能,使得采用免疫学方法的入侵检测系统同样拥有很多的优势,主要表现在多样性、容错性、分布性、动态性、自管理性和自适应性等方面。

采用免疫学的入侵检测系统,其检测的虚警率会很低,但会有漏警现象发生。由于这种技术在实现上存在一定的难度,因此还处在理论研究阶段,离真正的实用阶段还有相当大的差距。

误用检测又称为特征检测,建立在对过去各种已知网络入侵方法和系统缺陷知识的积累之上。入侵检测系统中存储着一系列已知的入侵行为描述,当某个系统的调用与一个已知的入侵行为相匹配时,则认为是入侵行为。

误用检测是直接对入侵行为进行特征化描述,其主要优点有:依据具体特征库进行判断,检测过程简单,检测效率高,针对已知入侵的检测精度高,可以依据检测到的不同攻击类型采取不同的措施。其缺点有:对具体系统依赖性太强,可移植性较差,维护的工作量大,同时无法检测到未知的攻击。

误用检测的模型如图 8-7 所示。

常用的误用检测方法包括以下几种。

(1) 专家系统

用专家系统对入侵进行检测,经常是针对有特征的入侵行为,是基于一套由专家经验事先定义规则的推理系统。所谓的规则,即是知识,专家系统的建立依赖于知识库的完备性,知

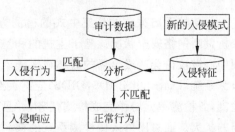

图 8-7　误用检测的模型

识库的完备性又取决于审计记录的完备性与实时性。

专家系统的建立依赖于知识库,而建立一个完善的知识库是很困难的,这是专家系统当前所面临的一大不足。另外,由于各种操作系统的审计机制也存在差异,针对不同操作系统的入侵检测专家系统之间的移植性问题也十分明显。系统的处理速度问题也使得基于专家系统的入侵检测只能作为一种研究原型,若要商业化则需要采用更有效的处理方法。

(2) 模式匹配

模式匹配检查对照一系列已有的攻击,比较用户活动,将收集到的信息与已知的网络入侵和系统特征库进行比较,从而发现违背安全策略的入侵行为。目前,模式匹配已经成为入侵检测领域中使用最广泛的检测手段和机制之一,这种想法的先进之处在于定义已知的问题模式,然后观察能与模式匹配的事件数据。独立的模式可以由独立事件、事件序列、事件临界值或者允许与、或操作的通用规则表达式组成。

(3) 状态迁移分析

状态迁移分析方法的前提是:所有的入侵行为都必须有这样的共性:第一,入侵行为要求攻击者拥有对目标系统的某些最低限度的必要访问权限;第二,所有的入侵行为均将导致某些先前没有的功能的实现。总之,要有实际的系统状态发生。

在这种方法中,入侵者的行为可以用状态迁移图表示。在状态转换分析中,入侵被看做是由一些初始行为向目标有害行为转换的行为序列,状态转换分析表确定需求和渗透的危害,同时也列出了成功完成一个入侵必然发生的关键行为。

3. 基于工作方式的分类

根据工作方式,可分为离线检测和在线检测。

离线检测系统是非实时工作的系统,它在事后分析审计事件,从中检查入侵活动。事后入侵检测由网络管理人员进行,他们具有网络安全的专业知识,根据计算机系统对用户操作所做的历史审计记录判断是否存在入侵行为,如果有就断开连接,并记录入侵证据和进行数据恢复。事后入侵检测是由管理员定期或不定期进行的,不具有实时性。

在线检测系统是实时联机的检测系统,它包含对实时网络数据包的分析,以及实时主机审计分析。其工作过程是实时入侵检测在网络连接过程中进行,系统根据用户的历史行为模型、存储在计算机中的专家知识以及神经网络模型等对用户当前的操作进行判断,一旦发现入侵迹象立即断开入侵者与主机的连接,并收集证据和实施数据恢复。这个检测过程是不断循环进行的。

8.3.3　分布式入侵检测

最初的 IDS 采用的是集中式的检测方法,由中央控制台集中处理采集到的数据信息,分析判断网络安全状况。基于主机的和基于网络的都是集中式入侵检测系统。其弱点是检测中心被攻击会造成全局的破坏或瘫痪。为应对复杂多变的大型分布式网络,分布式入侵检测系统(Distributed IDS,DIDS)应运而生,它采用多个代理在网络各部分分别进行入侵检测,各检测单元协作完成检测任务,并且还能在更高层次上进行结构扩展,以适应网络规模的扩大。通过网络入侵检测系统的共同合作,可获得更有效的防卫。

分布式入侵检测系统的各个模块分布在网络中不同的计算机、设备上。一般来说,分布性主要体现在数据收集模块上,如果网络环境比较复杂、数据量比较大,那么数据分析模块也会分布在网络的不同计算机设备上,通常是按照层次性的原则进行组织的。分布式入侵检测系统根据各组件间的关系还可细分为层次式 DIDS 和协作式 DIDS。

在层次式 DIDS 中,定义了若干个分等级的监测区域,每一个区域都有一个专门负责分析数据的 IDS,每一级 IDS 只负责所监测区域的数据分析,然后将结果传送给上一级 IDS。层次式 DIDSS 通过分层分析很好地解决了集中式 IDS 不可扩展的问题,但同时也存在下列问题:当网络的拓扑结构改变,区域分析结果的汇总机制也需要做相应的调整;一旦位于最高层的 IDS 受到攻击,其他那些从网络多路发起的协同攻击就容易逃过检测,造成漏检。

协作式 DIDS 将中央检测服务器的任务分配给若干个互相合作的基于主机的 IDS,这些 IDS 不分等级,各司其职,负责监控本地主机的某些活动,所有的 IDS 并发执行并相互协作。协作式 IDS 的特点就在于它的各个结点都是平等的,一个局部 IDS 的失效不会导致整个系统的瘫痪,也不会导致协同攻击检测的失败。因而,系统的可扩展性、安全性都得到了显著的提高。但同时它的维护成本也很高,并且增加了所监控主机的工作负荷,如通信机制、审计开销、踪迹分析等。而且主机之间的通信、审计以及审计数据分析机制的优劣直接影响到协作式入侵检测系统的效率。

分布式入侵检测系统的典型结构如图 8-8 所示。

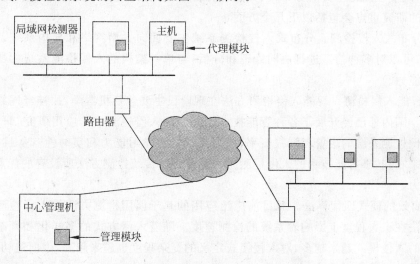

图 8-8 分布式入侵检测系统的典型结构

该分布式入侵检测系统主要有三个部分:

- 主机代理模块:审计收集模块作为后台进程运行在监测系统上。它的作用是收集有关主机安全事件的数据,并将这些数据传至中心管理员。
- 局域网监视代理模块:其运作方式与主机代理模块相同。但它还分析局域网的流量,将结果报告给中心管理员。
- 中心管理员模块:接收局域网监视模块和主机代理模块送来的报告,分析报告,并对其进行综合处理,以判断是否存在入侵。

8.3.4 入侵检测技术发展趋势

入侵检测系统目前主要存在以下几个问题:

(1) 高速网络下的误报率和漏报率。基于网络的入侵检测系统是通过截获网络上的数据包来进行分析和匹配,从而判断是否存在攻击行为的。匹配过程需要占用大量的时间和系统资源,如果检测速度落后于网络的传输速度,就会导致入侵检测系统漏掉其中部分数据包,从而导致漏报和误报。

(2) 入侵检测产品和其他网络安全产品结合的问题。在大型的网络中,入侵检测系统如何与其他网络安全产品之间交换信息,共同协作来发现并阻止攻击,关系到整个系统的安全问题。目前的入侵检测系统尚不具备这方面的能力。

(3) 入侵检测系统的功能相对单一。随着攻击手段的不断增加,入侵行为逐渐复杂化,而目前的大多数入侵检测系统只能对某一类型的攻击做出反应。比如,基于网络的入侵检测系统无法检测出本地的攻击;而基于主机的入侵检测系统同样无法检测出网络的攻击。

(4) 入侵检测系统本身存在的问题。基于网络的入侵检测系统对加密的数据流以及交换网络下的数据流不能进行检测。另外,入侵检测系统缺少自我保护机制,本身的构件容易受到攻击。

今后,入侵检测将主要向分布式、智能化、高检测速度、高准确度、高安全性的方向发展,入侵检测的研究重点会包括以下几个方面:

(1) 分布式入侵检测。分布式入侵检测系统主要面向大型网络和异构系统,它采用分布式结构,可以对多种信息进行协同处理和分析,与单一架构的入侵检测系统相比,具有更强的检测能力。

(2) 智能入侵检测。智能入侵检测方法在现阶段主要包括机器学习、神经网络、数据挖掘等方法。国内外已经开展了各种智能技术(方法)在入侵检测中的应用研究,研究的主要目的是降低检测系统的虚警和漏报概率,提高系统的自学习能力和实时性。从目前的一些研究成果来看,基于智能技术的入侵检测方法具有许多传统检测方法所没有的优点,有良好的发展潜力。

(3) 高效的模式匹配算法。对目前广泛应用的基于误用检测方法的入侵检测系统,模式匹配算法在很大程度上影响着系统的检测速度。随着入侵方式的多样化和复杂化,检测系统存储的入侵模式越来越多,对入侵模式定义的复杂程度也越来越高,因而迫切需要研究和使用高效的模式匹配算法。

(4) 基于协议分析的入侵检测。对网络型入侵检测系统而言,如果其检测速度跟不上网络数据的传输速度,检测系统就会漏掉其中的部分数据包,从而导致漏报,进而影响系统的准确性和有效性。大部分现有的网络型入侵检测系统只有几十兆的检测速度,而百兆甚至千兆网络的大量应用,对系统的检测速度提出了更高的要求。基于协议分析的入侵检测所需的计算量相对较少,可以利用网络协议的高度规则性快速探测攻击的存在,即使在高负载的网络上也不容易产生丢包现象。

(5) 与操作系统的结合。目前入侵检测系统的普遍缺陷是与操作系统结合不紧,这会导致很多不便,例如很难确定黑客攻击系统到了什么程度,不知道黑客拥有了系统哪个级别的权限,黑客是否控制了一个系统等。与操作系统的紧密结合可以提升入侵检测系统对攻击,特别是比较隐蔽的、新出现的攻击的检测能力。

（6）入侵检测系统之间以及入侵检测系统和其他安全组件之间的互动性研究。在大型网络中,网络的不同部分可能使用了多种入侵检测系统,甚至还有防火墙、漏洞扫描等其他类别的安全设备,这些入侵检测系统之间以及 IDS 和其他安全组件之间的互动,有利于共同协作,减少误报,并更有效地发现攻击、做出响应、阻止攻击。

（7）入侵检测系统自身安全性的研究。入侵检测是一种安全产品,自身安全极为重要。因此,越来越多的入侵检测产品采用强身份认证,黑洞式接入,限制用户权限等方法,免除自身安全问题。

（8）入侵检测系统的标准化。到目前为止,尚没有一个关于入侵检测系统的国际标准出现,这种情况不利于入侵检测系统的应用与发展。国际上有一些组织正在做这方面的研究工作。入侵检测系统的标准化工作应该主要包括大型分布式入侵检测系统的体系结构、入侵特征的描述（数据格式）、入侵检测系统内部的通信协议和数据交换协议、各个部件间的互动协议和接口标准等。

8.4　计算机紧急响应

8.4.1　紧急响应

互联网是一个高速发展、自成一体且结构复杂的组织,很难进行统一管理,因此网络安全工作的管理也很困难。随着网络用户的不断增多、安全缺陷的不断发现和广大用户对网络的日益依赖,只从"防护"方面考虑网络安全问题已无法保证满足用户要求。这就需要一种服务,能够在安全事件发生时进行紧急援助,避免造成更大的损失。这种服务就是紧急响应。

在现实网络应用中,紧急响应环节往往没有得到真正的重视。用户总是觉得已经投入了很多资金购置了全套的网络设置,不能理解为什么还要不断地支出一笔似乎得不到回报的费用。可是现实证明,缺少了高质量的紧急响应,攻击者总是可以想办法进入系统,网络就存在安全风险。

1989 年在美国国防部的资助下,卡内基梅隆大学软件工程研究中心成立了世界上第一个计算机紧急响应小组协调中心（Computer Emergency Response Team/Coordination Center, CERT/CC）。十余年来,CERT 在反击大规模的网络入侵方面起到了重要作用。CERT 的成功经验为许多国家所借鉴。许多国家和一些网络运营商以及一些大企事业单位都相继成立了相应的计算机紧急响应小组。我国的计算机基金响应小组简称 CNCERT,不同机构也有相应的计算机紧急响应小组,如上海交通大学的计算机紧急响应小组叫 sjtu CERT。国际上众多的计算机紧急响应小组（CERT）组织了一个紧密合作的国际性组织——事件响应与安全组织论坛（FIRST）。各小组通过 FIRST 论坛共享信息,互通有无,成为一个打击计算机网络犯罪的联盟。

紧急响应可分为以下几个阶段的工作:准备、事件检测、抑制、根除、恢复、报告等。

· 准备阶段。在事件真正发生之前应该为事件的响应做好准备,这一阶段十分重要。

准备阶段的主要工作包括建立合理的防御和控制措施,建立适当的策略和程序,获得必要的资源和组建响应队伍。

- 检测阶段。检测阶段要做出初步的动作和响应。根据获得的初步材料和分析结果,估计事件的范围,制定进一步的响应战略,并且保留可能用于司法程序的证据。
- 抑制阶段。抑制的目的是限制攻击的范围。抑制措施十分重要,因为太多的安全事件可能迅速失控,典型的例子就是具有蠕虫特性的恶意代码的传播。可能的抑制策略一般包括关闭所有的系统,从网络上断开相关系统,修改防火墙和路由器的过滤规则,封锁或删除被攻破的登录账号,提高系统或网络行为的监控级别,设置陷阱,关闭服务,反击攻击者的系统等。
- 根除阶段。在实践被抑制之后,通过对有关恶意代码或行为的分析结果,找出实践根源并彻底清除。对于单机上的事件,主要可以根据各种操作系统平台的具体检查和根除程序进行操作;但是大规模爆发的恶意程序几乎都带有蠕虫性质,要根除各个主机上的这些恶意代码,是一项十分艰巨的任务。很多案例中的数据表明,众多的用户并没有真正关注他们的主机是否已经遭受入侵,有的甚至持续一年多,任由感染蠕虫的主机在网络中不断地搜索和攻击其他的目标。造成这种现象的重要原因是个网络之间缺乏有效的协调,或者是在一些商业网络中,网络管理员对接入到网络中的子网和用户没有足够的管理权限。
- 恢复阶段。恢复阶段的目标是把所有被攻击的系统和网络设备恢复到它们正常的任务状态。恢复工作应该十分小心,避免出现误操作导致数据的丢失。另外,恢复工作中如果涉及机密数据,需要遵照机密系统的额外恢复要求进行。对不同任务恢复工作的承担单位,要有不同的担保。如果攻击者获得了超级用户的访问权,一次完整的恢复后应该强制性地修改所有的口令。
- 报告和总结阶段。这是最后一个阶段,但却是绝对不能忽略的重要阶段。这个阶段的目标是回顾并整理发生事件的各种相关信息,尽可能地把所有情况记录到文档中。这些记录的内容,不仅对有关部门的其他处理工作具有重要意义,而且对将来应急工作的开展也是非常重要的积累。

8.4.2　蜜罐技术

应急处理的常用技术和前沿技术有蜜罐技术、漏洞再现及状态模拟技术、沙盒技术、状态追踪技术、应用层协议分析技术等。在这里简单介绍一下蜜罐技术。

1. 蜜罐技术概述

蜜罐(HoneyPot)系统是试图将攻击从关键系统引诱开并能记录其一举一动的诱骗系统。蜜罐系统充满了看起来很有诱惑力的信息,但是这些信息实际上是一个"陷阱"。当检测到对蜜罐系统的访问时,很可能就有攻击者闯入。蜜罐系统的另一个目的是诱惑攻击者在该系统上浪费时间,以延缓对真正目标的攻击。

蜜罐的功能是:

- 转移攻击重要系统的攻击者;
- 收集攻击者活动的信息;
- 希望攻击者在系统中逗留足够长的时间,使管理员能对此攻击做出响应。

利用蜜罐技术构建一个蜜罐系统,主要就是要观察入侵者,收集信息。蜜罐系统的精髓就是它的监视功能。利用蜜罐系统能从尽可能多的来源收集尽量多的信息,虽然收集到的许多数据可能毫无用处,但监视系统任一部分崩溃或是安全受到威胁,都不应该导致蜜罐系统丧失功能。因此,一方面,构建蜜罐系统从单一的模仿系统到分布在网络上的正常系统和资源中,利用闲置的服务端口来充当欺骗者;另一方面,利用计算机系统的多宿主能力,使只有一块以太网卡的计算机具有多个 IP 地址,而且每个 IP 地址还具有它们自己的 MAC 地址。这项技术可用于建立填充一大段地址空间的欺骗,使入侵者很难区分哪些服务是真,哪些服务是假,浪费入侵者的时间,消耗入侵者的资源,从而可以更好地观察入侵的行为和方式。通过网络流量仿真、网络动态配置、多重地址转换和组织信息欺骗等来增强网络欺骗,这些技术的应用和研究是蜜罐技术不断发展的主要方向。

当入侵者进入一个蜜罐系统时,他的目的无非是获得系统信息或利用系统资源入侵别的系统。这时一方面可通过模仿网络流量(如采用实时方式或重现方式复制真正的网络流量并限制外发的数据包)来限制入侵者利用系统资源入侵别的系统;另一方面,可通过网络动态配置(如模仿实际网络工作时间、人员的登录状况等)、多重地址转换(如动态设定 IP 地址或将欺骗服务绑定在与提供真实服务主机相同类型和配置的主机上)和组织信息欺骗(如构建 DNS 的虚拟虚拟管理系统、NFS 的虚拟服务系统)等,使入侵者获得的系统信息是设计者提供的欺骗信息。

2. 蜜罐技术的实现

蜜罐系统是一个诱骗系统,引诱黑客前来攻击;蜜罐系统也是一个情报收集系统。因此,当攻击者入侵后,通过蜜罐系统就可以知道他是如何得逞的,随时了解针对网络系统服务器发动的最新攻击和漏洞。蜜罐系统还可以通过窃听黑客之间的联系,收集黑客所用的各种工具,并且掌握他们的社交网络。

设置蜜罐系统并不难,只要在外部因特网上有一台计算机运行没有打上补丁的微软 Windows 系统或者 Red Hat Linux 系统即可。因为黑客可能会设陷阱,以获取计算机的日志和审查功能。在计算机和因特网连接部位安置一套蜜罐系统,这样就可以悄悄记录下进出计算机的所有流量,然后静静地坐下来,等待攻击者自投罗网。

蜜罐系统的监控者只要记录下进出系统的每个数据包,就能够对黑客的所作所为一清二楚。蜜罐系统本身的日志文件也是很好的数据来源,但这些日志文件很容易被攻击者删除。所以通常的办法,就是让蜜罐系统向处于同一网络上,但防御机制更完整的远程系统日志服务器发送日志备份。

3. 蜜罐技术的优势

蜜罐技术的优点之一就是可大大减少所要分析的数据。在通常的网站或邮件服务器上,攻击流量常会被合法流量所淹没,而进出蜜罐系统的数据大部分是被“过滤”出的攻击流量,因而,浏览数据、查明攻击者的实际行为也就容易多了。

蜜罐系统主要是一种研究工具,但同样有着真正的商业应用。把蜜罐系统设置在与网络系统的 Web 服务器或邮件服务器相邻的 IP 地址上,就可以了解它所受到的攻击。

蜜罐技术是现阶段诱骗技术的主要应用。一个“蜜罐”就是一个用来观测入侵者如何探测并最终入侵系统的系统,这意味着它包含一些并不威胁网络系统的机密数据或应用程序,同时对于入侵者来说又具有很大的诱惑力。网络上的一台计算机表面看起来像一台普通的计算机,但对它进行一些特殊配置就可以引诱潜在的黑客并捕获他们的踪迹。"蜜罐"并不是用来抓获入侵者的,而是只想知道入侵者在并不知道自己被观测的情况下如何工作。入侵者呆在"蜜罐"里的时间越长,他们的行为就暴露得越多。而"蜜罐"收集到的这些信息可以被用来评估入侵者的技术水平,了解他们使用的攻击工具。通过了解他们使用的工具和思路,可以更好地保护我们的系统和网络。而且利用蜜罐系统收集的信息对那些从事网络安全威胁趋势分析的人来说也是有价值的。

蜜罐技术充分体现了网络入侵检测系统的防御功能,尤其对收集入侵者的威胁信息或收集证据来采取法律措施而言至关重要。

思 考 题

1. 什么是网络攻击?常见的攻击手段有哪些?
2. 简述网络攻击的过程。
3. 在整个 DDoS 攻击过程中,都有哪些角色?分别完成什么功能?
4. 什么是入侵检测?入侵检测的典型过程是什么?
5. 入侵检测和防火墙的主要区别是什么?二者是什么关系?
6. IDS 的基本功能有哪些?典型的 IDS 包括哪些实体?
7. 简述异常检测和误用检测的基本原理。
8. 什么是蜜罐?蜜罐的主要功能是什么?

第9章 虚拟专用网

随着全球信息化建设的快速发展,人们对网络基础设施的功能和可延伸性提出了新的要求。例如,一些出差在外的员工需要远程接入单位内部网络进行移动办公;某些组织处于不同城市的各分支机构之间需要进行远距离的互连;企业与商业伙伴的网络之间需要建立安全的连接;等等。对于移动办公用户来说,早期一般采用拨号方式接入到内部网络,通信费用相对较高,而且通信的安全得不到保证;对于分支机构互连以及和商业伙伴的安全连接,早期只能通过直接铺设网络线路或租用运营商的专线,不但成本高,而且实现困难。

虚拟专用网(Virtual Private Network,VPN)技术可以在公共网络(最典型的如Internet)中为用户建立专用的通道,帮助远程用户、公司分支机构、商业伙伴同公司的内部网建立可信的安全连接,并保证数据的安全传输。通过将数据流转移到低成本的公众网络上,一个企业的虚拟专用网解决方案将大幅度地减少在网络基础设施上的投入。另外,虚拟专用网解决方案可以使企业将精力集中到自己的业务上,而不是网络上。

本章将介绍 VPN 的原理和技术。

9.1 VPN 概述

VPN 不是一种独立的组网技术,而是一组通信协议,目的是利用 Internet 或其他公共互联网络的基础设施为用户创建隧道,来仿真专有的广域网,并提供与专用网络一样的安全和功能保障,供隧道的两个端结点之间安全地传输信息。

9.1.1 VPN 的概念

VPN(Virtual Private Network,虚拟专用网)是利用 Internet 等公共网络的基础设施,通过隧道技术,为用户提供一条与专用网络具有相同通信功能的安全数据通道,实现不同网络之间及用户与网络之间的相互连接。IETF 草案对基于 IP 网络的 VPN 的定义为:使用IP 机制仿真出一个私有的广域网。

从定义来看,VPN 具有以下特点:

- "虚拟":用户不需要建立专用的物理线路,而是利用 Internet 等公共网络的基础设施建立一个临时或长期的、安全的连接,本质上是一条穿过公用网络的安全、稳定的隧道,并实现与专用数据通道相同的通信功能。
- "专用":VPN 并不是任何连接在公共网络上的用户都能够使用的,而是只有经过授权的用户才可以使用。同时,该通道内传输的数据一般会进行加密、鉴别等处理,从而保证了传输内容的完整性和机密性,确保 VPN 内部信息不受外部侵扰。
- "网络":VPN 是通过隧道技术仿真出来的一个私有广域网络。对 VPN 的用户而言,使用 VPN 与使用传统的专用网络没有区别。

为了确保传输数据的安全,VPN 在实现中提供了以下几个特性。

1. 隧道机制

可以利用协议的封装,配合其他特性的使用,加大对数据保护的强度,同时还可以屏蔽公用网络的一些影响。例如,IPSec 和 NAT 配合使用,在隧道两端用户看来,可以完全忽视公用网络的存在,做到真正的"无缝连接",可以大幅度地提高组网的灵活性。

2. 加密保护

通过对数据的加密,可以避免 VPN 数据传输过程中被第三方偷窥,而且可以根据数据的重要性,选择不同强度的加密算法,这样可以更加有效地提高网络资源的利用率。

3. 完整性保护

通过使用完整性保护算法,可以避免数据传输过程中被第三方截获并非法篡改。和加密一样,可以根据数据的重要性选择不同的完整性保护算法。

4. 用户身份认证

在允许合法用户访问所需数据的同时,还必须禁止非法用户——未授权用户的访问。通过用户身份认证和 VPN 协议自身的认证方法,可以有效地实现这一目的。

5. 防止恶意攻击

在 VPN 在路由器的实现中,可以利用不同的功能防止一定的恶意攻击,如可以用访问列表来过滤报文,IPSec 可以用来抵御 replay 型的攻击,等等。

和传统的数据专网相比,VPN 具有如下优势:

- 在远端用户或驻外机构与公司总部之间、不同分支机构之间、合作伙伴与公司网络之间建立可靠、安全的连接,保证数据传输的安全性。这对于实现电子商务或金融网络与通信网络的融合特别重要。
- 利用公共网络进行信息通信,一方面使企业以更低的成本连接远地办事机构、出差人员和业务伙伴,另一方面提高网络资源利用率,有助于增加 ISP 的收益。
- 通过软件配置就可以增加、删除 VPN 用户,无需改动硬件设施。在应用上具有很强灵活性。
- 支持驻外 VPN 用户在任何时间、任何地点的移动接入,能够满足不断增长的移动业务需求。
- 构建具有服务质量保证的 VPN(如 MPLS VPN),可为 VPN 用户提供不同等级的服务质量保证。

从实现方法来看,VPN 是指依靠 ISP(Internet Service Provider,Internet 服务提供商)和 NSP(Network Service Provider,网络服务提供商)的网络基础设施,在公共网络中建立专用的数据通信通道。在 VPN 中,任意两个结点之间的连接并没有传统的专用网络所需的端到端的物理链路。只是在两个专用网络之间或移动用户与专用网络之间,利用 ISP 和 NSP 提供的网络服务,通过专用 VPN 设备和软件,根据需要构建永久的或临时的专用通道。

大致上讲,当前 VPN 技术发展已经历了四代:

第一代,传统的 VPN,以 FR/ATM 技术为主,实现对物理链路的复用,以虚电路方式建立虚拟连接通道,安全性基于链路的虚拟隔离,因 IP 网络的迅速发展逐渐失去优势。

第二代,早期的 VPN,基于 PPTP/L2TP 隧道协议,适合拨号方式的远程访问,加密及认证方式较弱,虚连接及数据安全性均不高,无法适应大规模 IP 网络发展的应用需求,已逐渐淡出市场。

第三代,主流的 VPN,以 IPSec/MPLS 技术为主,兼顾 IP 网络安全与分组交换性能,基本满足当前各种应用需求。

第四代,迅速发展的 VPN,以 SSL/TLS 技术为主,通过应用层加密与认证实现高效、简单、灵活的 VPN 的安全传输功能,但安全性未能证明强于 IPSec VPN,且支持的应用不如 IPSec VPN 全面。

9.1.2 VPN 的基本类型

根据业务用途的不同,VPN 主要分为三种: 内联网 VPN(Intranet VPN)、外联网 VPN(Extranet VPN)和远程接入 VPN(Access VPN)。

1. 内联网 VPN

越来越多的企业需要在全国乃至世界范围内建立各种办事机构、分公司、研究所等各个分支机构,传统上,连接各分支机构的方式一般是租用专线。显然,此方案的网络结构比较复杂,并且费用昂贵。

内联网 VPN 通过一个公共的网络基础设施连接企业总部、远程办事处和分公司等分支机构,企业拥有与专用网络的相同政策,包括安全服务质量(QoS)、可管理性和可靠性等。内联网 VPN 利用 Internet 的线路保证网络的互连性,而利用隧道、加密等技术保证信息在整个 Intranet VPN 上的安全传输。

内联网 VPN 是一种最常使用的 VPN 连接方式,它将位于不同地理位置的两个或多个内部网络通过公共网络(主要为 Internet)连接起来,形成一个逻辑上的局域网。位于不同物理网络中的用户在通信时,就像在同一局域网中一样,如图 9-1 所示。

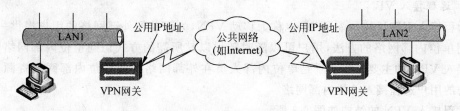

图 9-1 内联网 VPN 的结构

在使用了内联网 VPN 后,可以很方便地实现两个局域网之间的互连,其条件是分别在每一个局域网中设置一台 VPN 网关,同时每一个 VPN 网关都需要分配一个公用 IP 地址,以实现 VPN 网关的远程连接。而局域网中的所有主机都可以使用私有 IP 地址进行通信。

目前,许多具有多个分支机构的组织在进行局域网之间的互连时,多采用内联网 VPN 这种方式。

2. 外联网 VPN

随着信息技术的发展,企业越来越重视各种信息的处理。同时,不同企业之间的合作关系也越来越多,信息交换日益频繁。Internet 为这样的一种发展趋势提供了良好的基础,而如何利用 Internet 进行有效的信息交换与管理是企业发展中不可避免的一个关键问题。在企业与合作伙伴的这种联系过程中,企业需要根据不同的用户身份(如供应商、销售商等)进行授权访问,建立相应的身份认证机制和访问控制机制。

利用 VPN 技术可以组建安全的外联网 VPN(Extranet VPN)，既可以向合作伙伴提供有效的信息服务，又可以保证自身内部网络的安全。Extranet VPN 利用 VPN 将企业网延伸至供应商、合作伙伴与客户处，在不同企业间通过公共网络基础设施构筑 VPN，使部分资源能够在不同 VPN 用户间共享。

外联网 VPN 典型的结构如图 9-2 所示。与内联网 VPN 相似，外联网 VPN 也是一种网关对网关的结构。在内联网 VPN 中，位于 LAN 1 和 LAN2 中的主机是平等的，可以实现彼此之间的通信。但在外联网 VPN 中，位于不同内部网络（LAN1、LAN2 和 LAN3）的主机在功能上是不平等的。

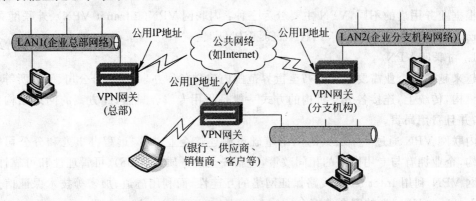

图 9-2　外联网 VPN 的结构

外联网 VPN 其实是对内联网 VPN 在应用功能上的延伸，是在内联网 VPN 的基础上增加了身份认证、访问控制等安全机制。

3. 远程接入 VPN

远程接入 VPN(Access VPN)也称为移动 VPN，为移动到外部网络的用户提供一种安全访问单位内部网络的方法，用户可以随时随地以其所需的方式访问单位内部网络资源。远程接入 VPN 的主要应用场景是单位内部人员在外部网络访问单位内部网络资源，或家庭办公的用户远程接入单位内部网络。

远程接入 VPN 的结构如图 9-3 所示。

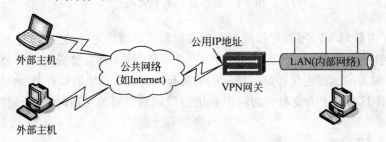

图 9-3　远程接入 VPN 的结构

在远程接入 VPN 技术出现之前，用户如果要通过 Internet 连接到单位内部网络，需要在单位内部网络中部署一台远程访问服务器(Remote Access Server, RAS)，通过拨号方式连接到该 RAS，再根据相应权限来访问内部网络中的相应资源。远程拨号方式需要 RAS 的支持，而且用户与 RAS 之间的通信是以明文方式进行的，缺乏安全性。另外，远程的拨号用户可能需要支付不菲的长途电话通信费。

远程接入 VPN 技术出现以后,需要访问单位内部网络的远程用户,只需通过当地的 ISP 接入到 Internet 就可以和公司的 VPN 网关建立私有的隧道连接,并访问单位内部的资源。而且,可以对远程用户进行验证和授权,并对传输的信息加密,以保证连接的安全。与传统的远程拨号方式相比,远程连接 VPN 方式实现容易,使用费用较低,而且安全性更高。远程接入 VPN 最适用于公司内部经常有流动人员远程办公的情况。

目前,远程接入 VPN 方式的使用非常广泛。例如,现在许多高校都建立了内部的数字资源数据库,如中国期刊全文数据库、电子图书馆和学位论文数据库等。考虑到安全和版权等问题,对这些数据库的访问一般都会进行限制,只允许用户在校园网中访问这些数字资源。为了方便本单位用户在外部网络中能够访问单位内部的网络资源,许多高校都部署了远程访问 VPN 系统。

9.1.3　VPN 的实现技术

为了在 Internet 等公共网络基础设施上高效、安全地实现数据传输,VPN 综合利用了隧道技术、加密技术、密钥管理技术和身份认证技术。

1. 隧道技术

隧道(Tunneling)技术是 VPN 的核心技术,VPN 所有现有的实现都依赖于隧道。隧道技术又称为 tunneling,主要是利用协议的封装来实现,即用一种网络协议来封装另外一种网络协议的报文。简单地说,在隧道的一端把第二种协议报文封装在第一种协议报文中,然后按照第一种协议,通过已建立的虚拟通道(隧道)进行传输。报文到达隧道另一端时,再进行解封装的操作,从第一种协议报文中解析出第二种协议报文,将得到的原始数据交给对端设备。这就是一个基本的隧道技术的实现过程。

在进行数据封装时,根据封装协议(隧道协议)在 OSI 参考模型中位置的不同,可以分为第二层隧道技术和第三层隧道技术两种类型。其中,第二层隧道技术是在数据链路层使用隧道协议对数据进行封装,然后再把封装后的数据通过数据链路层的协议进行传输。第三层隧道技术是在网络层进行数据封装,即利用网络层的隧道协议将数据进行封装,封装后的数据再通过网络层协议(如 IP)进行传输。

当前广为使用的隧道协议如表 9-1 所示。

表 9-1　常用的隧道协议

协议名称	RFC 编号	封装化	协议号码	L2/L3	加密与否	LAN 间连接型 VPN	远程访问型 VPN
L2F	2341	L2F	UDP(17)	第 2 层	否	—	○
PPTP	草案	GRE	GRE(47)	第 2 层	否	○	○
L2TP	草案	L2TP	UDP(17)	第 2 层	否	○	○
ATMP	2107	GRE	GRE(47)	第 3 层	否	—	○
BayDVS	无	GRE	GRE(47)	第 3 层	否	—	○
GRE	1701	GER	GER(47)	第 3 层	否	○	—
IPsec ESP	2406	ESP	ESP(50)	第 3 层	是	○	○
IPsec AH	2402	AH	AH(51)	第 3 层	否	○	○

其中,二层隧道协议主要有:

- L2F：Layer 2 Forwarding,主要在 RFC2341 文档中进行了定义。
- PPTP：Point-to-Point Tunneling Protocol,主要在 RFC2637 文档中进行了定义。
- L2TP：Layer 2 Tunneling Protocol,主要在 RFC2661 文档中进行了定义。

在数据链路层上实现 VPN 有一定的优点。假定两个主机或路由器之间存在一条专用通信链路,而且为避免有人"窥视",所有通信都需加密,这时可用硬件设备来进行数据加密。这样做最大的好处在于速度。

然而,在数据链路层上实现 VPN 也会有一定的缺点,该方案不易扩展,而且仅在专用链路上才能很好地工作。另外,进行通信的两个实体必须在物理上连接到一起。这也给在链路层上实现 VPN 带来了一定的难度。

PPTP、L2F 和 L2TP 这三种协议都是运行在链路层中的,通常是基于 PPP 协议的,并且主要面向的是拨号用户,由此导致了这三种协议应用的局限性。

三层隧道协议主要有:

- IPSec：IP Security,主要在 RFC2401 文档中进行了定义。
- GRE：Generic Routing Encapsulation,主要在 RFC2784 文档中进行了定义。

当前在 Internet 及其他网络中,绝大部分的数据都是通过 IP 协议来传输的,逐渐形成了一种 everything over IP 的观点,基于 IPSec 的 VPN 技术近年来在网络安全领域迅速发展,并得到了广泛的应用。

2. 加密技术

加密对 VPN 来说是非常重要的技术。通过建立在公用网络基础设施上的 VPN 传输电子商务等应用的重要数据时,应当利用加密技术对数据进行保护,以确保网络上其他非授权的实体无法读取该信息。这样,即使攻击者从网上窃取了数据,也不能破译其内容。因此,VPN 的用户可以放心地利用 VPN 进行信息的传递。

目前在网络通信领域中常用的信息加密体制主要包括对称加密体制和非对称加密体制两类。实际应用中通常是融合二者的混合加密技术,公开密钥加密技术多用于认证、数字签名以及安全传输会话密钥等场合,对称加密技术则用于大量传输数据的加密和完整性保护。

在 VPN 解决方案中使用最普遍的对称加密算法主要有 DES、3DES、AES、RC4、RC5 和 IDEA 等算法；使用的非对称加密算法主要有 RSA、Diffie-Hellman 和椭圆曲线等。

需要指出的是,在 VPN 中加密并非必要的技术。实际上,也可提供非加密型的 VPN。当 VPN 封闭在特定的 ISP 内并且该 ISP 保证 VPN 路由及安全性时,攻击者不大可能窃取数据,因此可以不采用加密技术。

3. 密钥管理技术

因为 VPN 要应用加密和解密技术,因此密钥管理也就很有必要,它的主要任务是确保在开放网络环境中安全地传递密钥而不被窃取。现行密钥管理技术分为 SKIP 和 ISAKMP/OAKLEY 两种。SKIP 主要利用 Diffie-Hellman 算法在开放网络上安全传输密钥；而 ISAKMP 则采用公开密钥机制,通信实体双方均拥有两把密钥,分别用于公用、私用。不同的 VPN 实现技术选用其一或者兼而有之。

4. 身份认证技术

VPN 采用了身份认证技术鉴别用户身份的真伪。而且,因为认证协议一般都要采用基于 Hash 函数的消息摘要技术,因而还可以提供消息完整性验证。从实现技术来看,目前 VPN 采用的身份认证技术主要分为非 PKI 体系和 PKI 体系两类。

非 PKI 体系一般采用"用户 ID+密码"的模式,主要包括如下几种:

(1) PAP

PAP(Password Authentication Protocol,密码认证协议)是最简单的一种身份验证协议。当使用 PAP 时,用户账号名称和对应的密码都以明文形式进行传输。在线路上窃听或在提供 VPN 连接的 IP 网络上窃听时,可以获取访问信息。因此,PAP 是一种不安全的协议。

(2) SPAP

SPAP(Shiva Password Authentication Protocol,Shiva 密码认证协议)是针对 PAP 的不足而设计的。采用 SPAP 进行身份认证时,SPAP 会加密从客户端发送给服务器的密码,所以 SPAP 比 PAP 安全。但是,SPAP 始终以同一种加密的形式发送同一个用户密码,这使得 SPAP 身份验证很容易受到重放攻击的影响。

(3) CHAP

CHAP(Challenge-Handshake Authentication Protocol,挑战握手认证协议)采用了挑战-响应的方式进行身份的认证。认证端发送一个随机数给被认证者,被认证者发送给认证端的不是明文口令,而是将口令和随机数连接后经 MD5 算法处理而得到的散列值。而且,一旦 CHAP 输入口令失败一次,就中断连接,不能再次输入。所以,CHAP 要比 PAP 和 SPAP 安全。

(4) MS-CHAP

MS-CHAP(Microsoft Challenge Handshake Authentication Protocol,微软挑战握手认证协议)是经过微软扩展了的 CHAP 协议,得到 Windows 相关系统的支持。它采用 MPPE (Microsoft Point-to-Point Encryption)加密方法将用户的密码和数据同时进行加密后再发送,应答分组的格式和 Windows 网络的应答格式具有兼容性,哈希算法采用 MD4。此外,还具有口令变换功能、认证失败时重输入等扩展功能。

(5) EAP

EAP(Extensible Authentication Protocol,扩展身份认证协议)是一个提供多个认证方法的协议框架,允许用户根据自己的需要来自行定义认证方式。EAP 的使用非常广泛,它不仅用于系统之间的身份认证,而且还用于有线和无线网络的验证。除此之外,相关厂商还可以自行开发所需要的 EAP 认证方式,例如视网膜认证,指纹认证等都可以使用 EAP。

(6) RADIUS

RADIUS(Remote Authentication Dial In User Service)由朗讯开发,1997 年 1 月以 RFC2058 公布了第一版规范。RADIUS 是为接入服务器开发的认证系统,具有集中管理远程"拨号用户"的数据库功能,换句话说,RADIUS 是存放使用者的"用户名"及"口令"的数据库。接受远程用户访问请求的接入服务器向 RADIUS 服务器查询该用户是否为合法用户。RADIUS 服务器检索用户数据库,如果该用户是合法用户,就发送"访问准许"信号,如果是数据库中未登录的用户或口令有错的用户,就发送"访问拒绝"的信号。RADIUS 不仅能够对用户进行认证,还具有连接信息的控制功能和计费功能。

PKI 体系主要通过 CA,采用数字签名和 Hash 函数保证信息的可靠性和完整性。例如,目前用户普遍关注的 SSL VPN 就是利用 PKI 支持的 SSL 协议实现应用层的 VPN 安全通信。有关 PKI 的内容已在本书的第 4 章进行了详细介绍,在此不再详述。

9.1.4 VPN 的应用特点

由于 VPN 技术具有非常明显的应用优势,因此,近年来 VPN 产品引起了企业用户的普遍关注,各类软件产品的 VPN、专用硬件平台的 VPN 及集成到网络设备(主要为防火墙)中的 VPN 产品不断推出,而且在技术上推陈出新,以满足不同用户的应用需求。

1. VPN 的应用优势

对于企业用户来说,VPN 提供了基于 Internet 的安全、可靠和廉价的远程访问通道,具有以下应用优势。

(1) 节约成本。VPN 的实现是基于 Internet 等公共网络的,用户不需要单独铺设专用的网络线路,也不需要向 ISP 或 NSP 租用专线,只需要连接到当地的 ISP 就可以安全地接入单位内部网络,节省了网络建设、使用和维护成本。

(2) 提供了安全保障。VPN 综合利用数据加密和身份认证等技术,保证了通信数据的机密性和完整性,保证了信息不被泄漏或暴露给未经授权的用户。

(3) 易于扩展。只需要简单地增加一台 VPN 设备,就可以利用 Internet 建立安全连接,配置和维护比较简单费用较低。

2. VPN 存在的不足

VPN 存在的不足主要是安全方面的问题。VPN 扩展了网络的安全边界。例如,在局域网出口处设置了 VPN 网关后,网络的安全边界将由局域网扩展到外部主机。如果外部主机的安全比较脆弱,那么入侵者可以利用外部主机连接到 VPN 网关后进入内部网络。另外,VPN 系统中密钥的产生、分配、使用和管理,以及用户身份的认证方式都会影响 VPN 系统的安全性。

在实际应用中,一种有效的安全解决方案是除建立完善的加密和身份认证机制外,还需要将 VPN 和防火墙配合应用,通过防火墙提升 VPN 系统的安全性。

9.2 隧 道 技 术

隧道技术是 VPN 的核心技术,VPN 的加密和身份认证等安全技术都需要与隧道技术相结合来实现。

9.2.1 隧道的概念

现实世界中的隧道是指修建公路或铁路,挖通山麓而形成的路段。计算机网络中的隧道则是逻辑上的概念,是在公共网络中建立的一个逻辑的点对点连接。网络隧道(Tunneling)技术的核心内容是"封装",它利用一种网络协议(该协议称为隧道协议),将其他网络协议产生的数据报文封装在自己的报文中,并在网络中传输。在隧道的另外一端(通常是在目的局域网和公网的接口处)将数据解封装,取出负载。隧道技术是指包括数据封装、传输和解封装在内的全过程。

1. 隧道的组成

要形成隧道,需要具备以下几项基本要素。

(1) 隧道开通器

隧道是基于网络协议在两点或两端建立的通信,隧道由隧道开通器和隧道终端器建立。隧道开通器的功能是在公共网络中创建一条隧道。多种网络设备和软件可以充当隧道开通器,例如 PC 上的 modem 卡、有 VPN 拨号功能的软件、企业网络中有 VPN 功能的路由器、ISP 有 VPN 功能的路由器。

(2) 有路由能力的公用网络

由于隧道是建立在公共网络中,要实现 VPN 网关之间或 VPN 客户端与 VPN 网关之间的连接,这一公共网络必须具有路由功能。

(3) 隧道终止器

隧道终端器的任务是使隧道到此终止。充当隧道终端器的网络设备和软件包括专用的隧道终端器、网络中的防火墙、ISP 路由器上的 VPN 网关等。

2. 隧道的形成过程

以内联网 VPN 为例,假设隧道协议是 IP 协议,如图 9-4 所示。假设总部的 LAN 和分公司的 LAN 上分别连有内部 IP 地址为 A 和 B 的计算机。总部和分公司到 ISP 的接入点上配置了 VPN 设备,它们的全局 IP 地址是 C 和 D。假定从计算机 B 向计算机 A 发送数据,连接分公司的 VPN 网关为隧道开通器,连接总部的 VPN 网关为隧道终止器。

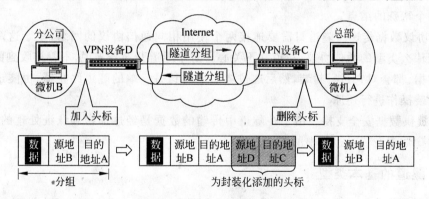

图 9-4　隧道工作原理示意图

具体步骤如下:

(1) 封装。封装操作发生在隧道开通器上。B 发送的原始 IP 分组,其 IP 地址是以内部 IP 地址表示的"目的地址 A"和"源地址 B"。此分组到达隧道开通器 D 后,隧道开通器对此 IP 分组进行加密和认证处理,产生的附加数据,如消息摘要,将附在加密后的原始 IP 包之前。然后,隧道开通器添加一个新的 IP 头部形成一个新的 IP 分组,新 IP 头中的地址信息是全局 IP 地址:目的地址 C 和源地址 D。全局 IP 地址 C、D 是数据在 Internet 上传输时路由选择的依据,使得新 IP 分组能够通过 Internet 中的若干路由器从隧道开通器 D 发往隧道终止器 C。

(2) 解封装。解封装操作发生在隧道终止器上。解封装操作是封装操作的逆过程,首先去掉最外层用于在公共网络中进行寻址的 IP 头部信息,然后解密得到原始 IP 分组,并根据附加数据完成身份认证、完整性校验等操作,最后根据原始 IP 分组头的地址信息在总部 LAN 中找到目的主机 A,完成通信过程。

在数据封装过程中,出现了两个 IP 头,但原始 IP 分组经过了加密处理,其 IP 头在隧道中是不可见的。在隧道中传输时,主要依靠添加的新 IP 头的信息进行路由寻址。整个原始 IP 分组对隧道来说都是透明的。

　　3. 隧道的功能

从上述隧道工作原理可以看出,隧道通过封装和解封装操作,只负责将 LAN1 中的用户数据原样传输到 LAN2,使 LAN2 中的用户感觉不到数据是通过公共网络传输过来的。通过隧道的建立,可以实现以下功能。

(1) 将数据传输到特定的目的地。虽然隧道建立在公共网络上,但是由于在隧道的两个端点(如 VPN 网关)之间建立了一条虚拟的通道,所以从隧道一端进入的数据只能被传输到隧道的另一端。

(2) 隐藏私有的网络地址。在图 9-4 所示的 VPN 连接中,LAN1 和 LAN2 中的主机一般使用私有 IP 地址(原始 IP 分组头部),只有 VPN 网关使用公用 IP 地址(新 IP 头)。隧道的功能就是在隧道开通器和隧道终止器之间建立一条专用通道,私有网络之间的通信内容经过隧道开通器封装后通过公共网络的虚拟专用通道进行传输,然后在隧道终止器上进行解封装操作,还原成私有网络的通信内容,并转发到私有网络中。这样对于两个使用私有 IP 地址的私有网络来说,公共网络就像普通的通信电缆,而接在公共网络上的 VPN 网关则相当于两个特殊的结点。

(3) 协议数据传递。隧道只需要连接两个使用相同通信协议的网络,至于这两个网络内部使用什么类型的通信协议,隧道并不关心。对于隧道开通器来说,不管接收到的是什么类型的数据,都会对它进行封装,然后通过隧道传输到另一端的隧道终止器,由隧道终止器通过解封装操作进行还原。

(4) 提供数据安全支持。由于在隧道中传输的数据是经过加密和认证处理的,因此可以保证这些数据在传输过程中的安全性。

9.2.2　隧道的基本类型

隧道根据其建立方式的不同,可分为主动式隧道和被动式隧道两种基本类型。

　　1. 主动式隧道

当一个客户端计算机利用隧道客户端软件主动与目标隧道服务器建立一个连接时,该连接称为主动式隧道。主动式隧道由用户控制 VPN 的构建、管理和维护。在主动式隧道的建立过程中,客户端计算机需要安装相关的 VPN 隧道协议,如 IPSec、GRE、L2TP、PPTP 等,并且能够通过 Internet 等公共网络连接到隧道服务器。

如果客户端计算机是通过拨号方式建立与隧道服务器的连接,则需要以下三个步骤的操作:

(1) 客户端计算机拨号连接到当地的 ISP,建立一个到 Internet 的连接。

(2) 在客户端计算机上利用隧道客户端软件与隧道服务器之间建立隧道。客户端计算机需要知道隧道服务器的 IP 地址或主机名,同时在隧道服务器上已经为该客户端创建了连接账户,并分配了访问内部网络资源的相应权限。

（3）对客户端的 PPP 帧（用户数据）进行封装，通过隧道传送到目的地。

这是远程接入 VPN 最常见的隧道建立方式。对于专线接入 ISP 的用户，由于客户端计算机本身已经建立了到 Internet 的连接，则免去了以上的第（1）步操作，可以直接建立起与隧道服务器的连接，然后进行数据的传输。

远程接入 VPN 中，用户与 VPN 网关之间的隧道建立，一般采用主动式隧道。

2. 被动式隧道

与主动式隧道不同，被动式隧道的构建、管理和维护由 ISP 控制，允许用户在一定程度上进行业务管理和控制。功能特性集中在网络侧设备处实现，客户端计算机只需要支持网络互连，无需特殊的 VPN 功能。

与主动式隧道不同的是，被动式隧道主要用于两个局域网络的固定连接，在用户传输数据之前隧道就已经建立，所有发往远程局域网络的用户数据都自动地汇集到已建立的隧道中传输。所以，被动式隧道也称为强制式隧道。

当一个局域网中的某台计算机需要与远程另一局域网中的计算机进行通信时，数据全部被交给与本地局域网连接的隧道服务器。此隧道服务器接收到该数据后，将其强制通过已建立的隧道传输到对端的隧道服务器，对端隧道服务器将数据交给最终的目的计算机。与主动式隧道的另一个不同之处是，被动式隧道可以被多个客户端计算机共享，而主动式隧道只能供建立该隧道的客户端计算机独立使用。

内联网 VPN 和外联网 VPN 中，VPN 网关之间的隧道属于被动式隧道。

9.3　实现 VPN 的二层隧道协议

二层隧道协议是在 OSI 参考协议的第二层（数据链路层）实现的隧道协议，即封装后的用户数据要靠数据链路层协议进行传输。因为数据链路层的数据单位称为帧，所以第二层隧道协议是以帧为数据交换单位来实现的。

用于实现 VPN 的第二层隧道协议主要有 PPTP、L2F 和 L2TP。

9.3.1　PPTP

PPTP（Point-to-Point Tunneling Protocol，点对点隧道协议）由 Microsoft 和 Ascend 开发，是建立在 PPP（Point-to-Point）协议和 TCP/IP 协议之上的第二层隧道协议，实质上是对 PPP 协议的一种扩展。PPTP 使用一种增强的 GRE（Generic Routing Encapsulation）封装机制使 PPP 数据包按隧道方式穿越 IP 网络，并对传送的 PPP 数据流进行流量控制和拥塞控制。PPTP 并不对 PPP 协议进行任何修改，只是提供了一种传送 PPP 的机制，并在 PPP 的基础上增强了认证、压缩和加密等功能，提高了 PPP 协议的安全性。

由于 PPTP 基于 PPP 协议，因而它支持多种网络协议，可将 IP、IPx、APPLETALK、NetBEUI 的数据包封装于 PPP 数据帧中。PPTP 提供了 PPTP 客户端与 PPTP 服务器之间的加密通信，允许在公共 IP 网络（如 Internet）上建立隧道。

1. PPP 概述

PPP 是 Internet 中使用的一个点对点的数据链路层协议，主要是设计用来通过拨号或专线方式建立点对点连接发送数据,如图 9-5 所示,其功能是在 TCP/IP 网络中实现两个相邻物理结点(路由器或计算机)之间的通信。PPP 只负责在两个物理结点之间"搬运"上层数据,并不关心上层数据的具体内容。

在传统的拨号 PPP 模型中,远程用户需要使用长途拨号连接到网络接入服务器(Network Access Server,NAS)上,与 NAS 建立 PPP 连接。NAS 是远程访问接入设备,位于公用电话网(PSTN/ISDN)与 IP 网之间,将拨号用户接入 IP 网。

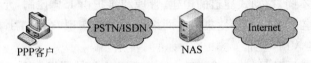

图 9-5　PPP 体系结构

PPP 主要由三部分组成:采用高级数据链路控制(HDLC)协议封装上层数据包;使用可扩展的链路控制协议(LCP)来建立、配置和测试数据链路;基于网络控制协议簇(NCP)来建立和配置不同的网络层协议,PPP 允许同时采用多种网络层协议。

PPP 拨号会话过程可以分成 4 个不同的阶段。

(1) 创建 PPP 链路

PPP 使用链路控制协议(LCP)创建、维护以及终止一次物理连接。在 LCP 阶段,将对基本的通信方式进行选择,并选择用户身份认证协议,还就链路双方是否要对使用数据压缩或加密进行协商。

(2) 用户身份认证

客户端 PC 将用户的身份信息发送给 NAS。大多数的 PPP 实现只提供了有限的验证方式,包括口令验证协议(PAP),挑战握手验证协议(CHAP)和微软挑战握手验证协议(MS-CHAP)。

(3) PPP 回叫控制

微软设计的 PPP 包括一个可选的回叫控制阶段。该阶段在完成验证之后使用回叫控制协议。如果配置使用回叫,那么在验证之后远程客户和 NAS 之间的连接将会被断开,然后由 NAS 使用特定的电话号码回叫远程客户,这样可以进一步保证拨号网络的安全性。

(4) 调用网络层协议

在以上各阶段完成之后,PPP 将调用在第一阶段选定的网络控制协议(NCP)。例如,在该阶段 IP 控制协议(IPCP)可以向拨入用户分配动态地址。

一旦完成上述 4 阶段的协商,PPP 就开始在连接对等双方之间转发数据。每个被传送的数据报都被封装在 PPP 包头内,该包头将会在到达接收方之后被去除。

2. PPTP 的体系结构

PPTP 将传统的网络服务器 NAS 的功能分裂成客户/服务器的体系结构。传统的 NAS 具有以下功能:

(1) 与 PSTN/ISDN 的物理接口和对 modem 以及终端适配器的控制。

(2) LCP 会话的逻辑终点。

(3) 参与 PPP 的认证协议。

(4) 对 PPP 多连接协议的通道进行汇聚和管理。

(5) NCP 的逻辑终点。

(6) NAS 接口之间多协议的路由选择和桥接。

PPTP 把上述 NAS 的功能由 PAC 和 PNS 两个设备完成。PAC 完成功能(1)和功能(2),并且参与功能(3)。PNS 负责完成功能(4)、(5)和(6),还负责验证 PAC 并桥接 PAC 的被封装的流量到另外的地方。PPTP 协议完成 PAC 和 PNS 之间的 PPP 协议数据单元的传送、访问控制和管理。

PPTP 协议的实现只包含 PAC 和 PNS,拨号用户无须理解 PPTP,像连接传统的 NAS 一样直接连接到 PAC,建立一条 PPP 连接。PAC 和 PNS 建立 PPTP 隧道,将客户端计算机和 PAC 之间的 PPP 连接延伸到 PNS,如图 9-6 所示。

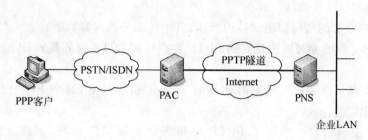

图 9-6 PPTP 体系结构

3. PPTP 的工作机制

PPTP 是一个面向连接的协议,PAC 和 PNS 维护它们的连接状态。PAC 和 PNS 之间有两种连接:控制连接和数据连接。数据连接一般被称为隧道,使用增强的 GRE 封装机制在 PAC 与 PNS 之间传送 PPP 数据包,多个 PPP 会话(Session)可以共享同一条隧道。控制连接负责隧道和隧道中会话的建立、释放和维护。控制连接使用 TCP,因此 PAC 和 PNS 都必须支持 TCP/IP。

每一对 PNS 和 PAC 之间都需要一个专用的控制连接,该控制连接必须在发送其他 PPTP 报文之前建立。控制连接使用 TCP 作为传输协议来携带这个信息,目标端口号是 1723。控制连接的建立既可以由 PNS 发起,也可以由 PAC 发起。

PPTP 控制连接的建立过程如下:

(1) PAC 和 PNS 建立一个 TCP 连接。

(2) PAC 或者 PNS 向对方发送一个请求信息(Start-Control-Connection-Request),请求建立一个控制连接。请求消息中有关于帧格式、信道类型、PAC 支持的最大 PPP Session 数量等信息。

(3) 收到请求的 PAC 或 PNS 发送一条响应消息(Start-Control-Connection-Reply)。响应报文中,包含一个控制连接建立是否成功的结果域。如果不成功,说明出错原因;如果成功,则要对帧格式、信道类型、PAC 支持的最大 PPP Session 数量等信息进行确认。

Echo-Request 和 Echo-Reply 用做控制连接的 keep alive 消息。如果在 60s 内没有收到对等体的任何类型的控制消息,就会产生 keep alive 消息;如果没有收到对其请求的应答包,控制连接将会终止。

控制连接建立以后,下一步就是数据连接,即隧道的建立(也称为建立一个会话)。以下消息可能会参与这个过程:Outgoing-Call-Request、Outgoing-Call-Reply、Incoming-Call-

Request、Incoming-Call-Reply、Incoming-Call-Connected。

Outgoing-Call-Request 是由 PNS 产生并发送给 PAC 的，它告诉 PAC 建立一条到 PNS 的隧道；Outgoing-Call-Reply 则是 PAC 给 PNS 的响应，响应中包含隧道是否已成功建立，以及如果失败，失败的原因等指示信息。

Incoming-Call-Request 消息是由 PAC 发送给 PNS 的，用于指明一个进入的呼叫正由 PAC 到 PNS 建立，这个消息允许 PNS 在回应或者接受之前获取呼叫的一些信息；PNS 向 PAC 发送一个 Incoming-Call-Reply 消息作为响应，表明是接受还是拒绝连接请求，这个消息也含有 PAC 在通过隧道和 PNS 通信时应当使用的流量控制信息；Incoming-Call-Connected 消息是从 PAC 发送给 PNS 的，用于响应回应包。因此，这是一个三次握手的机制：请求、响应和已连接确认。

PPTP 控制报文的结构如图 9-7(a)所示，其中各部分的内容如下：

- IP 头部。标明参与隧道建立的 PPTP 客户机和 PPTP 服务器的 IP 地址及其他相关信息。
- TCP 头部。标明建立隧道时使用的 TCP 端口等信息，其中 PPTP 服务器的端口为 TCP1723。
- PPTP 控制信息。携带了 PPTP 呼叫控制和管理信息，用于建立和维护 PPTP 隧道。
- 数据链路头部和数据链路尾部。用数据链路层协议对连接数据包（IP 头部、TCP 头部和 PPTP 控制信息）进行封装，从而实现相邻物理结点之间的数据包传输。

PPTP 数据报文负责传输用户的数据，其报文结构如图 9-7(b)所示。初始的用户数据经过加密后，形成加密的 PPP 净荷；然后添加 PPP 头部信息，封装形成 PPP 帧；PPP 帧再进一步添加 GRE 头部信息，形成 GRE 报文；添加 IP 头，其中 IP 头包含数据网络连接的情况；最后添加相应的数据链路头部和数据链路尾部信息。

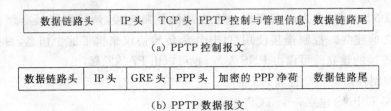

| 数据链路头 | IP 头 | TCP 头 | PPTP 控制与管理信息 | 数据链路尾 |

(a) PPTP 控制报文

| 数据链路头 | IP 头 | GRE 头 | PPP 头 | 加密的 PPP 净荷 | 数据链路尾 |

(b) PPTP 数据报文

图 9-7　PPTP 报文结构

使用 PPTP 时，要考虑以下几个安全问题：首先，PPTP 本身不提供对数据的加密保护，因为 PPP 连接控制阶段可以通过 LCP 进行是否加密/压缩的选择，所以 PPTP 可以使用微软点对点加密技术（Microsoft Point-to-Point Encryption，MPPE）对 PPP 数据包进行加密，但这是一种"弱加密"方案；其次，PPTP 使用的 TCP 控制连接没有安全保护，在 PAC 和 PNS 之间发送的消息没有验证或没有进行数据完整性检查；最后，IP、GRE 和 IP 的头信息不被保护。

9.3.2　L2F

L2F（Layer 2 Forwarding，第二层转发协议）是由 Cisco 公司提出的可以在多种网络

类型(如 ATM、帧中继和 IP 网络等)上建立多协议的安全 VPN 的通信方式。L2F 将数据
链路层的协议(如 HDLC、PPP 等)封装起来传送,所以网络的数据链路层完全独立于用户
的数据链路层协议。L2F 的标准于 1998 年提交给 IETE,并在 RFC 2341 文档中发布。

1. L2F 的工作过程

这里以在 IP 网络中实现基于 L2F 的 VPN 为例来说明,如图 9-8 所示。L2F 远端用户
通过 PSTN、ISND 和以太网等方式拨号接入公共 IP 网络,并通过以下步骤完成隧道的建立
和数据的传输。

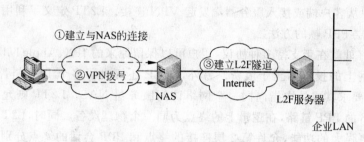

图 9-8　L2F 隧道原理图

(1) 建立与 NAS 的正常连接。用户按正常访问 IP 网络的方式连接到 NAS 服务器,建
立 PPP 连接。

(2) 进行 VPN 拨号。VPN 客户通过 VPN 软件向 NAS 服务器发送请求,希望建立与
远程 L2F 服务器的 VPN 连接。

(3) 建立隧道。NAS 根据用户名称等信息对远程 L2F 服务器发送隧道建立连接请求,
在这种方式下,隧道的配置和建立对用户是完全透明的。

(4) 数据传输。L2F 服务器允许 NAS 发送 PPP 帧,并通过公共 IP 网络连接到 L2F 服
务器。这时,由 VPN 客户机发送过来的数据,在 NAS 上进行 L2F 封装,然后通过已建立的
隧道发送到 L2F 服务器。

L2F 服务器对收到的报文进行解封装操作后,把封装前的数据(净载荷)接入到内部网
络中,并进一步交付给目的主机。

2. L2F 的报文格式

与 PPTP 和 L2TP 一样,L2F 的报文也分为控制报文和数据报文两部分。其中 L2F 控
制报文用于 L2F 隧道的建立、维护和断开,而 L2F 数据报文负责在 L2F 隧道中进行数据的
传输。L2F 控制报文和 L2F 数据报文的格式如图 9-9(a)和图 9-9(b)所示。

数据链路头	IP 头	UDP 头	L2F 控制信息	数据链路尾

(a) L2F 控制报文

数据链路头	IP 头	UDP 头	L2F 头	PPP 头	加密的 PPP 净荷	L2F 校验(可选)	数据链路尾

(b) L2F 数据报文

图 9-9　L2F 报文格式

与 PPTP 相比,L2F 有两个主要的不同之处:一是在进行 L2F 的封装时,增加了可选
的 L2F 检验信息,以确保 L2F 数据帧的可靠传输;二是 L2F 使用 UDP 来封装 L2F 数据

帧。另外,在创建 L2F 隧道的过程中,使用的认证协议为 PAP 或 CHAP。除此之外,L2F 报文格式与 PPTP 基本类似。

9.3.3 L2TP

L2TP(Layer 2 Tunneling Protocol,第二层隧道协议)是由 Cisco、Ascend、Microsoft、3Com 和 Bay 等厂商共同制定的。1999 年 8 月公布了 L2TP 的标准 RFC 2661。L2TP 是经典型的被动式隧道协议,结合了第二层转发协议 L2F(Layer 2 Forwarding)和 PPTP 的优点,可以让用户从客户端或接入服务器端发起 VPN 连接。L2TP 定义了利用公共网络设施封装传输链路层 PPP 帧的方法。

L2TP 的好处就在于支持多种协议,用户可以保留原来的 IPX、AppleTalk 等协议,使得在原来非 IP 网上的投资不至于浪费。另外,L2TP 还解决了多个 PPP 链路的捆绑问题。PPP 链路捆绑要求其成员均指向同一个网络访问服务器 NAS。L2TP 则允许在物理上连接到不同 NAS 的 PPP 链路,在逻辑上的终点为同一个物理设备。同时,L2TP 作为 PPP 的扩充,提供了更强大的功能,允许第 2 层连接的终点和 PPP 会话的终点分别设在不同的设备上。

鉴于 IP 协议的广泛性,本书将注意力放在基于 IP 网络的 L2TP 上。

1. L2TP 的组成

L2TP 主要由 LAC(L2TP Access Concentrator,L2TP 接入集中器)和 LNS(L2TP Network Server,L2TP 网络服务器)构成。LAC 支持客户端的 L2TP,用于发起呼叫、接收呼叫和建立隧道。LAC 一般是一个具有 PPP 端系统和 L2TP 协议处理功能的 NAS,为用户提供通过 PSTN/ISDN 和 xDSL 等多种方式接入网络的服务。LNS 是所有隧道的终点。在传统的 PPP 连接中,用户拨号连接的终点是 NAS,L2TP 使得 PPP 协议的终点延伸到 LNS。LNS 一般是一台能够处理 L2TP 服务器端协议的计算机。

L2TP 的体系结构如图 9-10 所示。

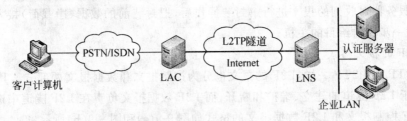

图 9-10　L2TP 体系结构

L2TP 方式给服务提供商和用户带来了许多方便。用户不需要在 PC 上安装专用的客户端软件,企业网可以在本地管理认证数据库,从而降低了应用成本和培训维护费用。同时,L2TP 提供了差错和流量控制。在安全性考虑上,L2TP 可以借助于 PPP 协议提供的认证:CHAP、PAP 和 MS-CHAP,或者使用 EAP 及其衍生方法进行认证。PPTP 使用 MPPE 作为加密,而 L2TP 依赖更安全的方案:L2TP 的数据包是被 IPSec 的 ESP 使用传输模式来保护的。

2. L2TP 的工作原理

和 PPTP 类似,使用 L2TP 建立基于隧道的 PPP 会话包含两步:为隧道建立一个控制连接;建立一个会话,通过隧道传输用户数据。

隧道和相应的控制连接必须在呼入和呼出请求发送之前建立。L2TP 会话必须在隧道传送 PPP 帧之前建立。多个会话可以共享一条隧道,一对 LAC 和 LNS 之间可以存在多条隧道。

控制连接是在会话开始之前一堆 LAC 和 LNS 之间的最原始的连接,其建立涉及双方身份的认证、L2TP 的版本、传送能力和传送窗口的大小。L2TP 在控制连接建立期间,使用一种简单的、可选的、类似于 CHAP 的隧道认证机制。为了认证,LAC 和 LNS 之间必须有一个共享的密钥。

在控制连接建立之后,就可以创建单独的会话。每个会话对应一个 LAC 和 LNS 之间的 PPP 流。与控制连接不同,会话的建立是有方向的:LAC 请求与 LNS 建立的会话是 Incoming call,LNS 请求与 LAC 建立的会话是 Outgoing call。

一旦隧道创建完成,LAC 就可以接收从远程系统来的 PPP 帧,去掉 CRC 和与介质相关的 LAC 域,连接成 LLC 帧,然后封装成 L2TP,通过隧道传输。LNS 接收 L2TP 包,处理被封装的 PPP 帧,交给真正的目标主机。信息发送方将会话 ID 和隧道 ID 放在发送报文的头中。因此 PPP 帧流可以在给定的 LNS-LAC 对之间复用同一条隧道。

3. L2TP 的报文格式

L2TP 报文也有两种:控制报文和数据报文。与 PPTP 不同的是,L2TP 的两种报文均采用 UDP 来封装和传输。

(1) L2TP 控制报文

L2TP 控制报文的结构如图 9-11(a)所示。与 PPTP 一样,L2TP 的控制报文用于隧道的建立、维护与断开。但与 PPTP 不同的是,L2TP 控制报文在 L2TP 服务器端使用了 UDP 1701 端口,L2TP 客户端系统默认也使用 UDP 1701 端口,但也可以使用其他的 UDP 端口。另外,与 PPTP 不同的是,在 L2TP 的控制报文中,对封装后的 UDP 数据报使用 IPSec ESP 进行了加密处理,同时对使用 IPSec ESP 加密后的数据进行了认证。其他操作与 PPTP 基本相同。

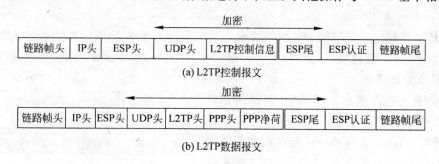

加密

| 链路帧头 | IP头 | ESP头 | UDP头 | L2TP控制信息 | ESP尾 | ESP认证 | 链路帧尾 |

(a) L2TP控制报文

加密

| 链路帧头 | IP头 | ESP头 | UDP头 | L2TP头 | PPP头 | PPP净荷 | ESP尾 | ESP认证 | 链路帧尾 |

(b) L2TP数据报文

图 9-11　L2TP 报文格式

(2) L2TP 数据报文

L2TP 数据报文负责传输用户的数据,其封装后的报文结构如图 9-10(b)所示。客户端发送 L2TP 数据的过程包括如下几个步骤:

① PPP 封装。为 PPP 净荷(如 TCP/IP 数据报、IPX/SPX 数据报或 NETBEUI 数据帧

等)添加 PPP 头,封装成为 PPP 帧。

②　L2TP 封装。在 PPP 帧上添加 L2TP 头部信息,形成 L2TP 帧。

③　UDP 封装。在 L2TP 帧上添加 UDP 头,L2TP 客户端和 L2TP 服务器的 UDP 端口默认为 1701,将 L2TP 帧封装成为 UDP 报文。

④　IPSec 封装。在 UDP 报文的头部添加 IPSec ESP 头部信息,在尾部依次添加 IPSec ESP 尾部和 IPSec ESP 认证尾部信息,用于对数据的加密和安全认证。

⑤　IP 封装。在 IPSec 报文的头部添加 IP 头部信息,形成 IP 报文。其中 IP 头部信息中包含有 IPSec 客户端和 IPSec 服务器的 IP 地址。

⑥　数据链路层封装。根据 L2TP 客户端连接的物理网络类型(如以太网、PSTN 和 ISDN 等)添加数据链路层的帧头和帧,完成对数据的最后封装。封装后的数据帧在链路上进行传输。

　　L2TP 服务器端的处理过程正好与 L2TP 客户端相反,为解决封装操作,最后得到封装之前的净载荷。有效的净载荷将交付给内部网络,由内部网络发送到目的主机。

9.4　实现 VPN 的三层隧道协议

　　三层隧道协议对应于 OSI 参考模型中的第三层(网络层),使用分组(也称为包)作为数据交换单位。与第二层隧道协议相比,第三层隧道协议在实现方式上相应要简单些。用于实现 VPN 的第三层隧道协议主要有 GRE 和 IPSec。

9.4.1　GRE

　　GRE(Generic Routing Encapsulation,通用路由封装)协议是一种应用非常广泛的第三层 VPN 隧道协议,由 Cisco 和 Net-Smiths 公司共同提出,并于 1994 提交给 IETF,分别以 RFC 1701 和 RFC 1702 文档发布。2002 年,Cisco 等公司对 GRE 进行了修订,称为 GRE v2,相关内容在 RFC 2784 中进行了规定。

　　1. GRE 的工作原理

　　GRE 协议规定了如何用一种网络协议去封装另一种网络协议的方法,是一种最简单的隧道封装技术,它提供了将一种协议的报文在另一种协议组成的网络中传输的能力,其工作原理如图 9-12 所示。

　　外部 IP 头是传送的分组头部,其作用是将被封装的数据包封装成 IP 分组,使其能够在 IP 网络中传输。GRE 头用来传送与有效载荷数据包有关的控制信息,用于控制 GRE 报文在隧道中的传输以及 GRE 报文的封装和解封装过程。

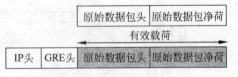

图 9-12　GRE 封装原理

有效载荷是被封装的其他网络层协议的数据包,若被封装的协议为 IP 分组,则有效载荷数据包就是一个 IP 分组。

　　在最简单的情况下,路由器接收到一个需要封装和路由的原始数据包后,首先给这个数据包添加一个 GRE 头,形成 GRE 报文;然后给 GRE 报文添加一个 IP 头,也就是将 GRE

报文封装在一个 IP 分组中;最后把这个 IP 分组发送到网络上,由 IP 层负责路由寻址和转发。

GRE 除封装 IP 分组外,还支持对 IPX/SPX、Appletalk 等多种网络通信协议的封装,同时还广泛支持对 RIP、OSPF、BGP 和 EBGP 等路由协议的封装。GRE 在封装过程中并不关心原始数据包的具体格式和内容。

GRE 协议报文在隧道中传输时,要经过封装与解封装两个过程。以图 9-13 所示网络为例,假设办事处网络的主机 A 要给总部网络中的主机 B 发送数据,具体步骤如下。

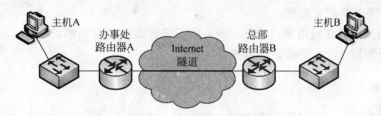

图 9-13　GRE 工作原理

(1) 主机 A 发送的原始数据包首先到达路由器 A,路由器 A 上连接内部网络的接口收到该数据包后,首先检查数据包包头中的目的地址,以确定如何路由该数据包。

(2) 由于其目的地址为总部网络中的主机 B,因此报文需要通过隧道来传输,则路由器 A 将该数据包发给路由器 A 上与隧道相连的接口。

(3) 路由器 A 的隧道接口接收到此数据包后首先添加 GRE 头部信息,然后由 IP 模块处理此 GRE 报文,添加一个 IP 头,进行 IP 封装,形成新的 IP 分组。

(4) 路由器 A 将封装好的报文通过 GRE 隧道接口发送出去。

解封装是封装的逆过程,具体过程如下。

(1) 路由器 B 从隧道接口收到 IP 分组,检查目的地址。

(2) 因为路由器 B 是隧道的末端路由器,所以该 IP 分组的目的地就是路由器 B。路由器 B 去掉 IP 分组的头部信息,交给 GRE 协议模块处理。

(3) GRE 对其进行校验和序列号检查等处理后,接着进行 GRE 解封装,也就是将 GRE 报头部去掉,得到封装之前的原始数据包。

(4) 此时便像对待一般数据包一样对此数据包进行处理,即将该数据包交给连接内部网络的接口,按照目的地址发送给主机 B。

2. GRE 的安全性

由于 GRE 协议本身没有提供完备的安全性,用户若采用 GRE 隧道协议来实现 VPN 网络,将存在一些安全隐患,如内部网络中的主机遭受攻击,或网络通信数据被非法劫持甚至篡改,等等。

为了提高 GRE 隧道的安全性,可以采用一些其他的安全技术来共同构成安全防护方案。

(1) 进行 GRE 相关安全配置

GRE 提供了对隧道接口的认证和对隧道封装的报文进行端到端校验的功能。在 RFC 1701 中规定,如果 GRE 报文头部信息中的 KEY 标识设置为 1,则收发双方将进行通道识别关键字(或密码)的验证,只有隧道两端设置的识别关键字(或密码)完全一致时才能通过验证,否则将报文丢弃。如果 GRE 报文头部信息中 Checksum 标识位置为 1,则需要对隧道中传输的 GRE 报文进行校验。发送方将对 GRE 头部信息及封装后的数据包计算校验和,并将报文中的校验和的报文发送给隧道对端。接收方对接收到的报文计算校验和,并与报文中的校验和比较,如果一致则对报文做进一步处理,否则丢弃。

(2) 采用基于 GRE+IPSec 的 VPN 技术

基于 PKI 技术的 IPSec 协议可为路由器之间、防火墙之间或者路由器和防火墙之间提供经过加密的认证的通信。虽然它的实现相对复杂,但是其安全性要完善得多。

(3) 保证路由器的安全性

网络管理员应关注路由器自身的安全,除了进行安全配置和维护之外,还要关注路由器相关的安全漏洞,及时更新路由器操作系统。

9.4.2　IPSec

IPSec(IP Security)是 IETF 的 IPSec 工作组于 1998 年制定的一组基于密码学的开放网络安全协议。IPSec 工作在网络层,为网络层及以上层提供访问控制、无连接的完整性、数据来源认证、防重放保护、保密性和自动密钥管理等安全服务。IPSec 已于第 5 章进行了详细介绍,此处不再赘述。

IPSec 通过 AH 协议和 ESP 协议来对网络层协议进行保护,通过 IKE 协议进行密钥交换。AH 和 ESP 既可以单独使用,也可以配合使用。由于 ESP 提供了对数据的保密性,因此在目前的实际应用中多使用 ESP,而很少使用 AH。

IPSec 协议可以在两种模式下进行:传输模式和隧道模式。AH 和 ESP 都支持这两种模式,因此有 4 种组合:传输模式的 AH、隧道模式的 AH、传输模式的 ESP、隧道模式的 ESP。

1. 传输模式

传输模式要保护的内容是 IP 包的载荷,可能是 TCP/UDP 等传输层协议,也可能是 ICMP 协议,还可能是 AH 或 ESP 协议(在嵌套的情况下)。传输模式为上层协议提供安全保护。通常状况下,传输模式只用于两台主机之间的安全通信。在应用 AH 协议时,完整性保护的区域是整个 IP 包,包括 IP 包头部,因此源 IP 地址、目的 IP 地址是不能修改的,否则会被检测出来。然而,如果该包在传送过程中经过 NAT 网关,其源/目的 IP 地址被改变,将导致到达目的地址后的完整性校验失败。因此,AH 在传输模式下和 NAT 是冲突的,不能同时使用,或者说 AH 不能穿越 NAT。

和 AH 不同,ESP 的完整性保护不包含 IP 包头部(含选项字段),因此,ESP 不存在像 AH 那样的和 NAT 模式冲突的问题。如果通信的任何一方具有私有地址或者在安全网关背后,那么双方的通信仍然可以用 ESP 来保护其安全,因为 IP 头部中的源/目的 IP 地址和其他字段不会被验证,可以被 NAT 网关或者安全网关修改。

当然,ESP 在验证上的这种灵活性也有缺点:除了 ESP 头部之外,任何 IP 头部字段都可以修改,只要保证其校验和计算正确,接收端就不能检测出这种修改。所以,ESP 传输模式的验证服务要比 AH 传输模式弱一些。如果需要更强的验证服务并且通信双方都是公有 IP 地址,则应该采用 AH 来验证,或者将 AH 认证与 ESP 验证同时使用。

2．隧道模式

隧道模式保护的内容是整个原始 IP 包,隧道模式为 IP 协议提供安全保护。通常情况下,只要 IPSec 双方有一方是安全网关或路由器,就必须使用隧道模式。隧道模式的数据包有两个 IP 头:内部头和外部头。内部头由路由器背后的主机创建,外部头由提供 IPSec 的设备(可能是主机,也可能是路由器)创建。隧道模式下,通信终点由受保护的内部 IP 头指定,而 IPSec 终点则由外部 IP 头指定。若 IPSec 终点为安全网关,则该网关会还原出内部 IP 包,再转发到最终目的地。

隧道模式下,AH 验证的范围也是整个 IP 包,因此上面讨论的 AH 和 NAT 的冲突在隧道模式下也存在。ESP 在隧道模式下内部 IP 头部被加密和验证,而外部 IP 头部既不被加密也不被验证:不被加密是因为路由器需要这些信息来为其寻找路由;不被验证是为了能适用于 NAT 等情况。

不过,隧道模式下将占用更多的带宽,因为隧道模式要增加一个额外的 IP 头部。因此,如果带宽利用率是一个关键问题,则采用传输模式更合适。

尽管 ESP 隧道模式的验证功能不像 AH 传输模式或隧道模式那么强大,但 ESP 隧道模式提供的安全功能已经足够。

IPSec VPN 作为一种基于 Internet 的 VPN 解决方案,通常是用做一些小企业的解决方案,因为这种方式的成本较低,用户可以利用已有的互联网资源。而一些经济实力更强的公司,现在则更多地去选择 MPLSVPN,因为很多网络服务提供商的 MPLS 网络本身是与互联网分开的,是一个大的专网,有着先天的安全隔离性。

9.5　MPLS VPN

MPLS VPN 是基于 MPLS 这种短标签快速交换网络而建立的 VPN,通常都是同一个企业的不同分支机构或有一定关联关系的企业间构建的通信站点集合群。

相对传统的 VPN,MPLS VPN 具有许多优势。

1．安全性高

MPLS VPN 采用标记交换,一个标记对应一个用户数据流,不同用户的路由信息是存放在不同的路由表中的,这种完全隔离性保证了传输的安全性。

2．可扩展性强

MPLS VPN 具有极强的可扩展性。从用户接入方面来看,MPLS VPN 可支持达 1Gbps 以上的速率,物理接口也是多种多样。此外,增加新的用户站点非常方便,无须专门为新增的站点与原来的站点新建新的路由即可通信。用户只需要保证新增站点的 LAN IP 地址与自己网内已有的站点不重合即可,而且不需要在自己网内做任何调整。

3．用户网络结构灵活

通过网络服务提供商调整网络侧的参数,MPLS VPN 就可以为用户的各站点间实现星形、网状以及其他任何形式的逻辑拓扑,以满足用户对自己网络管理上的要求。MPLS VPN 对于客户端设备没有特殊要求,因此客户可以继续使用原设备。MPLS VPN 支持使用私有地址,客户可保持原有网络规划。

4．支持端到端 QoS

QoS(Quality of Service,服务质量)是网络与用户之间以及网络上互相通信的用户之间关于信息传输与共享的质的约定。MPLS 具有强大的 QoS 能力,通过提供不同的服务级别来保证关键通信的质量。另外,MPLS VPN 核心层只对 IP 数据包做第二层交换,加快了数据包的转发速度,减少了时延和抖动,增强了网络吞吐能力,大大提高了网络的质量。

5．支持多种业务

客户只要申请 MPLS VPN 一种业务,就可以支持数据、语音、视频等多种功能。因为 MPLS 通常对用户送来的数据包做透传处理,对于语音、视频等实时性强的业务,用户可以向网络服务提供商申请不同的 QoS,来区别对待不同的数据包,实现差别服务。

因此,MPLS VPN 在安全性、灵活性、扩展性、经济性、对 QoS 支持的能力等方面都有非常优秀的表现,这也就是它成为现在 VPN 主流技术的原因所在。

9.5.1　MPLS 的概念和组成

MPLS 是一种结合第二层交换和第三层路由的快速交换技术,是在 Cisco 公司所提出的 Tag Switching 技术基础上发展而来的。MPLS 技术结合了第二层交换和第三层路由的特点,第三层的路由在网络的边缘实施,而在 MPLS 的网络核心采用第二层交换。

在传统的 IP 技术机制中,用户数据在传统 IP 网中是由路由器对每个 IP 分组头中的信息进行处理,根据目的 IP 地址,查询路由表,在路由表中进行匹配,得到下一跳(hop)的地址,进行合适的数据层封装,然后将数据从相应端口转发出去。在数据包的转发过程中,每一跳都需要进行路由分析来决定转发路由,这种非面向连接的过程导致了数据处理过程的低效性;而且,由于该技术的特点决定了其具有良好的开放性,缺乏严格的鉴权和认证机制,因此安全性不高。

MPLS 是一种特殊的转发机制,引入了基于标签的机制,把选路和转发分开。MPLS 为进入网络中的 IP 分组分配标签,由标签来规定一个分组通过网络的路径,网络内部结点通过对标签的交换来实现 IP 分组的转发。由于使用了长度固定的更短的标记进行交换,不再对 IP 分组头进行逐跳的检查操作,因此,MPLS 比传统 IP 选路效率更高。当离开 MPLS 网络时,IP 分组被去掉入口处添加的标签,继续按照 IP 包的路由方式到达目的网络。

MPLS 网络的典型组成如图 9-14 所示。

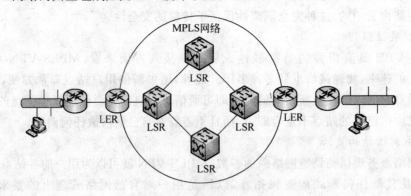

图 9-14　MPLS 网络结构

MPLS 网络主要由核心部分的标签交换路由器(Label Switching Router，LSR)、边缘部分的标签边缘路由器(Label Edge Router，LER)和在结点之间建立和维护路径的标签交换路径(Label Distribution Path，LSP)组成。在实际的网络中，通常把 LER 称为 PE(Provider Edge)，把网络内部的 LSR 称为 P(Provider)，而客户端的设备则称为 CE(Customer Edge)。

(1) LER。LER 又分成进口 LER 和出口 LER。当 IP 数据包进入 MPLS 网络时，进口 LER 分析 IP 数据包的头部信息，在 LSP 起始处给 IP 数据包封装标签；当该 IP 数据包离开 MPLS 网络时，出口 LER 在 LSP 的末端负责对标志分组剥除标记，封装还原为正常 IP 分组，向目的地传送。同时，在 LER 处可以实现策略管理和流量过程控制等功能。

(2) LSR。它的作用可以看做是 ATM 交换机与传统路由器的结合，提供数据包的高速交换功能。LSR 位于 MPLS 网络中心，主要功能是运行 MPLS 控制协议(如 LDP)和第三层路由协议，负责基于到达分组的标记进行快速准确的路由；同时，负责与其他的 LRS 交换路由信息，建立完善的路由表。

(3) LSP。在 MPLS 结点之间的路径称为标签交换路径，即 LSP。MPLS 在分配标签的过程中便建立了一条 LSP。LSP 可以是动态的，由路由信息自动生成；也可以是静态的，由人工进行设置。LSP 可以看做是一条贯穿网络的单向通道，所以，当这两个结点之间要进行全双工通信时需要两条 LSP。

9.5.2 MPLS 的工作原理

MPLS 中的一个重要概念是 FEC(Forwarding Equivalent Class，转发等价类)。FEC 是指一组具有相同转发特征的 IP 数据包，当 LSR 接收到这一组 IP 数据包时，将会按照相同的方式来处理每一个 IP 数据包，例如，从同一个接口转发到相同的下一个结点，并具有相同的服务类别和服务优先级。FEC 与标签表现是一一对应的，标签用来绑定 FEC，即用标签来表示属于一个从上游 LSR 流向下游 LSR 的特定 FEC 的分组。

LDP(Label Distribution Protocol，标签分发协议)是 MPLS 网络专用的信令协议，用于标签分发与绑定，在两个 LER 之间建立标签交换路径。LDP 定义了一组程序和消息，通过信令控制与交换，一个 LSR 可以通知相邻的 LSR 其已经形成的标签绑定。通过网络层路由信息与数据链路层交换路径之间的直接映射，LSR 可以使用 LDP 协议来建立面向连接的标签交换路径。

MPLS 数据转发的原理如下：

(1) FEC 划分。入口 LER 把具有相同属性或相同转发行为(即相同的目的 IP 地址前缀、相同的目的端口、相同的服务类型，或者相同的业务等级代码)的 IP 分组划为一个 FEC，同一个 FEC 的分组具有目的地相同、使用的转发路径相同、服务等级相同的特征，共享相同的转发方式和 QoS。

(2) 标签绑定。每个 LSR 独立地给其已划分的全部 FEC 分配本地标签，建立 FEC 与标签之间的一对一映射。

(3) 标签分发及标签交换路径的建立。LSR 启动 LDP 会话向其所有邻居 LSR 广播其标签绑定，邻居 LSR 将获得的标签信息与其本地的标签绑定，形成标签信息库 LIB，并与转发信息库 FIB 连接形成标签转发信息库 LFIB，当全部 LSR(含 LER)的 LFIB 建立完毕，便形成了标签交换路径 LSP。

(4) 带标签分组转发。在 LSP 上的每一个 LSR 都只是根据 IP 数据包所携带的标签来进行标签交换和数据转发,不再进行任何第三层(如 IP 路由寻址)处理。在每一个结点上,LSR 首先去掉前一个结点添加的标签,然后将一个新的标签添加到该 IP 数据包的头部,并告诉下一跳(下一个结点)如何转发它,直到将分组转发至最后一个 LSR。

(5) 标签弹出。在最后一个 LSR,不再执行标签交换,而是直接弹出标签,将还原的 IP 分组发往出口 LER。

(6) 出口 IP 转发。出口 LER 进行第三层路由查找,按照 IP 路由转发分组至目标网络。

9.5.3　MPLS VPN 的概念和组成

MPLS VPN 利用 MPLS 中的 LSP 作为实现 VPN 的隧道,用标签和 VPN ID 将特定 VPN 的数据包进行唯一识别。在无连接的网络上建立的 MPLS VPN,所建立的隧道是由路由信息的交互而得到的一条虚拟隧道(即 LSP)。

对于电信运营商来说,只需要在网络边缘设备(LER)上启用 MPLS 服务,而不需要对于大量的中心设备(LSR)进行配置,就可以为用户提供 MPLS VPN 等服务业务。根据电信运营商边界设备是否参与用户端数据的路由,运营商在建立 MPLS VPN 时有两种选择:第二层的解决方案,通常称为第二层 MPLS VPN;第三层解决方案,通常称为第三层 MPLS VPN。在实际应用中,MPLS VPN 主要用于远距离连接两个独立的内部网路,这些内部网络一般都提供有边界路由器,所以多使用第三层 MPLS VPN 来实现。

图 9-15 所示为一个典型的第三层 MPLS VPN。

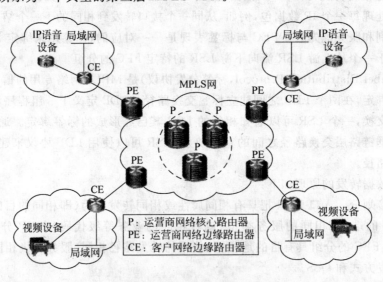

图 9-15　MPLS VPN 的结构

一个 MPLS VPN 系统主要由以下几个部分组成。

(1) 用户边缘(Custom Edge, CE)设备。CE 设备属于用户端设备,一般由单位用户提供,并连接到电信运营商的一个或多个 PE 路由器。通常情况下,CE 设备是一台 IP 路由器或三层交换机,它与直连的 PE 路由器之间通过静态路由或动态路由(如 RIP、OSPF 等)建立联系。之后,CE 将站点的本地路由信息广播给 PE 路由器,并从直连的 PE 路由器学习到远端的路由信息。

(2) 网络服务提供商边缘(Provider Edge,PE)设备。PE 路由器为其直连的站点维持一个虚拟路由转发表(VRF),每个用户链接被映射到一个特定的 VRF。需要说明的是,一般在一个 PE 路由器上同时会提供多个网络接口,而多个接口可以与同一个 VRF 建立联系。PE 路由器具有维护多个转发表的功能,以便每个 VPN 的路由信息之间相互隔音。PE 路由器相当于 MPLS 中的 LER。

(3) 网络服务提供商(Provider,P)设备。P 路由器是电信运营商网络中不连接任何 CE 设备的路由器。由于数据在 MPLS 主干网络中转发时使用第二层的标签堆栈,因此 P 路由器只需要维护到达 PE 路由器的路由,并不需要为每个用户站点维护特定的 VPN 路由信息。P 路由器相当于 MPLS 中的 LSR。

(4) 用户站点(site)。它是在一个限定的地理范围内的用户子网,一般为单位用户的内部局域网。

9.5.4 MPLS VPN 的数据转发过程

在 MPLS VPN 中,通过以下 4 个步骤完成数据包的转发。

(1) 当 CE 设备将一个 VPN 数据包转发给与之直连的 PE 路由器后,PE 路由器查找该 VPN 对应的 VRF,并从 VRF 中得到一个 VPN 标签和下一跳(下一结点)出口 PE 路由器的地址。其中,VPN 标签作为内层标签首先添加在 VPN 数据包上,接着将在全局路由表中查到的下一跳出口 PE 路由器的地址作为外层标签添加到数据包上。于是 VPN 数据包被封装了内、外两层标签。

(2) 主干网的 P 路由器根据外层标签转发 IP 数据包。其实,P 路由器并不知道它是一个经过 VPN 封装的数据包,而把它当做一个普通的 IP 分组来传输。当该 VPN 数据包到达最后一个 P 路由器时,数据包的外层标签将被去掉,只剩下带有内层标签的 VPN 数据包,接着 VPN 数据包被发往出口 PE 路由器。

(3) 出口 PE 路由器根据内层标签查找到相应的出口后,将 VPN 数据包上的内层标签去掉,然后将不含有标签的 VPN 数据包转发给指定的 CE 设备。

(4) CE 设备根据自己的路由表将封装前的数据包转发到正确的目的地。

9.6 SSL VPN

MPLS VPN 是由电信运营商为企业用户提供的一种实现内部网络之间远程互连的业务,而 SSL VPN 主要供企业移动用户访问内部网络资源时使用。

9.6.1 SSL VPN 概述

SSL VPN 是基于 SSL 协议建立的一种远程访问 VPN 技术,为远程用户访问企业内部网络的敏感资源提供了简单而安全的解决方案。SSL VPN 功能主要由部署在企业网络边缘的 SSL VPN 网关实现,远程用户一般不需要特殊的客户端支持,只需提供支持 SSL 协议的标准 Web 应用客户程序,如 Web 浏览器和邮件客户端等。远程用户通过 SSL VPN 能够访问企业内部的资源,这些资源包括 Web 服务、文件服务(如 FTP 服务、Windows 网上邻居服务)、可转换为 Web 方式的应用(如 Web mail)及基于 C/S 的各类应用等。SSL VPN 属于应用层的 VPN 技术,VPN 客户端与服务器之间通过 HTTPS 安全协议来建立连接和传输数据。

SSL VPN 的核心是 SSL 协议。SSL 协议是基于 Web 应用的安全协议,它制定了在应用层协议(如 HTTP、Telnet 和 FTP 等)和 TCP/IP 协议之间进行数据交换的安全机制,为 TCP/IP 连接提供数据加密、消息完整性、服务器认证及可选的客户机认证等功能。SSL 目前已成为一种在 Internet 上确保发送信息安全的通用协议,一般内嵌于标准的浏览器、邮件客户端和其他 Web 应用程序中,提供 B/S 访问模式,主要使用公开密钥体制和 X.509 数字证书技术确保传输信息的机密性和完整性。有关 SSL 协议的详细内容已在本书第 5 章进行了介绍,此处不再赘述。

SSL VPN 网关介于企业内部服务器与远程用户之间,控制二者之间的授权通信、代理及中转数据传输。SSL VPN 在远程用户主机和 SSL VPN 网关之间建立一条应用层加密隧道,当客户端提交访问远程应用服务器的 Web 请求时,客户端先加密请求数据,然后转发至 SSL VPN 网关,SSL VPN 网关接收来自远程用户的加密请求,解密并执行安全策略检查,通过之后将数据转换为适当的后端协议转发给应用服务器,内部服务器对请求做出回应,回应数据转发到 SSL VPN 网关,SSL VPN 网关对数据进行反向转换,加密后再转发给远程用户。

SSL VPN 实现的关键技术是 Web 代理、应用转换、端口转发和网络扩展。

(1) Web 代理技术。代理技术提供内部应用服务器和远程用户 Web 客户端的访问中介,它作为二者通信连接的对端,一方面接收客户端的请求,重写并转发给服务器,另一方面接收服务器的回应,重写并转发给客户端,该技术通常称为应用级网关。对于需要认证和访问控制的特定应用则需要特定的代理实现。

(2) 应用转换技术。用于支持可以翻译成 HTTP 和 HTML 协议的应用层协议,如 FTP、Telnet、网络文件系统、微软文件服务器、终端服务等,通过把非 Web 应用的协议转译为 Web 应用,实现与客户端 Web 浏览器的通信。该技术受限于可以转译成 Web 应用的内部协议的种类。

(3) 端口转发技术。需要客户端运行 Java APPlet 小程序或 ActiveX 控件,端口转发器监听特定应用程序定义的端口,当数据包到达该端口,即被送入 SSL 加密隧道转发至 VPN 网关,VPN 网关解包后转发给真正的应用服务器。该技术效率很高,但只支持网络连接方式比较规则、行为可预测的应用程序。

目前 SSL VPN 的应用模式基本上分为三种: Web 浏览器、SSL VPN 客户端模式和 LAN 至 LAN 模式。其中,Web 浏览器模式不需要安装客户端软件,只需通过标准的 Web 浏览器连接 Internet,就可以通过私有隧道访问到企业内部的网络资源,无论是软件购买成本,还是系统的维护、管理成本等方面都具有一定的优势,所以 Web 浏览器模式的应用最为广泛。需要说明的是,大部分 SSL VPN 系统既可以使用专门的 SSL VPN 客户端软件,也可以直接使用标准的 Web 浏览器,当使用标准的 Web 浏览器时,一般需要安装专门的 Web

浏览器控件(插件)。

9.6.2　基于 Web 浏览器模式的 SSL VPN

基于 Web 浏览器模式的 SSL VPN 在技术上将 Web 浏览器软件、SSL 协议及 VPN 技术进行了有机结合,在使用方式上可以利用标准的 Web 浏览器,并通过遍及全球的 Internet 实现与内部网络之间的安全通信,已成为目前应用最为广泛的 VPN 技术。

如图 9-16 所示,SSL VPN 客户端使用标准 Web 浏览器通过 SSL VPN 服务器(也称为 SSL VPN 网关)访问单位内部的资源。在这里,SSL VPN 服务器扮演的角色相当于一个用于数据中转的代理服务器,所有 Web 浏览器对内部网络中以 Web 方式提供的资源的访问都经过 SSL VPN 服务器的认证。内部网络中的服务器(如 Web、FTP 等)发往 Web 浏览器的数据经过 SSL VPN 服务器加密后送到 Web 浏览器,从而在 Web 浏览器和 SSL VPN 服务器之间由 SSL 协议构建了一条安全通道。

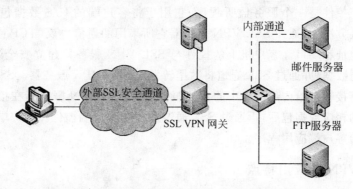

图 9-16　基于 Web 浏览器的 SSL VPN 的工作原理

在以上通信过程中,需要注意以下几点。

(1) SSL VPN 系统是由 SSL、HTTPS 和 COSKS 这三个协议相互协作来实现的。其中,SSL 协议作为一个安全协议,为 VPN 系统提供安全通道;HTTPS 协议使用 SSL 协议保护 HTTP 应用的安全;COCKS 协议实现代理功能,负责转发数据。SSL VPN 服务器同时使用了这三个协议,而 SSL VPN 客户端对这三个协议的使用有所差别,Web 浏览器只使用 HTTPS 和 SSL 协议,而 SSL VPN 客户端程序则使用 COCKS 和 SSL 协议。

(2) SSL VPN 客户端与 SSL VPN 服务器之间通信时使用的是 HTTPS 协议。由于 HTTPS 协议是建立在 SSL 协议之上的 HTTP 协议,所以在 SSL VPN 客户端与 SSL VPN 服务器之间进行通信时,首先要进行 SSL 握手,握手过程结束后再发送 HTTP 数据包。

(3) SSL VPN 服务器与单位内部网络中的服务器之间的通信使用的是 HTTP 协议。SSL VPN 客户端首先对发送的数据进行加密处理,然后通过 HTTPS 协议发送给 SSL VPN 服务器。当 SSL VPN 服务器接收到 SSL VPN 及客户端的该数据后,解密该数据,得到明文的 HTTP 数据包。然后,SSL VPN 服务器利用内部的数据通信将 HTTP 数据包传输给要访问的资源服务器。从内部资源服务器到 SSL VPN 客户端的数据传输过程正好相反。

(4) HTTP 代理。SSL VPN 服务器提供了 HTTP 代理功能。HTTP 代理用于将客户端的请求转发给内部服务器,同时将内部服务器的响应转发给客户端。在 SSL VPN 系统中,SSL VPN 服务器相当于一台代理服务器,它将客户端与服务器之间的通信进行了隔离,隐藏了内部网络的信息。不过 HTTP 代理是基于 TCP 协议的,UDP 数据报无法通过 HTTP 代理。如果客户端需要通过 HTTP 代理来访问 UDP 服务,客户端就需要将 UDP 数据报转换为 TCP 报文段,再发送给 HTTP 代理,而 HTTP 代理在接收到 TCP 报文段后再将它还原为 UDP 数据报,并转发给目的服务器。

(5) 可 Web 化应用。凡是可以通过应用转换,隐藏其真实应用协议和端口,以 Web 页面方式提供给用户的应用协议,均称为可 Web 化应用。例如,当使用邮件客户端软件(如 Outlook)进行邮件收发操作时,邮件服务器需要同时开放 POP3 协议的 110 号端口和 SMTP 协议的 25 号端口。但是,在支持 Web mail 方式的邮件系统中,用户可以通过访问 Web 页面来收发邮件,邮件系统向用户隐藏了真正的邮件服务器所提供的端口。

(6) 客户端控件。当客户端需要访问内部网络中的 C/S 应用时,它从 SSL VPN 服务器下载控件。该控件是一个服务监听程序,它用于将客户端的 C/S 数据包转换为 HTTP 协议支持的连接方法,并通知 SSL VPN 服务器它所采用的通信协议(TCP 或 UDP)及要访问的目的服务地址和端口。客户机上的控件与 SSL VPN 服务器建立安全通信后,在本机上接收客户端的数据,并通过 SSL 通道将数据转发给 SSL VPN 服务器。SSL VPN 服务器解密数据包后直接转发给内部网络中的目的服务器。SSL VPN 服务器在接收到内部网络中目的服务器的相应数据包后,再通过 SSL 通道发送给客户端控件。客户端控件解密 SSL 数据包后转发给客户端应用程序。

9.6.3 SSL VPN 的应用特点

在 VPN 应用中,SSL VPN 属于较新的一项技术。相对于传统的 VPN(如 IPSec VPN),SSL VPN 既有其应用优势,也存在不足。SSL VPN 的主要优势如下。

(1) 无客户端或瘦客户端。虽然 SSL VPN 支持三种不同的工作模式,但在实际应用中多使用 Web 浏览器模式。Web 浏览器模式不需要在客户端安装单独的客户端软件,只需使用标准的 Web 浏览器即可。SSL VPN 的全部功能由 VPN 网关实现,远程用户只需通过标准的 Web 浏览器连接因特网,即可通过网页访问到企业总部的网络资源,既实现了灵活安全的远程用户访问需求,又节省了许多软件协议购买成本、维护和管理成本,这对大中型企业和网络服务商来说都非常划算。

(2) 适用于大多数终端设备和操作系统。基于 Web 访问的开放体系允许任何能够运行标准浏览器的设备或操作系统通过 SSL VPN 访问企业内部网络资源,这包括许多非传统设备,如 PDA、手机,以及支持标准的因特网浏览器的大多数操作系统,如 Windows、Mac OS、UNIX 和 Linux,而且因特网接入方式不限。

(3) 具有良好的安全性。SSL VPN 在 Internet 等公共网络中通过使用 SSL 协议提供了安全的数据通道,并提供了对用户身份的认证功能。认证方式除了传统的用户名/密码方式外,还可以是数字证书、RADIUS 等多种方式。SSL VPN 能对加密隧道进行细分,从而使用户在浏览 Internet 上的公有资源的同时,还可以访问单位内部网络中的资源。

(4) 方便部署。SSL VPN 服务器一般位于防火墙内部,要使用 SSL VPN 业务,只需在防火墙上开启 HTTPS 协议使用的 TCP 443 端口即可。

（5）支持的应用服务较多。通过 SSL VPN，客户端可以方便地访问单位内部网络中的 WWW、FTP、电子邮件和 Windows"网上邻居"等常用的资源。目前，一些公司推出的 SSL VPN 产品已经能够为用户提供在线视频、数据库等多种访问。随着技术的不断发展，SSL VPN 将会支持更多的访问服务。

虽然 SSL VPN 技术具有很多优势，但在应用中存在的一些不足也逐渐反映了出来，主要表现如下。

（1）占用系统资源较大。SSL 协议由于使用公匙密码算法，因此运算强度要比 IPSec VPN 大，需要占用较大的系统资源。所以，SSL VPN 的性能会随着同时连接的用户数的增加而下降。

（2）只能有限支持非 Web 应用。目前，大多数 SSL VPN 都是基于标准的 Web 浏览器而工作的，能够直接访问的主要是 Web 资源，其他资源的访问需要经过可 Web 化应用处理，系统的配置和维护都比较困难。此外，SSL VPN 客户端对 Windows 操作系统的支持较好，但对 UNIX、Linux 等操作系统的支持较差。

另外，SSL VPN 的稳定性还需要提高，同时许多客户端防火墙软件和防病毒软件都会对 SSL VPN 产生影响。

思 考 题

1. 什么是 VPN？VPN 提供了哪些主要特性？
2. 什么是隧道？隧道的主要功能有哪些？
3. 请列举常见的隧道协议。
4. 简述 PPTP 隧道的建立过程。
5. 简述 GRE 的封装原理。
6. IPSec 的传输模式和隧道模式分别适用于哪些应用场景？为什么？
7. 为什么说 MPLS 是一种结合第二层交换和第三层路由的技术？
8. 简述 MPLS VPN 的数据转发过程。
9. SSL VPN 应用了哪些关键技术？分别完成哪些功能？